U0001535

洞悉價格背後的心理戰

如何讓消費者心動買單？
掌握訂價、決策及談判的57項技術

Price

William Poundstone
威廉·龐士東——著

連緯晏——譯

Priceless
The Myth of Fair Value

Contents　目　次

I

商品訂價的過程，
充滿了狡猾的智慧

II

價格不是數學
而是心理學

III

價格和選擇
為何不一致

Contents　目　次

IV

I　商品訂價的過程，
　　充滿了狡猾的智慧

開口要的愈多，得到的就愈多。
圍繞在我們身邊的那些數字並非都「牢不可破」，也不像看起來的那樣有邏輯根據。

1
一杯290萬美元的咖啡

雖然價格不過只是個數字，卻能喚起成串的複雜情緒。

$

1994年，新墨西哥州阿爾布奎爾市陪審團判決，史黛拉・里貝克女士（Stella Liebeck）因遭麥當勞滾燙咖啡潑灑到身上的意外，麥當勞必須賠償她290萬美元的傷害賠償金。這起意外造成里貝克女士三度燙傷，以及美國大眾對她少得可憐的同情。夜間綜藝節目跟廣播電台主持人，把里貝克女士的事件，拿來當作他們妙語揶揄的笑點。自以為博學的談話性電台主持人，更是把這起訴訟案件視為「我們的司法制度出了問題的關鍵證物」。在某集《歡樂單身派對》（*Seinfeld*）影集中，演員搞笑演出咖啡灑到身上之後憤而提出訴訟的橋段；網路上也設立了「史黛拉獎」——專門頒發最爛獎給司法制度下極其瘋狂扭曲的訴訟案件。

里貝克女士的傷勢千真萬確。當時她的孫子開車載她到麥當勞得來速窗口。他們買了一杯熱咖啡，然後隨即將車暫停在一旁，好讓里貝克女士在咖啡裡加糖跟奶精。她將杯子置於雙腿間，就在她掀起杯蓋時，咖啡潑灑了出來。里貝克女士累計花了1

萬1000美元醫療費用，進行鼠蹊部、臀部、大腿皮膚移植手術。難以界定的問題是，該如何替里貝克女士所承受的疼痛以及對麥當勞該負的責任，訂出一個金額呢？

起初，里貝克女士向麥當勞求償2萬美元。麥當勞不接受這個求償金額，只願以800美元來弭平這起事件。

里貝克女士的委任律師，是紐奧良出生的摩根（S. Reed Morgan），對這類案件有相當的訴訟經驗。1986年，他代表一位住在休斯頓的女性，向麥當勞提出告訴，該名女性也是因潑灑出來的熱咖啡，造成三度燙傷。摩根以他那美國南方迷人的中低渾厚嗓音，提出在法律上站得住腳的巧妙論述，他指出麥當勞販售的熱咖啡有缺失，因為它「太燙了」。麥當勞品管人員說熱咖啡是以82℃～88℃供應，而這正顯示麥當勞販售的熱咖啡，比其他一些連鎖店的咖啡還燙。休斯頓的這起案件，以麥當勞賠償2萬7500美元結案。

摩根密切地留意其後產生的類似訴訟案件。他得知1990年，加州一位女性因麥當勞的咖啡造成三度燙傷，且在媒體未大肆報導的情況下，法院裁定麥當勞賠償23萬美元。但這個案子比較不同的是，加州的案子是麥當勞員工不慎將熱咖啡潑灑到女顧客身上。

由於里貝克女士是自己不慎把熱咖啡潑灑到身上，理論上，她的賠償金額應該不會高過23萬美元。但摩根律師不管先例，他對陪審團施展頗具爭議的心理戰。稍後我會對此加以敘述。此刻，我先以一連串的美元符號代替它：

$　$　$　$　$　$　$　$　$　$　$　$　$　$　$　$　$

這個心理戰生效了。陪審團彷彿遭受催眠一般，判給里貝克女士近290萬美元的賠償金額。其中16萬美元是傷害賠償，另加270萬美元懲罰性賠償，這是陪審團激辯數個鐘頭才達成的決議。據說，還有陪審員想判給960萬美元，但遭其他陪審員反對。

史考特法官（Robert Scott）顯然與美國民眾一樣，認為陪審團的判決不合理，他把賠償金額降為48萬美元。

即使賠償金已大幅降低，麥當勞仍提出上訴。81歲的里貝克女士由於年事已高，不久她就與麥當勞私下和解，據說賠償金額不到60萬美元。想必她一定是意識到自己此次雖大獲全勝，但下一次可就難說了。

吉比花生醬最近重新設計該產品的塑膠瓶身。「舊瓶身底部平坦，新瓶身底部有凹陷，」麻州劍橋價格諮詢顧問公司SKP（Simon-Kucher & Partners）的價格諮詢師路比（Frank Luby）解釋，「這能把內容量減少個幾盎司。」舊瓶身內容量為18盎司；新的則是16.3盎司。這麼做的原因，就是為了讓該產品容量縮水但維持原價繼續販售。

花生醬瓶底內凹的設計，跟一種訂價的新理論有很大關係。在心理學稱作「任意連貫性」[1]。這個理論說消費者根本不了解商品應該值多少錢。消費者以半清醒的狀態穿梭在超市商品貨架間，只以舊有的線索來判定是否為好價格。任意連貫性是一種相對性理論。顧客主要對商品的相對差異性敏感，而非絕對價格。

---

1. coherent arbitrariness。當我們遇到新產品時，會受到一開始所看到的價格（初始價格）所影響，也會影響我們未來對其他相關產品所願意支付的價格，這就是「任意連貫性」。

吉比花生醬的新瓶身包裝，實質上是把花生醬價格漲了10％。若是直接在價格上調漲10％（比如漲到3.39美元），顧客就會注意到，有些人可能還會因此改買別的品牌。根據這個理論，只要顧客在不知情的情況下，即使是漲價，也願意掏錢購買。

路比擁有芝加哥大學物理學學位。身為一位價格諮詢師，他需要掌握顧客會注意到或記得的部分。吉比花生醬的消費者，大多家中有年幼孩童，而且對此產品的購買率頻繁，所以會記得上次結帳的金額。像這類產品，專家會建議用「隱藏式」縮減內容量的手法。2008年夏季，家樂氏就逐步減少可可脆片、水果圈、爆玉米片、蘋果和蜜蜂口味穀片的包裝容量。沒有人注意到，盒身厚度變薄了。顧客只看架上盒身的寬和高度，等他們伸手取下盒子時，早已決定購買，然後他們開始盤算其他採買。

Dial 和Zest這兩種品牌的香皂，最近改變了模子，讓香皂少了半盎司，包裝盒卻沒變動。衛生紙公司Quilted Northern，把生產的「超柔衛生紙」寬度縮減半英吋。Puffs面紙製造商把該產品的長度從8.6英吋，縮減至8.4英吋。由於Puffs面紙盒仍舊維持相同尺寸（9.5英吋寬），現在面紙盒內多出超過1英吋的空間。你看不見紙盒內部，因為開口在中間。不管怎麼說，消費者並不會注意到這些縮水，除非有人保存舊版的Puffs面紙，並拿出來測量。

這種把戲頂多也只能發揮到這樣。再怎麼說裝穀片的盒子也不能縮到像個信封袋，花生醬瓶身也不能縮減成中空。最終，製造商必須做出所有人都會注意到的大膽行動。製造商會推出一種新的經濟包裝。在尺寸、形狀，或其他設計特徵上，新包裝（與

價格）都難與舊包裝做比較。消費者困惑不堪，無法辨別新包裝是否比較實惠。所以，他們就這樣糊里糊塗地把新包裝商品買回家。包裝縮水把戲，就這樣不斷地上演。

如果你認為這是個愚蠢的把戲，那麼你並不孤單。只要動腦子想一想，每個人都會這麼認為。很多人會說，他們寧可按調漲後的價格來購買原有的內容量。有人則信心滿滿地說，只要以市場的對照標價計算每盎司的價格，就不會被騙。但是專家很清楚，消費者往往說一套、做一套。對大多數人來說，價格的記憶是短暫的，而對外包裝的記憶則更短。

就在不久前，許多公司還只是以傳統經濟學的需求曲線，作為產品的訂價策略。上一代，像是Boston Consulting、Roland Berger、Revionics、Atenga這些顧問公司，就是靠著給企業提供複雜的心理學訂價技巧而業績蒸蒸日上。把訂價服務職業化的事務所，SKP屬先鋒。SKP於1985年創立於德國波昂，創辦人為德國商學教授賀曼·西蒙（Hermann Simon）和他的兩位博士生。SKP目前擁有將近五百多名員工，分駐在世界各地，在美國的麻州劍橋、紐約、舊金山都有營業處據點。SKP被譽為訂價天才，員工裡有六位哲學博士，還有多位物理學領域專業人士。該事務所散發出一種《星際爭霸戰》的世界性。來自印度、韓國、德國、瑞士以及西班牙的員工，全都一起在麻州劍橋的事務所工作，升遷發展只問表現、不分國籍。每年SKP會召集公司裡最賣力的雇員，在萊茵河替他們辦一場表揚大會。

目前市面上的商品，幾乎都受到SKP的訂價策略影響，消費

者雖看不出端倪，但是這個影響超乎你的想像。適用於其他類型諮詢顧問業的慣例，不適用於訂價顧問這一行。一家廣告經紀公司，不能同時代理可口可樂跟百事可樂這兩位客戶——但是SKP卻可以。在許多行業裡，SKP的客戶大半是業界領先的公司。它目前的客戶名單，包括寶僑、雀巢、微軟、英特爾、德州儀器、德國電信子公司T-Mobile、英國電信業者Vodaphone、諾基亞、索尼愛立信、漢威聯合空氣清淨機公司、蒂森克虜伯電梯公司、華納音樂、博得曼媒體、默克、拜耳、嬌生、瑞士銀行、巴克萊銀行、匯豐銀行、高盛、道瓊、希爾頓、英國航空、漢莎航空、BMW、賓士、福斯汽車、TOYOTA、通用汽車、富豪汽車、卡特彼勒、愛迪達，以及多倫多藍鳥隊。相同的心理學訂價招術，不論在替簡訊、衛生紙，或是飛機票訂價，都能適用。對SKP的顧問們來說，價格具有最普遍的無形說服力。

雖然價格不過只是個數字，卻能喚起成串的複雜情緒——現代腦部掃描科技可以測得這些複雜的情緒。在不同背景下，消費者對於同樣的價格會產生不同的感受：可能會覺得廉價，或是受騙上當，也有可能會毫不在意。有一些招術永遠適用，像是縮小包裝，或是價格以神奇的數字「9」結尾。但是，價格諮詢顧問公司的角色，不單像是強迫說服大家相信世界是平的而已，他們運用了近期心理學上最重要、最創新的成果。藉由商品的訂價行為，人們也將內心的渴望轉化成數字這種大眾熟悉的語言。而事實證明，整個過程充滿了狡猾的智慧。

2
操控消費者其實不難

價值是難以捉摸且難以預料的。

想像有人要求你拎起一個行李箱,猜猜它的重量。你能猜得多準確?大部分的人都會承認自己猜不準。手臂肌肉、大腦和眼睛,不是用來估算重量的工具。這也是為什麼超市裡設有磅秤的地方,老有過磅時大感意外的顧客。

現在,想像這是沒人招領而拿來拍賣的行李箱。鎖頭被撬開了,看得見行李箱內有一些休閒衣物、一台高級相機,以及其他只使用了幾次還很新的商品。現在要你出價——猜猜這個行李箱裡物品的市場價值。你認為你可以猜得多準?會比你猜重量來得更準確嗎?

行為有時是不可預測的。好吧,我幫你把問題弄得簡單一點。假設你是拍賣會的競標人。你所要做的,就是決定你的最高出價。不是猜其他人會怎麼做,你只是以金錢來估算行李箱的東西對你來說值多少錢。你的估價會準確到什麼程度?在物品沒有明確的市場價值狀態下,要估價可不是件容易的事。結果你可能

總會懷疑自己提的最高出價，遠比其他人的出價高出許多。

在訂價心理學上，人對貨幣價值的判斷力與感官判斷十分相似——如憑感覺測重量、亮度、音量、熱度、冷度，或是氣味強度。感官認知是心理物理學[2]的一門研究。十八世紀，心理物理學家判定人類確實對差異性感到敏感，但對絕對價值則不夠敏感。以14.5公斤與16.3公斤二個外觀近似的行李箱來說，拿起來掂掂看就知道哪一個比較重。但是，要是沒有秤，就很難確定哪一個比較接近航空公司限制的20公斤。

人們對價格也一樣毫無頭緒，且鮮少人意識到這個事實。那是因為我們的生活中夾雜著媒體廣告的價格，混淆了市場價值。因為我們依稀記得某些東西「應當」值多少錢，接受了商品有正確價值的錯覺。消費者就像是視覺受損的人，我們能夠在熟悉的環境中來去自如，那是因為哪裡有障礙物都已留下印象。說穿了這是一種補償作用，不是視覺敏銳。

偶爾，我們也能意識到自己對價格並不在行。只要拍賣過自家二手用品的人都知道，要把適當的價格標在不用的二手用品上，是多麼困難的一件事。「這張嘻哈音樂唱片的價值，應該比艾拉妮絲‧莫莉塞特的唱片多出2倍——我確定是這樣。但它到底該賣10美元還是10美分，這我可就不確定了。」

2003年，經濟學家丹‧艾瑞利（Dan Ariely）、喬治‧洛溫斯坦（George Loewenstein）、德拉贊‧普雷萊克（Drazen Prelec）共同發表的論文裡，稱乎這種同時具說服力與不確定性的奇特組合，為「任意連貫性」。相較之下，以「任意連貫性」估價，穩定

---

2. psychophysics，心理學的分支之一，研究外界的物理刺激與內在感受之間的關係。

又一致，而且金額可以隨你怎麼定。自家二手用品拍賣會，揭露了大家不想承認的交易方式：價格是編造的數字，而且通常不具說服力。

本書所要闡述的是：圍繞在我們身邊的那些數字並非都「牢不可破」，也不像看起來的那樣有邏輯根據。在新的訂價心理學裡，價值是難以捉摸且難以預料的，就如同哈哈鏡映照出的影像一樣變化萬千。

這個論點挑戰一種根深蒂固的商業形態與常識，也就是「每人都有個價格」的理論。1959年《奇妙基督徒》（*The Magic Christian*）小說中，作者泰瑞・索爾森（Terry Southern）在書中以「每個人都有個價格」為軸心，敘述一系列虛構故事。小說裡的億萬富翁蓋・格藍德（Guy Grand）是個愛胡鬧的人，他一生立志要證明，不分男女，人人都可被收買，只是價碼不同。書中一個最具代表性的做法就是，蓋在芝加哥斥資買下一間辦公大樓，他把大樓拆了，放置一大缸混雜肥料、動物血液與尿液，而在這燉煮至沸騰的噁心汙物裡，放了總計100萬美元的百元鈔。大缸外放了個斗大標示寫著：「裡面的美元自由取用」。蓋所信奉的主義是，為了這一筆錢，人什麼事都敢做。《奇妙基督徒》是一本不會讓讀者有優越感的書。或許我們並不全是向錢看齊的人，但反觀現今社會，我們確實很難否定金錢的魔力。

「每個人都有個價格」的理論認為，人對價錢的評估有固定模式，而且只要運用一點手段，你就能發現它。假設有人提供你一個金額，你會把這個金額跟心裡想的金額做比較，然後再決定是

否接受這個金額。「每個人都有個價格，而這些價格決定了人的行為」，若說所有傳統經濟學理論是建立在這個簡單的假設，著實一點也不為過。

現在，我們掌握相當多的證據，足以駁斥這個觀點。至少，以人在真實世界裡的行為模式來看，的確是如此。在六〇年代後期，心理學家黎坦絲丹（Sarah Lichtenstein）與斯洛維克（Paul Slovic）的實驗，說明了價格的極度不明確性。在他們的實驗裡，受試者無法為想要的東西或所做的選擇，訂出符合的價格。從那次實驗後，心理學家們就試著找出解答。以新的觀點來看，內心訂定的價格是「建構的」，因為需要從周遭環境取得暗示。另一個說明這個理論的實驗，是特沃斯基（Amos Tversky）與康納曼（Daniel Kahneman）的「聯合國」實驗。

特沃斯基與康納曼，是著名的以色列裔美國人心理學家團隊。康納曼現在七十幾歲，是普林斯頓大學公共國際事務學院裡十分活躍的資深學者。特沃斯基比康納曼年輕三歲，1996年因胎記瘤去世，享年五十九歲。康納曼在2002年與史密斯（Vernon Smith）獲頒諾貝爾經濟學獎。特沃斯基則因為早逝沒能獲此殊榮。

康納曼與特沃斯基的首要研究領域，在心理學裡是剛起步不久的分科，稱作「行為決策理論」（behavioral decision theory），主要研究人類如何做出決策。乍看這個主題似乎頗有意義，但稍顯乏味。事實上，它包括了人類的喜與悲。生活的種種，無非就是在做決定。

這個字「behavioral」（行為的），強調這是門以經驗為依據的

科學，研究有血有肉的人類行為，而不是規定他們應該要如何表現行為。雖然行為決策理論的影響力還不夠廣泛，但當我與一些在這領域最傑出的人物進行訪談時，我一提到「康納曼教授」，就立刻被貼上門外漢的標籤。對這個領域的每個人來說，他們是「丹尼」（Danny）和「阿莫思」（Amos），而且這不是在裝熟，幾乎所有人都認識他們。位於東村的頂樓研究室，「丹尼」坐著把腳放在腳凳上，當我提到「聯合國」實驗，這個讓他獲得諾貝爾獎的原因之一時，他顯得有點不好意思。

「當時，」他說，「這不算是一個大過錯。」「過錯」是指在心理學的實驗裡動手腳，現在這是不許可的事。

他與特沃斯基用一個幸運輪盤當道具，在上面標著數字1-100。一群大學生看著這個大轉輪旋轉，隨機選定數字。你也可以一起玩──想像那個大轉輪正在旋轉，然後停在數字65。現在請回答下列兩個問題：

1. 聯合國裡非洲國家所占的比例，是65％以上或以下？（這個數字剛出現在大轉輪上）
2. 非洲國家在聯合國中占多少百分比？

將你的答案寫在這裡（　　）──或是先停頓一下，想個特定的數字。好了嗎？

就如許多實驗和一些幸運輪盤一樣，這個結果也是動過手腳的。大輪盤只會出現10或65這兩組數字。在這個實驗動手腳，只是為了簡化結果分析。不管怎麼說，康納曼與特沃斯基發現實驗

中宣稱隨機的數字，影響受試者對第二個問題的回答，而且影響極大。

當大轉輪出現10時，受試者對非洲國家在聯合國中所占比例的估計，平均值是25％；可是當大轉輪出現65時，估計的平均值就變成45％。後者幾乎比前者高出2倍。在這個實驗中，唯一的差異是受試者暴露於不同的「隨機」數字中，而且他們知道這個數字是沒有意義的。

也許你會說美國人對地理不在行。大學生不知道答案，只能隨便猜一個數字。你也許會想，人在沒有正確數字答案的情況下，就會仿照最近收到提示的數字，然而事實並非如此。受試者不是簡單地仿照他們剛收到提示的數字（10或65）。他們給出了自己的數字，但在做出決定的過程中，他們也被提示的數字大小影響。

特沃斯基與康納曼把這稱之為「錨定與調整法則」。1974年，他們在《科學》雜誌上發表一篇經典論文〈不確定性下的判斷：啟發與偏見〉。他們建立理論，初始值（錨點）就如基準點，或是估計未知數量的起始點。在這裡，大轉輪出現的數字是「錨點」。第一個問題會讓受試者用「錨點」來與要估計的數量做比較。特沃斯基相信，隨後受試者在心理上，會將這個「錨點」往上或向下調整，以達成回答在第二個問題的答案。這個調整通常不夠充分，結果呈現的答案比預料的還更接近「錨點」。

對於只檢視最終結果的人來說，彷彿「錨點」發揮了極大的磁性吸力，把估計值拉過來與自己更貼近。

對了，你的答案跟看見數字65、答案平均值45％的那組相較

之下如何？你還在納悶聯合國中非洲國家所占的比例是多少？答案是23％。

大家起初對「錨定」的反應是否認。「人們一開始的反應是忽視這篇論文，」康納曼說。在這個例子裡，學者深信這個論文一定是錯誤的。想想也令人不可置信，那麼簡單的一個把戲，竟也可以對人的判斷力有如此大影響。

心理學家們自此以各種不同方式仿照錨定實驗。你不需要幸運輪盤或隨機號碼，就可以做到「錨定」。你甚至不需要用合理的數字。心理學家奎特隆（George Quattrone）嘗試了下列問題：

- 舊金山平均氣溫比292℃高還低？舊金山平均氣溫為何？
- 披頭四發行了幾張十大金曲唱片——比100,025多，還是比100,025少？現在說出你估計的披頭四十大金曲唱片數量。

問題裡的數值都很誇張，或許你認為這不可能影響到猜測舊金山氣溫，或披頭四發行多少張十大金曲唱片的結果……但它就是會。先將這些高得離譜的「錨點」灌輸給受試者，其猜測結果會比遭灌輸低「錨點」的人所估計的數字來得更高。

現在當然沒有人猜舊金山的氣溫接近260℃。每個人都知道答案會是兩位數，落在室溫和結凍溫度之間。「錨定」受個人認知或所相信的事實限制。埋頭苦讀地理的人，知道非洲國家在聯合國的比例，能給予正確答案而不受隨機數字左右。「錨定」是猜測的加工品。

由威爾森（Timothy Wilson）所帶領的維吉尼亞大學研究團隊做了一項實驗，他們提供一個獎項——熱門餐廳的雙人晚餐——給估測數值最準確的人。題目是：當地工商電話簿裡有多少位醫師？這次也是將實驗題目分成兩部分，兩組受試者各有高和低的初始值。威爾森和研究團隊推論，有了昂貴晚餐的鼓勵誘因，可能造成受試者專注猜想最好的答案，不會脫口而出任何顯現在腦海中的愚蠢數字。然而，他們發現不管有無鼓勵誘因，「錨定效應」的影響力幾乎一樣。

威爾森的研究團隊試著向受試者警告有「錨定」的危險。一組受試者收到指令，上面寫著「腦海中的數字會影響隨後的作答……當你在接下來幾頁的作答時，請務必小心，別讓這個『錨定』的效應發生在你身上。我們想要你最精準的猜測。」

這個警告沒有用。受試者的猜測仍受無意義數字的影響。威爾森的研究團隊提出，非常有可能的是，那些收到警告的人的確試圖校正「錨定」。可是就是無法從命，就像沒人能遵守這樣的指令：不要去想一隻大象（你就是會去想）。

威爾森的研究團隊認為，「這是因為錨定效應的發生，是非故意且不自知的，對大眾來說，很難知道『錨點』價值對他們猜測結果的影響程度。結果是，他們看待錨定效應，是既天真又心存僥倖。」

「天真」是指：「錨定」不會發生在我身上。

常常我們必須把個人的價值轉換成數字，才能與別人溝通。「錨定」就像心理上一種軟體特性（錯誤程式），它幫助我們轉換。不論何時，當我們在猜測一個無法量化的未知數時，我們容

易受剛才提到或考慮過的數字影響。這不是我們可以察覺到的現象——要經分組實驗以統計的方式說明——但是它實際存在。「錨定」是過程中的一部分，幫助我們做出大膽的猜測，而且有直覺性：採購雞尾酒會餐巾紙的討價還價；幫餐廳或性伴侶自1-10評分。然而，一般來說，這是為了在沉迷數字與金錢的社會裡發揮作用。「錨定」對各種類的數字都有用——包括那些前面有金錢符號的數字。

　　一個現實生活中的「錨定」實例，去查看百老匯和拉斯維加斯秀場的票價。1999年，一名不願具名的百老匯表演監製，在百老匯部落格討論區提到，「沒人買便宜的座位區，你知道這是為什麼嗎？因為，不論是劇場的正前方位置或是劇場的包廂，只要價錢便宜，人家就會認為位置一定有些問題。」

　　百老匯的收入主要來自時間有限的觀光客，而且他們可能對自己買的座位只有粗略概念。他們尤其無法判斷特定座位值多少錢。以座位的價格來說，遊客能做的並不多，只能從票價得到線索（「一分錢，一分貨」）。票的價值與價錢成正比，價錢多少反倒不重要了。許多人認為《金牌製作人》一樓前方頭等座位區要價480美元，是因為它是齣長期又賣座的舞台劇。遊客就認為任何480美元票價的表演，必然值得一看——然後走向售票亭。

　　重點就在這：不期望付480美元買一張票的戲迷，仍受那數字的影響。那金額讓他們無論實際付費多少，都像是筆好交易（畢竟，是同一齣表演）。「分級劇院區域」，是將戲劇或音樂會場地，劃分不同座位區價格的程序。這位不願具名的監製還透

露，票價的不同，是造成劇院門票銷量好壞的關鍵，差別可能是爆滿或半滿。

我現在把劇院一樓前方與大部分一樓座位區，訂成最貴的票價。如果這麼做，這些座位區的票會秒殺……我可以把劇院分級成很多不同票價的座位區——票價從很貴到真的很便宜的——然後最貴的座位區會銷售一空，最便宜的座位區幾乎沒人買。或者，我可以把劇院七、八成的座位區，都分級成最貴票價。你知道嗎，當幾乎所有座位是最貴票價時，即便我把四成的票拿去售票亭折扣賣出，還是賺得比較多。

多年以來，好萊塢露天劇場的夏季音樂會，提供只要1美元的便宜票價。該露天劇場由洛杉磯郡管理局經營，而1美元的座位區是為公眾服務性質。問題是，那些不曾體驗過這些座位區的人，認為這些座位的位置一定很糟。好萊塢露天劇場是座大劇場（17,376個座位），而1美元的座位區距離舞台最遠，但是對音樂的感受，實質上是相同的（雖然偶爾會受到劇場上空盤旋的警方直升機干擾）。從1美元座位區，觀賞日落與城市景色的視野較佳。可是絕大多數時候，100美元座位區座無虛席，而1美元座位區則是小貓兩三隻。很多愛好音樂的人不來這個地方——因為票價太低了。

特沃斯基在1984年獲頒麥克阿瑟獎時，開玩笑說他的研究證實了長久以來，大家對「廣告與二手車商」的印象。這不只是他

自我揶揄的玩笑話而已。當時，那些狡詐權謀的政治家們，大概也是比較能夠接受特沃斯基的理論，而不是經濟學家或公司執行長們的論點。商人早就在實驗價格心理學。在郵購風行時，就常見印製不同價格版本的目錄或傳單，足見價格策略對銷售產生的影響。這些發現，勢必會消除有關價格固定性的假象。商人跟銷售員太了解顧客願意花費的金額是易變的，而且就因為這樣才有賺頭。經濟學家唐納德・考克斯（Donald Cox）說，「對這些行銷專家來說，許多行為經濟學早已不管用，『經濟人』[3]理論老早就被他們踢到一邊去了。」

今天，心理學家和價格諮詢顧問業攜手合作，研究價格與市場。很多重要的理論家，如特沃斯基、康納曼、理查德・塞勒（Richard Thaler）、丹・艾瑞利，都在行銷學日誌發表過重要研究成果。價格諮詢顧問公司SKP，擁有來自三大洲學者組成的學術研究部會。現在的商人大談「錨定」與「任意連貫性」——以及它們那令人不安的力量。哥倫比亞大學教授艾瑞克・強生（Eric Johnson）說，「跟我一樣教行銷學的，很多人在課程開始時會說，『我們不是要操控消費者，我們只是找出消費者的需求，然後滿足它。』然而，實際運用在現實生活中一陣子之後，你就會明白：沒錯，我們可以操弄消費者。」

---

3. Homo economicus，假設人類有理性的頭腦，當經濟人根據自身的有利條件做出理性選擇時，經濟將順利發展。

3
開價的技術

要的愈多，得到的就愈多。

$

在各專業領域裡，首先注意到行為決策理論的，是法律界。在里貝克女士跟麥當勞的訴訟案件幾年前，就有一些對陪審團裁決「錨定」的研究發表。在一份1989年的研究，心理學家約翰・摩勞夫（John Malouff）與尼可拉・史克特（Nicola Schutte）讓四組模擬陪審團，看一份真實的個人受傷報告，其中被告遭判定須負法律責任。四組模擬陪審團所接收到的相同訊息是，被告委任律師提出5萬美元傷害賠償。唯一的變動因素是原告委任律師所提出的求償金額。其中一組得到的訊息是，原告委任律師依據平均裁定金額90,333美元，求償10萬美元；另一組是，原告委任律師依據平均裁定金額421,538美元，求償70萬美元。

如果陪審團能推論出一個「正確」金額，在案件的事實不變情況下，那麼應該每組都裁定相同金額。不過，法律上的裁定沒有準則，因此陪審團容易受到提議金額的影響。當你在圖表上繪製這四組結果的坐落點（另外兩組分別給予求償30萬美元與50萬

美元的訊息），你會得到一條驚人的上升趨勢線。雖然陪審團所裁定的金額低於原告的求償金額，但求償金額愈高，很明顯地裁定金額也跟著提高。

在委任律師們最大膽的假設中，一些人假想陪審團有極高的可塑性。這個研究與其他研究都引出一個問題：你在法庭能把「錨定」效用發揮到什麼程度。聰明的委任律師會提出天文數字的求償金額嗎？

一般的常識會告訴我們別這麼做。有人說這樣會造成「反效果」。求償超級鉅額賠償金，反而會讓原告與委任律師顯得貪婪。陪審團會做出比合理求償金額還更少的金額來回敬。

心理學家葛瑞琴・契普曼（Gretchen Chapman）與布萊恩・波恩斯坦（Brian Bornstein），在1996年一項實驗中測試這個概念，當時里貝克女士跟麥當勞訴訟案件常出現在新聞裡。他們將八十名伊利諾州大學的學生，分成四組模擬陪審團，給他們看一起假設性的案件：一名年輕女性控訴，因為服用口服避孕藥使她罹患卵巢癌，所以她要向開處方籤的醫療單位提告。四組模擬陪審團聽到各不相同的傷害賠償求償金額：100美元、2萬美元、500萬美元，以及10億美元。而這四組模擬陪審團收到的指示是：只需做出補償性的傷害賠償。然而，任何信任陪審團制度的人都會發現，實驗結果令人咋舌。

陪審團竟然超好說服，500萬美元以內的求償金，輕易就獲得陪審團的認同。提出100美元的超低求償金，得到的裁定平均值僅990美元。原告方會說「這可是癌症呀，幾乎無時無刻疼痛不堪……醫生認為她撐不了幾個月。」

賠償金額也受錨定影響

求償金額	裁定金額（平均值）
100美元	990美元
2萬美元	3萬6000美元
500萬美元	44萬美元
10億美元	49萬美元

　　求償金額增加200倍來到2萬美元，裁定的賠償金就增加約36倍，變成3萬6000美元。求償500萬美元，則再比3萬6000美元又多出約12倍的裁定金額，來到44萬美元。

　　契普曼與波恩斯坦的實驗，無法排除「反效果」，但是也沒發現它存在的證據。反倒是發現了報酬遞減現象。求償10億美元──完全不合理的數目──仍然比求償500萬美元得到的更多。只是不會多太多。

　　也許讀者中會有律師回想起自己曾求償高額賠償金，而裁定的金額卻比預期少。任何一個瘋狂到提出10億美元求償金額的律師，也許會對49萬美元的裁定結果感到失望，然後把錯怪罪在「反效果」頭上。但是這個實驗證明，不管怎麼說，開出離譜的10億求償金，就是會得到最高額的賠償金。陪審團成員收到指示：應以疼痛和受苦程度，作為裁定賠償金額的依據。但到頭來，應該對結果有影響的可變因素（疼痛和受苦程度）卻變得無足輕重，反而是與結果無關的變動因素──原告的求償金額──變成關鍵。

心理學家也問陪審團，「被告對原告造成健康損傷的可能性有多大？」得到的可能性，適度地隨裁定賠償金額增加。因此，無法證明求償高額的10億美元，會減少原告案件的可信度。

麥當勞咖啡訴訟案的摩根律師，把自己跟委任律師的角色形容成「創業家」。以訴訟案件裡的商品安全可靠性作為訴訟籌碼，專業的訴訟律師會提供讓大企業憂心自家產品安全性的刺激。較不贊同的觀察家，稱它為「樂透式訴訟」。不論用哪一個方法，委任律師都要面對法律上的幸運輪盤，有時要適度節制地向陪審團提出特定金額。他們擔心一旦索賠大筆的金額，也許會得到「反效果」；而求償合理的金額，也許會取得意外收獲。但契普曼與波恩斯的實驗卻有不同的結果，他們的論文標題說明一切：要的愈多，得到的就愈多。

「錨定」研究讓許多人相信，陪審團不應該直接裁定傷害賠償金額。康納曼認為，陪審團試著以金錢當做語言，表達他們對被告行為的憤怒。陪審團彷彿來自火星，不了解錢在這個星球有什麼價值。本來陪審團用1-10評分被告的罪行。他們從委任律師那裡找線索，看這樣的罪行在這個星球值多少錢。

摩根成功說服里貝克女士跟麥當勞訴訟案件裡的陪審團，讓他們對麥當勞感到憤怒，這起訴訟案中他用的手法是：

1. 麥當勞賣的咖啡比其他同業還燙。
2. 該連鎖速食業者對里貝克女士的傷勢反應冷淡。

考量賠償金額時，摩根請求陪審團對麥當勞處以一或兩天全球咖啡營業額的判決。陪審團當下不可能知道一天營業額有多少，摩根告訴他們，麥當勞一天全球咖啡營業額約135萬美元。

摩根這訴求合理嗎？若仔細推敲，就愈發顯得不合理。為什麼要一或兩天的營業額？為什麼要全球的咖啡營業額，而不是全美各州，或是新墨西哥州，或是爭論不休的那杯咖啡——麥當勞當天販售給里貝克女士的咖啡（價格為49美分）。

重點在於仔細地思考。有人相信，「錨點」要發揮其影響力，它就必須存在於做出決定那一刻的短期記憶裡，而這是個很大的限制因素。短期記憶，是我們用來撥打不熟悉電話號碼的記憶，只能維持約20秒。這是很多人對「錨定」在離開研究室後，是否也能發揮作用存疑的原因之一。陪審員也許經過多天反覆思考。陪審員開始覺得無趣，大部分時間在做白日夢。誰知道他們早已暴露在多少數字中？

然而實地研究顯示，「錨定效應」不受時間框架限制，在事件實際發生後仍舊存在。以陪審團制度來說，不太可能很快有結果。每位陪審員會多次在陪審員席仔細評估案件，過程有休息時間，以防注意力不集中。每次只要有新事證產生爭議或證實，就會再重新審議。一個成功的「錨點」，是要能讓你在每次改變主意之際，還能記得它。

摩根的求償策略是：用不容易忘記的，也就是求償一或兩天麥當勞咖啡營業額，構成一種理所當然的感覺。這構築了陪審團的審議導向，促進陪審團建構自己的兩個問題：

1.判一或兩天咖啡營業額公平嗎？

2.要判幾天的咖啡營業額才公平？

陪審團不擅長以金額比例表現罪過或問題大小。一份1992年由W.H Desvousges市調公司與同行所做的調查，民眾獲知鳥類垂死的原因，是因為牠們受困於煉油場諸多未加蓋的油槽中。這個（虛構的）問題，只要在油槽上方加設網子就能解決。這個實驗要求參與者表明：願意付多少錢買網子拯救鳥類。研究人員對各組有不同的說法──每年因此喪命的鳥類多達2000隻，或是說成2萬隻、20萬隻。可得到的答案卻不是視鳥類死亡數量而定！在所有這次調查的例子中，每人願意付出的平均金額為80美元。顯然這只是表達：很多鳥被害死，我們應該盡點心力。

摩根最想要達到的狀態，是讓里貝克案件的陪審團，拿裁定的金額與麥當勞的雄厚財力做比較，這就是「每日咖啡營業額」有影響力的原因。一旦陪審團決議了天數，賠償比例就一路上揚。

你也許不解為何摩根求償「一或兩天」？為什麼不果斷一點？在有三種價格供人選擇的情況下（試想那些分成小、中、大杯的咖啡），而且又沒有強烈偏好時，一般都會選擇「中間」價位。摩根應該料想到他所提出的金額，會被拿來與被告所提供、低出很多的金額做比較，或是遇到沒有同情心的陪審團。摩根採取以導出「中間」金額的方式，讓未決定的金額出現答案，有利他的客戶。

里貝克案件的陪審團判定以270萬美元作為懲罰性賠償，正好是摩根預估麥當勞兩天的咖啡營業額，很難否認摩根提出的想

法有絕對的影響力。以研究的角度來看，如果說摩根有錯，那就錯在：他沒有要求賠償一或兩年的咖啡營業額。

II　　價格不是數學，
　　　　而是心理學

黑也能看成白的！
只要耍點花招，人很容易受自己的感知所矇騙。

4
感知能夠測量

主觀的經驗能夠比較或溝通嗎？

　　埃斯奇爾森醫師（Dr. Eskildsen）的新患者懷著七個月身孕，穿著高跟鞋走起路來顯得有些不穩。她在報紙上看到免費檢查視力的廣告，覺得免費的好康很不錯。埃斯奇爾森醫師的執業地點，就位在俄勒岡州尤金市市中心法院大樓對面，招牌上寫著：俄勒岡研究機構視力研究中心。研究中心大廳的裝潢，有六〇年代小鎮驗光師執業所的風格，裡頭沒有什麼太昂貴的擺設，看起來整潔不老舊。家具上有菲律賓紅木嵌板裝飾，地板鋪著墨綠色的地毯。幾張廣告海報替大廳增添了些許色彩，其中一張是旅遊廣告，上頭印著美麗的哥本哈根——或許，埃斯奇爾森醫師是丹麥人？櫃台人員招呼這名患者，並引領她往上走三階，進入檢查室。

　　埃斯奇爾森醫師一臉嚴肅，看不出實際年紀。他的下巴有個V字型凹陷，在他髮際線變高之前，應當是位帥哥。他戴著眼鏡，給人一種心事重重的感覺，彷彿這份工作對他來說很沉重。

他溫和地說：「請你站過來這裡，將腳尖對齊地板標記的位置。我會在牆上投射一些三角形，請你目測他們的高度。」

患者照做，不久即進入冗長乏味的視力檢查。幾分鐘後，埃斯奇爾森醫師注意到患者的舉止反應。

「你還好嗎？」他詢問道。

「不知怎麼地，我覺得周圍一切都在旋轉。」患者說。

醫師以不太確定的口吻，暗示她這也許是懷孕的緣故。

「我從來沒有過這種感覺，這個感覺就好像我自己無法站穩一樣。」患者堅持道。這名女患者用高跟鞋勉強走了幾步，然後踉蹌地靠在牆上說：「你是在催眠我嗎？太過分了！」

埃斯奇爾森醫師沒有搭理她，反而是跟牆壁上的對講機說話，「好了啦，吉姆，我們的受試者發火了。」

保羅・霍夫曼（Paul Hoffman）曾是南太平洋空軍領航員。戰後，他鑽研實驗心理學，並得到博士學位，也成為俄勒岡大學的助理教授，擔任教職期間，他發覺自己不是很喜歡教書。霍夫曼有個夢想，他想成立一個研究人類決策的智囊團。1960年，機會來了。霍夫曼用國家科學基金會（NSF）補助的6萬美元，再加上抵押自用住宅貸款的錢，他買下位於俄勒岡尤金市的一棟一位論派（基督教的一支）的教堂，並將它更名為「俄勒岡研究機構」。霍夫曼認為，有些研究最好不要有大學的繁文縟節。第一個實例出現在1965年。

紐約辦公大樓設計師向霍夫曼提出一個問題。樓層愈高租金愈高，最高樓層承租人，將會負擔最高額租金。建築工程師們擔

心的是，高樓層會在曼哈頓的強勁風勢下搖晃。他們可不想讓這些貴客覺得大樓搖搖晃晃有缺陷。為了避免這個問題發生，他們需要知道多大的左右晃動程度會引起人們的注意。但是，當時似乎沒有任何數據可供佐證。

以霍夫曼的專業認知，這需要做一個心理物理學實驗。「恰感差」（JND），即是刺激因素（這個例子為房間的晃動幅度）造成的最小可感知程度。自十九世紀以來，就有如何測量「恰感差」的大量心理物理學文獻。打造一些可動的小隔間來做實驗，應該不難辦到。但是霍夫曼知道，他若告訴受試者實驗的目的，他們的心裡就會預期這些小隔間是會動的。這種預期心理會造成他們感覺到移動——或是說他們有感覺到——而且很快就感覺到。霍夫曼回想當時的情況，「要如何請一個人來我的研究機構裡，用種種原因讓他坐在為了實驗打造的小隔間裡，並讓隔間在神不知鬼不覺的狀態下開始搖晃？」

霍夫曼在尤金市珍珠街800號的辦公大樓租了個空間，並把它布置成一間驗光室。檢查室是裝有輪子的。原本設計用來搬運鋸木場木料的隔音液壓機械裝置，讓這個小隔間可以逐漸加速並交替前後搖晃。無震動的移動幅度，可以從2.54公分到365.76公分。心理學家埃斯奇爾森湊巧也是位有執照的驗光師，他同意在實驗裡參一腳。在進行一系列72個捏造的視力檢查期間，他們慢慢加快檢查室的搖晃速度，直到受試者翻臉——察覺事情不對勁。埃斯奇爾森和霍夫曼在乎的資料是，隔間需要搖晃到什麼程度，「患者」才會察覺。他們詳細記錄受試者的身體特徵（如懷孕、穿高跟鞋等），以及受試者察覺時說了什麼話。

「我覺得站不穩。我覺得自己好像在船上。在賓州，我們必須走直線才能通過酒測……」

　　「真不舒服。你是不是用X光之類的東西照我？我是否被偷拍了……」

　　「你是不是用什麼方法把我的地心引力吸走……」

　　埃斯奇爾森也無法倖免。他每天都有暈船的感覺，回家恢復正常後，隔天早上再回來繼續搖晃。

　　實驗結果顯示，可察覺的搖晃程度，大概只有建築工程師預估的十分之一。這可出乎工程師的預料，他們對霍夫曼的實驗方法產生好奇。建築工程師山崎（Minoru Yamasaki）和羅勃森（Leslie Robertson）造訪俄勒岡，並堅持親身體驗霍夫曼用來實驗的奇妙裝置，然後他們信服了。

　　由於事前簽定了保密協議，這讓霍夫曼不得出版也不能公開他的這項發現。建商不要任何會構成負面宣傳的不利言論。這個實驗結果，讓建築工程師採納加強外柱結構的做法。該建築物在1970年盛大啟用，就是著名的紐約世界貿易中心。三十一年後，2011年9月11日，兩架噴射客機在劫機者的挾持下，直接撞向中心的雙子星雙塔。由於採納了霍夫曼的建議，讓雙塔大樓在受到嚴重撞擊後，仍足以挺立相當長的時間，讓超過1萬4000多人安全逃生。

　　現今，俄勒岡研究機構（ORI）被譽為行為決策理論的發源地。它是莎拉・黎坦絲丹（Sarah Lichtenstein）與保羅・斯洛維

克（Paul Slovic）兩位心理學家，長期從事專業研究的根源地。他們兩位首度披露了人們對價格與判定價格的決定因素，根本毫無頭緒。在ORI研究成果豐碩的一年，這裡也是特沃斯基與康納曼從事研究的地方，在那個年齡層的心理學家中，大概屬他們兩最具影響力。

在談到這些著名的團隊之前，有需要先談談他們的前輩，以及心理物理學這一奇特的科學。

到了二十世紀，心理學家也開始希望如同物理學般，建立令人尊崇的理論或公式。決定心理學究竟是否為一門科學，歷經了一段坎坷的過程。心理學家為了追求更廣的領域，搜集大量研究數據，然而，這些數據的用途卻不是很明確。此時期的代表人物便是心理學家史帝文斯（Stanley Smith Stevens，1906-1973）——出版品中你會看到的是「S.S.Stevens」，還有一個大家對他的暱稱——「史密提」（Smitty）。

史帝文斯出生在猶他州洛根市，一個信奉一夫多妻的摩門教家庭，從小與一大群同父異母的兄弟姐妹一起長大。到了適當年齡（當時規定為19歲），他被派到比利時當傳教士。在那裡，他試圖讓異教徒改變信仰，不過卻因語言上的障礙苦惱不已。他後來的學術生涯從猶他州州立大學到史丹佛大學，然後再到哈佛大學。史帝文斯的心理學哲學博士學位，是按照當時哈佛大學的慣例，由哲學系授予。

戰爭讓史帝文斯建立起名望。他受任美國空軍，於1940年建立「聽覺心理實驗室」，研究聽覺的心理反應。這個實驗室位於哈佛大學新歌德式建築的紀念館地下室，以掩護這個重大任務：研

究飛行員身處極大分貝音量下，會受到的影響。實驗的受試者，每天有七小時處在震耳欲聾的115分貝噪音中。史帝文斯發現，聲音並不會削弱太多心理上的表現。最大的問題在於，如此噪音環境下沒有人能聽見對方說的話，而史帝文斯的任務，就是替飛機駕駛員座艙設計內部通訊設備。

史帝文斯的職業生涯，自始至終都保有軍人舉止。他的一位同事回憶道：

有人引領我至史帝文斯博士的辦公室，當時他坐在辦公桌前，雙腳翹得老高就擱在辦公桌上。當他起身向我問好時，我看見的是一位年約35歲左右的英俊挺拔男子，有著健壯、厚實的肩膀與修長的手臂，是完美的4-4-4體型比例；長臉高額，留有微捲但整潔的小鬍子。他平靜的眼神與神祕的表情，似乎透露出一絲憂愁，抑或堅毅，但是也可能突然出現令人難以抗拒的迷人微笑……以他的外貌，也許能成為迷倒眾多女性的演員，但是這個想法，任何認識他的人，可是想都不敢想。從他口中，絕對無法說出別人寫的台詞，他只做自己，這點無庸置疑。在那一次的會面後，我直到十八個月後才加入實驗室，那時我才了解我對他的第一印象，只是他那十分複雜性格的一面。史帝文斯是自然的——他體內有股渾然天成的力量。

「史密提」不太喜歡被冠上「心理學家」。他的職業生涯一直苦惱著這些非科學性的心理學演講，在他看來，他將會永遠被冠上「心理學家」的稱謂。最大的爭論就是他哈佛大學的同事們，

執意向那些對心理學著迷的大學生發表演講。史帝文斯擔心突然
竄紅的心理學，可能吸引到不適合的人——過於感性、不切實
際的社會改良家。他不斷要求自己與心理學劃清界線，史帝文斯
堅持自己是「心理物理學家」。到了1962年，他成功說服哈佛大
學，聘他為該大學首位（顯然也是最後一位）心理物理學教授。

　　「心理物理學」在十九世紀中期，由德國心理學家古斯塔
夫・費希納（Gustav Fechner 1801-1887）推廣給大眾。根據費希
納的說法，「心理物理學是函數關係，是身體與心靈之間的精確
學說。」費希納不像史帝文斯，他極度信奉神祕主義，並把德國
的浪漫主義與科學連結在一起。

　　費希納的父親是位農村牧師，費希納寫諷刺文學也研讀醫
學，直到母親斷了對他的金援，現實生活壓力逼迫他找份穩定
收入的工作，他才成為一位多產的作者，編輯《家庭生活百
科》（Home encyclopedia），教人如何打造比德邁式[1]的居家風
格。費希納自己大概就寫了三分之一的百科內容，項目包含有像
是「切肉」或「餐桌擺飾」等題材。

　　他持續有關物理學的學術研究，在1834年任職萊比錫大學物
理學教授。「我在做主觀顏色感知實驗時，弄壞了自己的視力，
視覺常處在隔層有色玻璃看太陽的狀態……因此到了1839年聖誕
節，我再也無法用雙眼看東西，而且還必須中斷授課，」費希納
於他的自傳中寫道，「當我的雙眼終於無法承受日光時，我放棄
了我的教職。」

　　有一段時間，費希納相信自己一定是瞎了，而萊比錫的市民

1.十九世紀早期及中期流行於德國的仿法式家具。

們則是認為他瘋了。不過很幸運地，這兩種情況都有所改善。1850年10月22日，費希納一覺醒來，出現了具代表性地神祕感知能力，他心裡的感覺，能夠在有形的世界中被測量，並且能與物理學連結。這起事件，被視為心理物理學的起始點。「費希納心理物理學會議」（Fechner Day），如今每年仍在哈佛大學與其他國家舉行。

「人們稱費希納是蠢人和狂熱者，」德國物理學家恩思特·馬赫（Ernst Mach），向美國首席心理學家威廉·詹姆斯（William James）透露。沒有從事感知實驗的時候，費希納就會出席降神會，並聲稱植物有心靈。他以筆名寫了一本書，是有關德國浪漫主義時期（其實是每個時期）的迷信——《死後生命》（*The Little Book on Life After Death*）。

以心理物理學來看，費希納面臨了哲學上最古老的一個問題：主觀的經驗能夠比較或溝通嗎？一般而言，顏色是最常提及的合適範例。人對顏色的表達一致嗎？有沒有這樣的可能：同為紅色的停止標誌，一個人看到的是紅色，另一個人體驗的卻是綠色？有沒有什麼辦法可以知道呢？那個看到綠色標誌的人，也許仍會說那個標誌是紅色的，因為我們從小就被教導，「停止」標誌是紅色的。

以全然哲學的精神來看，這類問題無從回答。這開啟感知強度是否能夠測量的疑問。十九世紀德國心理學家威廉·馮特（Wilhelm Wundt）對此提出懷疑：

感知在比較強弱多寡的程度上，我們永遠無法說明。無論太

陽比月亮的亮度強上100倍或1000倍、大砲比手槍的音量大上幾千倍，這些都不在我們能力所及的估計裡。

我們要明白馮特的意思。他並不是說物理學家無法測量太陽或月亮的客觀亮度。在他所處的那個時代，早已經開始那樣的科學。他也不是說，你不能問人太陽看起來是否比月亮還亮，然後得到的答案是百分之一百的人都說太陽亮得多。

馮特只是在說：主觀的比較是無意義的。然而他這個說法，卻是錯得離譜。接下來的整個世紀，跟馮特同時代的人以及他的後輩（大多有著「心理物理學家」的稱號），集結大量有力的證據，證明人可是相當擅長做那些馮特認為不可能辦到的事。

最實際的「心理物理學」定義會說，它是研究物理的量（音量、亮度、熱度、重量）與主觀感知之間的關係。即便是在萊比錫大學，費希納也非首位探索它的人。早在1834年，一位萊比錫大學的生理學家，恩斯特·韋伯（Ernst Weber），建立了在這個領域中，至今仍舊是最能支配一切的結果。他遮蔽受試者的雙眼，要他們判定多種不同重量組合感覺起來有多重。韋伯小心地每次只加上極小的重量，直到受試者說他感覺自己承受的重量變重（一個「恰感差」）。他認為重量的比例（百分比）改變，是決定因素——而不是公克或磅數的絕對改變。例如一隻蒼蠅停在正從事重量訓練的槓鈴上，並不會讓健身者察覺重量變重；同一隻蒼蠅，若是停在雙眼遮蔽者手中拿的一枚硬幣上，或許能察覺到這個重量的變化。

在燈泡跟揚聲器發明之前，心理物理學實驗是簡單粗糙的形態。一位早期研究者，朱利亞斯·墨克爾（Julius Merkel），要受試者判斷金屬球掉落在成堆黑檀木上的音量有多大。若是墨克爾想加大音量，就必須至更高處丟下金屬球。另一位先驅是比利時物理學家約瑟夫·普拉托（Joseph-Antoine Ferdinand Plateau），他請八名藝術家畫出剛剛好半黑半白的灰色。這樣才不會有「黑」和「白」之間的混淆，普拉托提供了色樣。這八名藝術家將色樣帶回工作室，著手進行照要求的灰色畫作。儘管每間工作室的光線必然有所不同，但是普拉托的報告顯示，這些灰色畫作幾乎如出一轍。這就是個證據，證明感知也並非那麼主觀。

二十世紀，心理物理學的發展主要得益於更好的視聽設備。運用這些最新的幻燈機、變阻器、聲頻振盪器，帶領心理物理學領域更加蓬勃發展。心理物理學領域不僅涉及感知世界，還涵蓋了道德、美學、經濟價值的判斷。研究人員讓大學生們注視著傾斜的線條、顏色，或是現代派畫作的複製品；讓他們嗅毒油，或是聽收音機未調好頻道所發出的噪音；相互比較醜陋不堪的事、薪水、香水。然後開始盤問他們：跟水平線相較，斜線的傾斜程度如何？請按1-7等級，評定出你剛聽到的音量。哪一件是最醜陋的罪行？你認為相片裡的小孩智力如何？

史帝文斯之所以成名，是因為他確立了「物理強度與主觀感知關聯性曲線」。長期以來，大家都知道這不會是一條直線。試想一個伸手不見五指的漆黑房間。點一盞60瓦特燈泡。然後再點第二盞60瓦特燈泡。室內看起來會亮一倍嗎？不會（幾乎每個人

都會這麼回答）。房間看起來比較亮，但是亮度不會多一倍。實驗證明，重點光源亮度必須至少多出4倍，心理上主觀的亮度才會看起來多一倍。

這是功率曲線的特性。不用進入數學領域，有一個方法就可領會其要點：你想用聖誕彩燈裝飾房子，而且你想要比鄰居們的裝飾更耀眼燦爛。你尤其想要燈光的亮度看起來比鄰居的多出一倍。依據史帝文斯的說法，買2倍的燈飾是不夠的。為了讓彩燈感覺亮2倍，你得買上瓦特數差不多是之前4倍的燈飾。

不論你的鄰居掛上的燈飾是單一條、環境感應式，或是決心讓自家成為注目焦點的，都適用這個定律。要讓主觀的效用加倍，就表示燈光瓦特數要多上4倍。

史帝文斯滿足地注意到，這個功率曲線可以簡單地概括為：相同的刺激比率可以得出相同的主觀比率。這個說法常被稱作「史帝文斯定律」或「心理物理學定律」。史帝文斯與同一時期的研究者用了整整一世代的時間確定，功率定律具有普遍性，不只適用於光線的亮度，也適用於感知溫暖、寒冷、味覺、嗅覺、震動，以及電擊。

兩種比率之間的因數，會隨著刺激類型不同而有所變化。不會總是處在「四倍刺激能讓結果加倍」的狀態。舉例來說，在口味清淡的無酒精飲料中，只要多加大約1.7倍的糖量，就能讓甜度的感知加倍。比率還取決於刺激的呈現方式。比如，一小片溫金屬碰觸手臂，或是熱源照射在小範圍皮膚上，又或是像三溫暖的熱蒸氣包封全身，在這三種情況中，熱度感知伴隨不同功率曲

線。不過，就已知的實驗來看，曲線是非常一致的。到1965年，史帝文斯的兩位同事已經有足夠證據寫下論點：「經由實驗證實，功率定律是建立在所有合理懷疑之上，它恐怕比心理學領域提出的任何理論都更為牢不可破。」

5
感知的錯覺

只要耍點花招，人很容易受自己的感知所矇騙。

💰

　　史帝文斯試著解釋為何感知是遵守功率定律。他提到大部分的物理學定律（比如E=mc²），都是「乘冪法則」（Power Law）。通過調整為物理學定律的方式，感知能更清楚地「告訴我們實際情況是怎麼一回事」。在他過世後才出版的文稿中，史帝文斯曾寫道，心理物理學：

　　舉例來說，何者需要在感知裡維持不變，是差數，還是比例或比率？很顯然地，是比例——比率。當我們走向一棟房屋時，房屋的相關比例似乎維持不變：三角狀的山形屋頂不論從什麼距離看，都是三角狀。不管我們是在光線充足或微暗光線的地方看，呈現的仍是相同景色：即使有光線上的變化，可照片中光亮與陰影之間的比率看起來大致相同……無論刺激層面出現多大的變化，感知比例效用及其關係幾乎維持不變。試想，要是話語只能以特定語調強度才能被理解，或是物體會隨距離遠近拉遠而改

變外觀比例，亦或是一有烏雲遮蔽光線，照片就無法辨識，那我們熟悉的生活會發生怎樣的變化？

以此為前提，我們以比率為基礎的感知是極合理的。不過，有個致命的弱點。對比率如此敏感，也就是對絕對性不敏感。

史帝文斯也以一首獨特的韻文來表示這個重點：

書中印刷字體是黑色，並非因為沒有光線才讓它看起來是黑色。事實上黑色釋放了大量的光，如果你把圍繞黑色字體的白色部分全都移走，你會發現黑色本身，就像夜晚的霓虹燈般光亮。

感知以比率為基礎的特質，造成許多邏輯上的必然結果，也影響了心理物理學的實驗設計。實驗發現，影響結果在很大程度上取決於反應量表。「答案卷量表」以前是印刷形式，現在是網頁。有兩種普遍的回答量表：類型和強度。大家對這兩種型式應該都很熟悉。

類型量表被用在消費者問卷調查和網路民調。你認為家裡的那台惠而浦洗碗機如何？請勾選：

☐ 1－很差
☐ 2－尚可
☐ 3－好
☐ 4－非常好
☐ 5－極好

「類型量表」會列出可能的回答，並以文字標明固定答案。這個量表裡有最低分或最差選項，以及最高分或最棒的選項。

　　另一個型式是「強度量表」。它要求你在無數值限制的量表上為某物評定一個數值。最低分是0，最高分是——嗯，這裡並沒有最高分。為什麼應該要有呢？身體感受到像音量或重量，是沒有上限的，而且身體對他們的主觀感知也沒有絕對限制。

　　有時候強度量表會提供一比較基準，稱作絕對值。如給你看投射的圓盤狀光線，然後告訴你這樣的亮度是量表裡的100。接著，你會被要求目測其它圓盤狀光線的亮度。亮度一半的可能就是50，2倍的大概就是200，還有當然完全看不到的就是0。

　　絕對值照理說應該是有所幫助的，就像地圖上的比例尺。但是史帝文斯的妻子，本名吉拉汀・史東（Geraldine Stone），建議史帝文斯除去量表上的絕對值試試看。史帝文斯發現受試者在沒有絕對值的狀態下，會有較多自我意識的判斷。自此之後，他加入更好的實驗方法，指示受試者給個數字，任何數字，來對應感知多亮、多甜、多不愉快。

　　這聽起來像會造成混亂的指示。在某種程度上，它的確是。不同人，對同一事物設定的數字勢必雜亂無章。但這不全然是個問題。在中世紀時期，零售商穿梭在各城鎮做生意，秤重和計算方法在各城鎮都不盡相同。可是，在一個城鎮用秤盤量一隻比另一隻重2倍的公牛，到了別個城鎮，結果還是會一樣（一隻比另一隻重2倍），即使實際測得磅數可能會不同。在史帝文斯的實驗中，受試者的絕對判斷反覆無常，但是比率是有意義的。讓受試者創造一套自己的衡量標準，並用這套標準評量自己的回答，是

比較合理的。

　　為什麼絕對值沒有幫助？因為有了絕對值，受試者會害怕「犯錯」。沒有了絕對值，他們只好以最初的感受判斷，而這通常是比較準確的。一名受試者告訴史帝文斯：「我喜歡這個概念，這樣一來我可以放鬆，並仔細評定音量強度。如果有固定標準，我比較會覺得是被迫試著做音量強度的加減乘除，而且難度很高；但是如果沒有固定標準，那我就可以直接把音量強度放在它應當的位置。」

　　回到1930年代心理物理學的文獻：「錨點」有時指的是絕對值或是類型量表中的兩個端點。文中說，判斷力是被這些標準值「錨定」。結果顯示，無論如何，「錨點」會扭曲判斷力，就像透過玻璃窗看泡泡，會造成視覺扭曲。

　　在大家的記憶中，史帝文斯並非什麼特別的名師。但是他有幾個令人佩服的教學觀摩。其中一個是，他給學生看了一個被白色包圍的灰色圓盤。在漆黑的房間裡，只用一盞聚光燈照在灰色圓盤上，灰色看起來是白的。然後史帝文斯再把燈光照在圓盤外圍的白色。現在「白色」中心處的灰色圓盤，在令人眩目的白色對比之下——竟變成黑色。

　　許多感知的錯覺就建立在類似的原理基礎之上。麻省理工認知科學家愛德華・阿德爾森（Edward H. Adelson）所提供的例子，在本質上與史帝文斯的示範很接近。如次頁圖，A方格與B方格的灰色完全相同。錯覺強烈到你用這個跟別人打賭穩贏。要證明它，先確定你手邊有一些便利貼。

棋盤錯覺

　　小心地把棋盤上的方格用便利貼貼起來。只留下A和B兩處可見（你大概會需要六張便利貼）。還沒把最後一張便利貼貼上之前，你恐怕根本不相信這兩格的顏色是一樣的。可突然之間，它們竟「變成」了相同的中階灰色。

　　要理解這一錯覺的原理並不難。圓柱體投射了一道陰影，讓「白色」的B方格變暗（實際上是灰色）。從紙張的印刷角度而論，B的灰度值跟「黑色」A方格是一樣的。但是人的眼睛和大腦，還有比判斷絕對灰階更重要的事。它們正試著讓世界看起來合理（本例中，就是這圖片）。那就意味著專注於對比。我們看見一個棋盤，所有的「白」方格顏色一致，還有相同的邊緣模糊陰影。光與影之間的對比，干擾不了棋盤黑白方格的對比，反之亦然。

　　史帝文斯曾寓意深遠地說：「黑，就是周圍有亮邊的白。」史帝文斯非常清楚，只要耍點花招，人很容易受自己的感知所矇騙。這全然是對比下的主觀感受，並非絕對。

6
對比的影響

如果你想看起來瘦，那就跟胖子交朋友吧！

哈利・海爾森（Harry Helson,1898-1977），是窮困的烏克蘭移民，大約四、五歲時，哈利的母親生活陷入困頓，萬般不得已才把他送至他不喜歡的父親那。哈利痛恨這個安排，因此他逃家，被一對降神師夫婦收留。

這對夫婦是緬因州班戈市的戴爾夫婦，當時正是降神會和召魂的全盛期。戴爾夫婦對來訪的巫師和講演者敞開家門。就軀體層面或其他層面，我們很難得知哈利當時相不相信這些家裡的客人。一名友人說哈利做過幾個「超自然領域的業餘實驗」。另一名友人回憶道：「他的確有幾個經驗是他完全無法解釋的，因此，我認為那導致他在接下來幾年，公開關於人類經驗的所有觀點。」

因為這個身體和心靈領域的經驗基礎，海爾森長大後成為一名心理物理學家。一次在暗房裡發生的事，成為他職業生涯中的轉捩點。海爾森在沖洗照片暗房的暗紅色燈光下工作，然後他注意到一個奇異的現象。他的菸頭閃著綠光。

在正常燈光下，燃著的香菸所散發的光，看上去應該是餘燼紅。這個經驗幫助海爾森確定了一個重要的概念：「適應水準」。顯然地，海爾森的雙眼已適應暗房裡與平常不同的紅光。點燃的香菸是調節器，比暗房燈光的紅色更黃。讓點燃的菸頭在相較之下看起來呈綠色。海爾森的眼睛跟大腦並沒有登錄絕對顏色（像數位相機那樣），但是有點燃的菸頭顏色跟房間基準色之間的差異。

海爾森最終得到結論：所有的感官都要適應一定的刺激程度，然後大腦顯示基準的改變。他將這個結論示範在一套有名的舉重實驗中。海爾森要志願受試者先舉起一對小砝碼，然後再舉起第二對，並要求他們描述對第二對砝碼重量的感覺。第一次舉的砝碼讓受試者產生成見，可說成「錨點」或是用來比較的基準（他用的「錨點」，跟那些我已經描述過的感官稍微不同）。「錨點」砝碼比第二次的還輕時，就會讓第二次舉起的重量感覺較重。「錨點」砝碼比較重時，就會讓第二次舉的重量感覺較輕。這個感知的關聯性，會導致徹底地矛盾。海爾森可以透過先後順序安排，讓舉完較輕「錨點」之後感到較重的砝碼，在舉完較重「錨點」之後，感覺變得比較輕。概念上，這並不是什麼會令人太驚訝的事。如果你想看起來瘦，那就都跟胖子交朋友吧！我們都注意到對比的影響。你曾嘗一小口你期待會是咖啡的茶嗎？在轉瞬間，那杯茶嘗起來的味道是難以形容地迥異。它嘗起來既不像茶，也不像咖啡。你嘗到的是預期與實際之間的落差。

於是，從這個領域開始，心理物理學家大範圍地撒網。費希

納試圖以合乎科學的方式測量審美觀偏好，他用漢斯・荷爾拜因（Hans Holbein）的《抹大拉的懺悔》畫作，以兩種連鑑賞家都看不出端倪的版本進行實驗。在 1920 年代，芝加哥大學心理學家路易斯・列昂・瑟斯頓（Louis Leon Thurstone），策劃了一項驚人的課程計畫。他寫道：「不問學生覺得這兩組砝碼哪一組比較重，而是問他們比較想和哪兩個國籍的人交朋友，或是他們比較想要自己的姐妹和哪一個國籍的人結婚，這類的問題要有趣得多。」在別的地方，心理物理學家會把他們的測量桿放到每件事情上，從象牙雕刻精緻度到職業的威望，或到瑞典歷任統治者在歷史上的重要程度。

美國心理物理學家威廉・亨特（William Hunt）自信地斷言：「事實上，共同的法則存在於所有判斷的領域，」在亨特的一些實驗裡，他要受試者評定「牽涉到違背道德倫理的滔天大罪」的罪行等級。他設計出這個讓人困惑的題組。

第一部分，想像謀殺自己親生母親的罪刑──任性地、沒有任何被激怒的原因或正當理由。現在想一個恰好比這壞一半程度的罪行。請寫下來：────────────

第二部分，再次地，試想謀殺自己親生母親的罪行──任性地、沒有任何被激怒的原因或正當理由。現在聯想關於：自己單獨玩牌時作弊。最後，想出一個罪刑嚴重程度恰好介於這兩者之間的罪行。請寫下來：────────────

在邪惡程度量表上，自己單獨玩牌時作弊得到的評分幾乎接近0。你也許會預期第一部分跟第二部分的答案接近，應該就跟普拉托請藝術家畫出相同灰色的那場實驗一樣。然而，答案所呈現的並非如此。在十四個實驗案例中，有十二件在第一部分回答陳述的罪行，比在第二部分回答的罪行更重大。

亨特推論，是他設計在題目裡的範例，影響了答案。在第一部分，只有提供謀殺親生母親作為參考框架。這激起其他殘暴罪行的想法。在第二部分，提供兩個範例，一個是重大罪行，另一個則不是。很少人會視自己單獨玩牌時作弊為「罪行」。僅把問題設計成鼓勵受試者，考量將這無傷大雅的過錯視為「罪行」。這降低了回答的平均罪行嚴重程度。

亨特將這個影響稱為「錨定」（用這個字，但還有不同的意思）。他把「錨定」分成「對比」跟「同化」兩類。「對比錨定」，發生於對兩個物理刺激相比較時。路燈的強光，讓傍晚星空閃耀的光芒顯得微弱。喜劇人物若是重述已說過的梗，就讓好笑程度減到只剩百分之四十。「同化錨定」，發生在必須自己發明出一個答案，給予一或多個可能的回答作參考時。這發生在人要說出比另一個壞一半的罪行，或是陪審團在聽到委任律師提出傷害賠償金之後的仔細考量。這兩種「錨定」有截然不同的影響。在「對比錨定」中，受試者的感知被推離「錨點」。在「同化錨定」中，回答被拉近「錨點」。

海爾森付出很多心力，試圖了解哪些因素符合「錨點」足以影響判斷力。他的答案是：「近期、頻率、強度、範圍、持續期間，還有一些較高階特質，像是有其特定意義、熟悉和牽涉自我

意識」。實際並不像聽起來的那麼冗長。我們從「近期」開始說明。舉完3盎司砝碼幾秒後，5盎司的砝碼就會讓你覺得重。舉完5盎司砝碼後，等一小時再舉3盎司砝碼，對比的影響就消失了，你忘了前一個感覺的重量。

「頻率」也有很大影響。一連多次舉3盎司砝碼，會讓你適應那特定的重量。然後接著舉5盎司砝碼，就會感覺它很重。多舉幾次3盎司砝碼的「錨點」，比單舉一次更有影響力。

海爾森最有趣的一項發現，關於「較高階特質」是有意義的。他對一些受試者施用這些較高階特質。在實驗中途，他要求受試者將整個托盤的砝碼移至別處。托盤（以及上面放置的砝碼）整體重量是實驗裡最重的。但是這個很重的托盤，並沒有讓受試者感覺到接下來舉起的重量有較輕的感覺。受試者只把注意力集中在金屬砝碼上，而不是托盤，而且根本沒注意到托盤的重量。這個實驗證論了「錨定」不是肌肉的反應，而是心理的。

7
金錢心理學

人們對金錢如此狂熱，但實際上對它的敏感度卻比其他事物來得低。

　　每個人的生活中都有一套最重要的強度比例尺，它叫做「價格」。

　　大約在西元前三千年，美索不達米亞人領悟到，他們用的重量單位，錫克爾[2]，也可以用來表示大麥的重量——或是任何等值的東西，可以跟大麥以物易物。這就是金錢和價格的起源。

　　經濟學用「保留價格」來探討買方願意支付的最高金額，或是賣方能接受的最低金額。交易預期會發生在這兩種極端之間。經濟學研究市場動力如何影響付費價格。

　　但有一種不同的看法，「保留價格」可比喻成強度比例尺。對買方來說，價格是依渴望擁有的強度，以數值的方式測量。對賣方來說，價格是依渴望保留的強度（包括像是極重要的財產，如時間、精力、自尊），以數值的方式測量。

　　按日常生活中的普遍認知，價格是單一維度，就像尺的刻

---

2. 約半盎司。

度。每種商品，都坐落在比例尺上的一個點。這些點，將世界上的物品價格整齊地排列著。然而，價格的心理現實並非如此單純。

史帝文斯為哈佛實驗室裡的研究者，上了好些免費的金錢心理學課程。「史密提是個對錢很吝嗇的人，他花在自己實驗室預算的方式，就像是花自己私人存款一樣，」史帝文斯的同事喬治·米勒（George Miller）說道。史帝文斯有從不調漲別人薪資的壞名聲。如果你跟他爭，他會以心理物理學的完美解釋讓你啞口無言。「你不會想調漲薪資，」史帝文斯會這麼說，「總有一天你會離開哈佛。如果你習慣了這裡的優沃薪資，你在外面絕對會找不到適合的工作。」對史帝文斯來說，好的薪資就是僅夠糊口的低薪。

史帝文斯在班上提出了這樣一個問題：「假設我告訴你們，我有一個為了加薪專用的特別基金，我從中撥出10美元給你。那會讓你開心，是嗎？現在再仔細想想：我需要給你多少錢，才會讓你的快樂加倍？」

哲學家們大可以隨時反駁，所謂這種「快樂加倍」的說法是無意義的。但是，史帝文斯的學生們在心裡的盤算，似乎不覺得這是個難題。不過，他們的回答不見得能讓哲學家大吃一驚，倒是讓經濟學家大感意外：平均答案是40美元上下。

這麼想好了。得到你不奢望得到的10美元，是個美好的小驚喜。接下來的一、兩天，你會不定時地想著皮包裡那額外的10美元，然後感到開心。一個禮拜後，那筆錢會被你花掉，然後你會忘了它。

現在，你真的可以憑良心說，得到20美元會讓你的快樂加倍

嗎？所有我說關於10美元的事，也適用於20美元。

由這個推論方式來看，應該要比20美元多，才能讓當事人的快樂加倍，事實也正是如此。在班上得到的回答，平均介於35至50美元。

錢的報酬感會遞減，已不是什麼新鮮事。就算史帝文斯發現得到100萬美元後，要400萬美元才能讓快樂加倍，經濟學者一點也不感到驚訝。那些是足以改變人生的大筆金額，100萬美元幾乎能買到所有東西（在史帝文斯的年代是如此）。沒有人期待第二個100萬會比第一個來得有意義。

這是所謂的「財富效應」。但這無法解釋史帝文斯的小實驗。他的受試者皆為哈佛學生，大多家境富裕，是一群最有可能一輩子生活無虞的人。從他們的一生來看，區區幾十塊美元應該對他們沒什麼意義。唯一重要的應該是，那些錢能買到什麼。不論錢的轉換率為何，20美元可以買到的東西，還是比10美元多兩倍。「正確」答案應該是20美元。

為什麼史帝文斯的學生不是這樣看待事情？顯然，他們不是只思考關於錢能買到的東西。金錢本身就是個「刺激」，能創造出感覺——它的作用，跟史帝文斯研究的其他刺激因素非常相似。

之後，史帝文斯也見證了許多測量錢帶給受試者影響的嚴謹研究。1959年，日本心理物理學家印藤太郎（Tarow Indow），讓127位大學生看一系列手錶照片，以及產品描述。他要大學生們評比自己對每隻手錶的嚮往程度，然後用日圓訂出相當的價格。學生們認為，一支錶要得到他們加倍的滿意度，就必需為它多付8.7

倍高的價格。

舉一些那個時代具象徵性的例子，天美時（Timex）手錶的價格，當時市價約40美元左右，你也可以選擇大約150美元的Swatch手錶、3000美元的卡地亞Tank系列，或是3萬美元的勞力士President系列。這些全都是功能良好的手錶，也都做著計時器該做的事。唯一的差別是：地位。戴著卡地亞表明：「我很有錢，而且不在乎你注意到了沒。」戴勞力士，意思差不多，只是又更張揚。勞力士錶上鑲的貴重珠寶，想必比卡地亞的多，但是還不到多出10倍的程度。就如印藤的學生們做的評價一樣，大幅增加的價格，買到的只是地位的小幅提高。

還有研究發現了收入與社會地位之間存在「乘冪法則」，以及竊盜罪行嚴重程度的「乘冪法則」。依據史帝文斯一個引證的研究，要加倍你的社會地位，你大約需要賺比現在多2.6倍。而竊盜的嚴重程度與所盜的財物價值之間只存在微不足道的遞增關係。小偷必需偷到60倍那麼多，才能加倍罪行的嚴重性。剛開始，這也許聽來怪異。但是多數人都認同偷竊就是錯，而偷竊的金額反而是第二考量。因此，根據偷竊的「功率曲線」來看，偷6000美元的罪惡感大概只比偷100美元還壞上兩倍而已。

總體來說，這個研究證實史帝文斯的觀點，人對錢的感知跟其他感官差不多。價格，是個強度量表，下限是零（我們都知道，這代表某樣東西不值錢的意思），沒有上限。不同特性的比率（禮物、偷竊……），也是強度量表的特有表現。

人們對金錢如此狂熱，但實際上對它的敏感度卻比其他事物來得低。有很多感覺的增加比刺激本身還快。例如只需要多1.6倍

的重量，就能讓人感覺重量加倍（所有舉重者都了解這點）；只要
1.2倍的電流，就能讓電擊的感覺加倍（這解釋了它為什麼是效果
最好的酷刑）。至於金錢，要讓興奮感加倍，數目要超過2倍才有
效。

　　以後來的研究看來，這個在心理物理學上對金錢的研究是最
原始的，而且極為重要。當然，價格是個獨特的強度量表。我們
很在乎絕對價值——物品的實際要價。然而，在乎絕對價值，並
不會賦予精確理解它的能力。人在預估貨幣價值時，只要施以對
比的交易假象與暗示，就很容易受到「錨定」左右。很多人都意
想不到，這個研究成果對全世界的財經決策，成了一種隱形的指
導與誤導。

　　然而，心理物理學領域以外的人渾然不覺，根本沒留意。

III　　價格和選擇為何不一致

人在不確定的情況下，是不擅做決策的。
價格不是數學題目的解答，而是一種欲望的表達。

8
人如何做出決策

人在不確定的情況下，是不擅做決策的。

　　就和大部分經營拉斯維加斯賭場的猶太人一樣，班尼·高福史坦（Benny Goffstein）十分重視家庭。在他有機會開設一家自己的賭場時，他把賭場取名為四皇后（Four Queens），代表他的四位女兒。和他經營的第一家賭場里維艾拉（Riviera）比起來，四皇后的地點較靠近市中心，規模也比較小，但是收益更為豐厚。

　　其中一位四皇后的投資者，跟高福史坦在里維艾拉賭場碰到的那夥黑幫截然不同。他是查爾斯·莫菲（Charles B. G. Murphy），品味有幾分怪異，是住在美國麻薩諸塞州的印第安人貴族。莫菲曾是耶魯大學的足球隊員，是家世顯赫的史特林·洛克菲勒（J. Sterling Rockefeller）的朋友，是個非洲探險家、大冒險家、律師，同時也是個賭徒。他生命的最後幾年在拉斯維加斯度過。莫菲帶了一個問題找上高福史坦。為了避稅，他先前設立了一個慈善性質的基金會。政府向莫菲施壓，要他把基金會的一部分資金真正投入到慈善事業，要不然這個「避稅掩護所」可能

不保。莫菲決定把錢投入他真心喜愛的一項研究：博奕。

莫菲到處尋求專精博奕的科學家。他想到一個人，密西根大學的心理學家沃德·愛德華茲（Ward Edwards）。愛德華茲提出一項十分不尋常的請求。他和自己從前的兩個學生（現任職於奧勒岡研究機構），想在拉斯維加斯賭場做一項實驗。他們懷著雄心想做真人實境的實驗。可以在四皇后做這個實驗嗎？莫菲身為四皇后主要投資者，他以江湖人的魄力讓高福史坦了解：這個要求，由不得他拒絕。

做研究工作的愛德華茲，這輩子專出難題。愛德華茲生於美國新澤西州的墨里斯敦，父親是名經濟學家，從小耳濡目染父親與同事們之間的閒談，這令他對經濟學產生了一種叛逆的懷疑態度。他就讀斯沃斯莫爾學院與哈佛大學期間，愛德華茲決心攻讀心理學。也正是在哈佛，他才讀到美國猶太人數學家，約翰·馮·紐曼（John von Neumann）和經濟學家奧斯卡·摩根斯坦（Oskar Morgenstern）的作品，但是他並不喜歡這些作品。

匈牙利出生的馮·紐曼，是二十世紀的偉大數學家之一。在普林斯頓經濟學家奧斯卡·摩根斯坦的極力勸說下，馮·紐曼把自己聰明才智轉而用在經濟學的問題上。這才有了1944年《賽局理論與經濟學行為》（*Theory of Games and Economic Behavior*）一書的問世。馮·紐曼把經濟學的衝突隱喻成「賽局」，類似撲克牌遊戲，理應禁得起數學分析的遊戲。

經濟學賽局裡的籌碼是以美元、英鎊和日圓計算。不過，或許也不盡然如此。馮·紐曼跟一般的經濟學家一樣，認為主觀的

貨幣博奕，稱為「效用」（utility）。

「效用」一詞可追溯至十八世紀，瑞士數學家丹尼爾·伯努力（Daneil Bernoulli）指出：金錢的價值是相對的。送張100美元支票作為生日禮物，對一個5歲小孩來說，可能是難以想像的一大筆錢；但對一位45歲億萬富翁來說，那根本毫無意義。為預測人會怎麼處理錢，就必須把這些不同因素列入調整評估，就像有時為了通貨膨脹調整美元匯率是必要的。

你可以把「效用」想成是個人的「標價」──每個人對東西與結果所設定的價格。我認為這個二手檯燈值50「效用」的美元，而你則認為它一文不值。重要的是，人會積累最多的「效用」，而並不一定是積累最多的美元。誰死的時後有最多「效用」就贏了。

經濟學家接受伯努利的觀點，原因有二：第一，它證實了一個明顯的事實──心理狀態（不只是單純的貪慾）決定著經濟決策；第二，有了「效用」概念，經濟學家不用花太多心思在心理學上。經濟學家主要對精確的數學科學感興趣，他們並不想費心思衡量金錢的心理方面，他們比較喜歡假設它原則上能完成就行了。

「效用」是個強而有力的概念（旅遊指南也是），因為它的假想標價，是所有經濟決策的決定因素。麻省理工學院的經濟學家保羅·薩繆爾森（Paul Samuelson），將這個概念發展在他的「顯示性偏好」理論。該論點顯然極為合理，它指出：研究「效用」的唯一途徑，就是看人們做了怎樣的選擇。選擇，顯示我們對「效用」的所有認知；反過來，「效用」決定了消費者願意支付的價格。

當某人可以自由選擇A或B時，他只需對照自己無形的標價，選擇「效用」較高的那一個即可。就是用這種方式把「效用」轉換成數字，再做出決定。這個假設，很自然地成為很多經濟理論——從「需求曲線」（demand curve）到「納許均衡」（Nash equilibrium）——的基礎。

這就又把我們帶回了馮·紐曼的貢獻。許多經濟決策，就是場賭博。在充滿不確定性的世界來看，棘手和有趣的選擇，不論是以何種形式呈現，就是場賭博。因此，分配賭博的賭金是必要的。根據馮·紐曼的論點，把每一種可能結果的主觀價格乘上它的出現概率，即可得出最終答案。

馮·紐曼和摩根斯坦主張，只要是理性的人，從決定午餐要吃什麼到投資哪一檔股票……都是用這種心理數學（「期望效用模型」）來做決策。這個假設，成了他們的經濟理論主軸，是經濟學家在戰後所信奉的模型。

可是也並非所有的經濟學家都贊同。知名學者赫伯特·西蒙（Herbert Simon）在馮·紐曼的書評裡評論道：「對一個獨立的個體來說，不可能達到任何高度的合理性。」西蒙對馮·紐曼部分本末倒置的傳統思想，也一樣加以嚴厲批評：「任何成熟的人、有智商的人，怎麼可能會滿意這個新古典主義的理論，真令人難以理解。」他感到很訝異。

西蒙的《管理行為》（*Administrative Behavior*）一書，在馮·紐曼的書籍出版三年之後出版，此書是他職業生涯的重要作品，書裡展現了一幅全然不同的「賽局」畫面。西蒙分析企業與

其他統治集團如何做決策的研究實例。他有一句名言：「人類是有限理性的」。人類太忙、消息不靈通，而且有時也很愚蠢，無法把事情想得那麼透澈。現實生活中的人無法表現那麼完美，但是西洋棋大師可就會賞識馮‧紐曼的理論。相反地，決策者往往依靠靈感或心理捷徑，迅速做出符合直覺的選擇。

西蒙在心理學家會進行研究的路徑上佯裝。他沒有自己做這方面的研究。第一是因為，西蒙不認為自己是實驗主義者；第二是，他認為人類的合理性，就像軍事智能：矛盾修飾法。西蒙認為組織比個人更能達到合理性，因此，讓他感興趣的是組織。這些組織就像蟻丘，能夠從不太傑出的個體中，召集出凝聚的「智能」。

愛德華茲並沒有真正完全融入西蒙的研究領域裡。愛德華茲的第一份工作是在約翰霍普斯金大學教書，他因為教學懶散被炒魷魚。之後他在丹佛空軍基地一處負責智力研究部門的祕密單位工作。愛德華茲之後宣稱，得到在空軍的這份工作，是他這輩子最幸運的事。在那裡，他不間斷地接觸一連串決策難題。

愛德華茲曾造訪位於科羅拉多泉市，核武防禦中心的北美空防司令部（NORAD）。他對世界上一些最重大的決策是如何做出的，感到十分好奇。愛德華茲被帶領至指揮中心，裡面看起來就像電影《奇愛博士》（*Dr. Strangelove*）裡的場景，陳列的是年代久遠的軍事地圖、早期的警示雷達，以及海上船艦資訊。在Google尚未出現的年代，沒有人知道什麼是大量即時資訊。愛德華茲詢問陪同他參觀的軍官，關於那些資訊會怎麼處理。該名軍官指向

一台紅色電話，顯然地，資訊會直達白宮。愛德華茲再問：「你認為資訊輸入和輸出的比率，應該是像這樣嗎？」

愛德華茲從空軍部門轉至密西根大學心理學系時，他在學術界的知名度並沒有增加多少。「密西根大學是個很大的系所，包容性與開放性十足，」心理學家芭芭拉·特沃斯基（Barbara Tversky）解釋。甚至在這種最開明的背景下，愛德華茲仍是格格不入。他古怪又不擅社交。兩名同事回憶起愛德華茲不斷威脅要終止可授予終生職位聘雇制度的「偶發脫序行為」。

他的妻子露絲（Ruth），是伯爾赫斯·弗雷德里克·斯金納（B.F.Skinner）的哲學博士學生，她跟愛德華茲一起享受不受世俗眼光束縛的生活。有一段時間，他們住在密西根州安娜堡工業區、一間位於車庫後方充滿灰塵的建築物裡；也住過像廢墟的農舍。愛德華茲夫婦飼養達克斯獵狗。其中一隻取名為威利（Willy），這當然是以心理物理學家威廉·馮特的名字命名的。他們家的晚宴很有特色：露絲的拿手菜，常是充滿異國情調的奇特菜餚，提早赴約的客人，還要幫忙點燃好幾打的蠟燭，然後在客廳和餐廳所有桌面上擺上蠟燭。

愛德華茲常被譽為「行為決策理論」的創始者。他的確在這個領域發展的初期，替這個理論取了一個名字，也就是他1961年的論文標題。但是當時也有其他人在密西根大學，或是別的地方從事行為決策的探究。

許多早期的實驗，都與賭博有關。在心理學的實驗裡，實驗者必須用某種方式吸引受試者的注意力。能贏得小額獎金，大概是個很好的動力。愛德華茲與密西根大學的同事克萊德·庫姆

斯（Clyde Coombs），共同進行一些實驗，讓受試者在賭博和固定獎金之間做抉擇。莎拉・黎坦絲丹是愛德華茲的哲學博士學生，她覺得庫姆斯對賭博一點都不感興趣。賭博只是個方便用來創造決策難題的方法。然而，愛德華茲真正感興趣的是「決策的經濟理論」。

花多少錢買車，或是跟誰結婚的決策過程，就是交易的一種——以庫姆斯的說法，就是「比較無法比的過程」。賭博讓你在以下兩種情況之間權衡取捨：可贏多少錢，贏錢機率多大。所以庫姆斯和愛德華茲會讓受試者選擇怎麼賭，看是要賭高額的獎金，還是要賭贏得賭局的機率。心理學家們詳細研究受試者的偏好，並試著從中看出人如何做出決策。庫姆斯和迪恩・普魯特（D. G. Pruitt），在一項1960年的研究中發現，大部分的選擇都可以用一條簡單的規則加以解釋——「永遠選賠率最高的賭」。

歡迎來到理性有限的世界。遵守「永遠選擇賠率最高」規則的人，一定是忘了機率這件事——老押注在贏面小的地方。這個策略在賽馬場上不怎麼合適，在別處也不佳。

愛德華茲在空軍服役期間學會打撲克牌，而且到了密西根大學後，他一樣喜愛打牌並從中得到一些實驗的結論。

愛德華茲最著名的一個實驗，用上了二個背包，這二個包裝滿同等數量的籌碼。其中一個背包裡主要裝的是紅色籌碼，紅、白比例為7：3；另一個背包則相反，裡頭裝的大多是白色籌碼，紅、白比例為3：7。但你並不知道哪個背包裡裝的是哪樣。你的

任務是，判定哪一個背包裡的紅籌碼多。在做出決定之前，你每次可以從背包裡抽出一個籌碼。根據取出的籌碼，你可以估算紅白籌碼的多寡。愛德華茲讓學生來做實驗，而他則在旁記錄籌碼顏色。

試想你從A背包抽出籌碼。第一個籌碼是紅色的，那A背包裡主要是紅色籌碼的機率是多少呢？

正確答案可能比你想的還簡單。不多不少，就是百分之七十。但是這個實驗不是要考你數學。大部分的決定是靠直覺，愛德華茲想看看這種本能的直覺有多準確。他發現人們猜測的結果要比正確值來得低。人沒有想到，單一個紅色籌碼就蘊含了豐富的情報。

這證實了愛德華茲的推測，人在不確定的情況下，是不擅做決策的。但是這正是馮‧紐曼，以及多數經濟學專家，早已視為假定的事實。

一篇1954年發表在《心理學公報》（*Psychological Bulletin*）上的文章，愛德華茲概述馮‧紐曼和摩根斯坦合作的實驗。少數幾個對此實驗十分了解的心理學家讀者，向他提出該實驗是否與現實有任何關連的疑問。愛德華茲抱怨道：「那些關心決策理論的理論家們，用的根本就是不切實際的空想。他們往往先做出假定，然後再從假定推論出大概禁得起考驗的理論，而有時候這些推論也似乎永遠都不會被驗證。」

發表在《經濟人》（*Economic man*）、《理性行為》（*Rational*

actor），以及《理性極限》（*Rational maximizer*）期刊雜誌的文章，皆有許多未經驗證探討人類行為的假說。透過發表這些文章的方式，勞工／資本家／消費者／賭客能讓自己獲得利益。經濟學家羅勃特‧海爾布魯諾（Robert Heilbroner）表示：只顧慮是否有利可圖的人，就是「追著利益跑的幽靈」。這些只在乎自身利益而唯利是圖的人，只以計算期望值的「效用」，做出重大又膚淺的決策。

「馮‧紐曼和摩根斯坦極力捍衛這個實驗，也因此造就了它的重要性，」愛德華茲寫道，「但是我在1954年發表的那篇文章，很清楚地……與事實不符。」

愛德華茲選擇在1954年發表該文章，並非偶然。當年是他在《心理學公報》發表論文的重要時期，所以當時他也一定要間接略提這個現在稱為「阿萊悖論」（Allais' Paradox）的悖論。這個悖論得用一整個章節來說明。

9

阿萊悖論

人在「絕對」之間常有很大的主觀差異。

💰

1952年，李奧納德・薩維奇（Leonard J. Savage），經歷了人生中最難熬的一頓午餐。薩維奇是美國人，當年35歲的他，赴巴黎出席一場學術研討會。坐在他對面的男子是41歲的法國籍經濟學家，莫里斯・阿萊（Maurice Allais）。阿萊的兩側頭髮全剃高，只留下頭頂髮量濃密的小平頭，在他奇特髮型與緊繃的微笑之間，大概也皺著眉頭。

阿萊跟薩維奇說有東西要給他看。他要薩維奇做一個小測驗。重點在於，薩維奇竟然沒有通過這個測驗。

薩維奇在芝加哥大學就讀時，是個急性子的統計學家。他是聽了馮・紐曼的建議才投入統計學。外觀上，薩維奇令人印象最深刻的，就屬他的眼鏡，因為鏡片的屈光度讓眼鏡看起來厚得離譜。在芝加哥，薩維奇遇到他第二位良師，米爾頓・傅利曼（Milton Friedman）。傅利曼是芝加哥經濟學派創始人，也獲頒諾貝爾經濟學獎殊榮。傅利曼和薩維奇著手共同研究，薩維奇研

究人類如何做決策，尤其是與金錢相關，像人是如何替產品與服務訂定價格，還有如何從中做出選擇。薩維奇想證明有關金錢所做出的決策，是完全（或者可以是）符合邏輯的。傅利曼也正渴望有這樣的理論，因為它能為他的自由市場經濟學提供一個穩固的基礎。

有個很大的問題，阿萊告訴薩維奇說：「你的理論錯得離譜。」

阿萊喜歡指出理論的錯誤。他的父母經營一間乳酪商店，他每週要工作80個小時，然後在法國礦業局郵政分駐所幫忙行政工作。他同時也撰寫抨擊經濟學言論的作品，這拉升了他的知名度，最後，他獲頒諾貝爾經濟獎。阿萊從不設限自己去證明經濟學裡的錯誤概念。那時他的終極目標是推翻愛因斯坦的相對論。為此，阿萊設計了一種特殊擺錘，他相信總有一天，可以證明愛因斯坦的理論有誤。阿萊在1950年代時，花了好幾年的時間，試圖證明愛因斯坦的「相對論」，是抄襲自偉大的法國人亨力·龐加萊（Henri Poincare）。

要指出薩維奇的理論有問題並不困難，阿萊提出三個問題（這裡，我採用的版本取自阿萊次年發表的論文，我簡化了問題，並把數額改成美元。雖說它與阿萊向薩維奇提的問題不盡相同，但足以讓你領略阿萊的論點）。

問題1：你會選擇以下哪種情況？

（a）100萬美元穩穩入袋。

（b）賭一把：旋轉幸運輪盤。你有89％的機率贏得100萬美

元，10％的機率贏250萬美元，還有1％機率，是槓龜，
什麼都沒有。

　　阿萊認為，多數人會選擇可穩得100萬美元的（a），而不是
機率雖小，但可能什麼都沒有的（b）。顯然，薩維奇也同意此一
看法。

　　問題2：這次你的選項是——
　　（a）11％的機率贏得100萬美元。
　　（b）10％的機率贏得250萬美元。

　　阿萊認為多數人會選擇（b）。機率差別不大的情況下，你當
然會選擇獎金較高的（b）。薩維奇也同意了他的想法，選（b）。

　　這樣進入問題3：你面前擺了一個密封的盒子，你會選哪一
個？
　　（a）有89％的機率贏得盒子裡的未知內容物，11％的機率贏
　　　　得100萬美元。
　　（b）有89％的機率贏得盒子裡的未知內容物，10％的機率贏
　　　　得250萬美元，另外有1％的機率是槓龜。

　　這一招，切中薩維奇的要害。因為阿萊知道，薩維奇有一個
合理決策理論（本質上）指出，當你選擇漢堡加汽水或披薩加汽
水時，你可以把汽水忽略，因為不管選哪一個，你都能喝到汽

水。唯一有關係的是，你比較喜歡漢堡還是披薩。整體來說，依據薩維奇的理論，決策者應該會忽視選項裡共有的元素，只依相異的部分做出選擇。

這個理論大概所有人都會覺得合理。不過，阿萊發現到一大漏洞。以薩維奇的理論來看，問題3的選擇應該與盒子沒有關係。無論你選擇（a）或（b），得到盒子的機率是相同的。

這不代表盒子裡的東西無關緊要。盒子裡裝的可能是10億美元，或是全身密生細毛的致命補鳥蛛，也可能是在地鐵與你邂逅的人的電話。但是依據薩維奇的理論，盒子不應該對你要選擇（a）或（b）造成影響。應該僅依照你比較想要11％的機率贏得100萬美元，或是10％的機率贏得250萬美元，來做出選擇。

換個說法，問題3的答案應該要跟問題2的一樣。還不止這樣。試想我們打開盒子，然後發現裡頭有100萬美元。這麼一來，結果問題3的選項就變得跟問題1完全相同。簡單地說，這三個難題的答案，應該要三題全選（a），或是全選（b），而不應該突然改變選項。阿萊用了點小把戲，讓薩維奇背叛自己的理論。

在那幾個月後，阿萊也給了傅利曼一個類似的突擊測驗。傅利曼沒有像薩維奇一樣掉入陷阱，他堅持同一答案。你也許會懷疑薩維奇向他透露過當時的情況。

1953年，阿萊在法國發行的《計量經濟學》（*Econometrica*）雜誌中，發表了一篇文章，挑戰薩維奇與傅利曼兩人共同提出的理論原則。這兩位美國人主張，人對每個東西都有個價錢（效用）。這些主觀的價錢，主導所有決策。阿萊認為：人類比這要

複雜得多。人做出的選擇，會視事情的來龍去脈而定，所以沒有單一數字能表達人對不確定結果的感受。

這個論證，就是大家熟知的「阿萊悖論」。如果你仍不清楚阿萊意指為何，也不懂為何這如此重要，沒有關係。讓我介紹這個由哈佛大學的理查．薩克豪瑟（Richard Zackhauser）對悖論做出的複合概念。假設你是當紅博奕節目《要錢還是要命》的參與者。就像大多數的博奕節目一樣，它不過是一些老遊戲的翻版罷了。但很不幸地，你玩的遊戲是俄羅斯輪盤。

「子彈女郎」蒂芬妮，會在每個開場轉一次幸運輪盤。輪盤劃分成六等分。輪盤上標示著1到6，輪盤停在哪一個數字，她就會放幾顆子彈在手槍裡，然後交給主持人布萊恩。在廣告休息片刻後，布萊恩旋轉槍膛，然後直接把槍管抵著你的左太陽穴。就在他扣下扳機前，他提出一個你肯定會有興趣的金錢交易。

「你可以買子彈。」要是你跟布萊恩談好價錢，他就會隨機從槍膛中取出一顆子彈，跟你一手交錢，一手交子彈。然後他會再次旋轉槍膛，再次把槍管抵著你的太陽穴，扣下扳機。

奇怪的是，你大概會願意付更高的價錢，來換取最後一顆在槍膛裡的子彈，那麼你就有百分之百的機率活下來（要不然，你就有1/6的機會熬不到節目進廣告）。你通常會願意付一大筆錢，不是嗎？

做個對照，試想有四顆子彈在槍膛裡。現在你願意付多少錢買一顆子彈——就只是為了要少一顆子彈？不知怎麼的，這削弱了出高價的意願。你也許甚至覺得，願意跟這四顆子彈賭一把。

人的想法很有趣吧？一顆子彈也是子彈，死了就是死了。在

這兩個例子裡，死亡的機率降低程度相當。那為什麼你出的價錢卻不一樣呢？

或是試想槍膛裡有六顆子彈。除非你出錢買子彈，不然你就死路一條。這也許會讓你再次改變心意，而且會斷定子彈是無價的，值得用你每一分錢來買。

這個賭局跟阿萊原先提出的難題，都展現出「確定性效應」。人在「絕對」之間常有很大的主觀差異，100％確定的事與可能性為99％的事，在主觀上有著巨大的差異。這個差異性也在價格與選擇中表現出來。同時，機率10％和11％之間的差異，並不受重視。

自此以後，「阿萊悖論」成了一大堆的經濟學家、心理學家，以及哲學家眼中的石中劍。學者們以這個悖論考驗自己的論說，但很少人理解阿萊悖論的其中道理。幾年後，阿萊自己認為該寫下他提出的所有難題，他試著在難題中展現人類決策理論原則，證明那微妙的矛盾，導致相互抵觸。

「他的悖論很棒，」一名學者給了阿萊這種評價，「但是如果你詳讀他自己寫的論文，他對理論應該如何才是正確的看法，實在令人難以理解……他是如此愛跟別人唱反調。我參加過幾場由不確定性與風險基金會（FUR）舉辦的研討會。阿萊會發表談話，然後某人會反駁說，『你的理論原理是錯的，你宣稱自己證實了尚未證實的事情。』阿萊會咆哮回去，然後加州大學聖地亞哥分校經濟學系教授馬基納（Mark Machina）就會為阿萊挺身而出，替他說話。然後阿萊又會讓馬基納變得更慷慨激昂。」

阿萊在1995年一篇標題為〈馬克・馬基納不斷重複錯誤或相抵觸〉論文裡寫道：「事實上，我一直到現在才有時間對馬基納的論文做出回應。我的時間完全被用盡了，鑑於我已在1988年獲頒諾貝爾經濟學獎，還要編輯自己於1943年發表的第一版研究報告，況且還需加上又新又長的序言，另外，還要忙著在歐洲出版一本重要的書……讀者會了解，我沒辦法擠出寶貴的時間來指正馬基納的錯誤，尤其那是需要逐行逐句的更正……」

　　已經忍耐阿萊很久的馬基納，在自己的網站張貼阿萊的論文，他在論文上加註標題：「新聞，八卦和賽局」。我會控制自己只略為論述「阿萊悖論」為何如此棘手。絆腳石並不是「確定性效應」，而是聰明人受了文字（框定選項的方式）的影響。就如特沃斯基之後所寫：「我們在選項的敘述之間做選擇，而不是單純地在選項本身做選擇。」大部分經濟學家們還沒有做好準備接受這樣的事實。

10
偏好逆轉

價格跟偏好相互矛盾。

💰

身為一位心理學家，愛德華茲對其他情感的無感，令人吃驚。莎拉‧黎坦絲丹發現他令人惱怒。剛從斯沃爾斯莫爾（Swarthmore）學院畢業，黎坦絲丹就到安娜堡從事研究，愛德華茲則是他的指導教授。愛德華茲提議她和另一名研究生保羅‧斯洛維克合寫一篇論文。「當我們寫好，也都說好作者名字的順序要怎麼排，愛德華茲也大方同意把自己的名字排在第三順位，」黎坦絲丹說，「他建議，與其說是建議，倒比較像是勢在必行的語氣，『應該把保羅排在作者群的第一順位，因為他是男人，會需要自己賺得生計』。」結果論文在1965年刊登在《美國心理學期刊》，作者排序依序為保羅‧斯洛維克、莎拉‧黎坦絲丹、沃德‧愛德華茲。保羅甚至還比莎拉小三歲。

「我好幾年都是過著夫唱婦隨的生活。」——當時以男性為尊的時代，支配著黎坦絲丹研究所畢業後的發展。她的丈夫，艾德，是位在洛杉磯工作的臨床心理醫師。奧勒岡大學在1966年提

供一個工作機會給艾德，這個工作吸引他們的地方，就是黎坦絲丹也有機會在俄勒岡研究機構找到職位。「那是個很大的誘因，」黎坦絲丹解釋，「ORI當時是個很了不起的工作場所。」

斯洛維克當時已經在那裡工作。他1964年一畢業，就接受這裡提供的工作機會，並且遊說ORI聘雇黎坦絲丹。這兩個人繼續愉快合作，他們研究人如何分配賭金。

假設有1/8的機率贏得77美元。你願意花多少錢來賭？

很顯然地，你會先估算自己每局平均能贏多少。這個賭局的結果是，1/8的機率贏77美元，或是贏9.63美元。當然，這個數目與你心裡的盤算不符。心理學家感興趣的是直覺的判斷，他們觀察到受試者在簡單的賭局中，花的賭金通常過高。顯而易見地，人會比較注意獎金的金額，而不是贏得獎金的機率。

這能說明樂透如此受歡迎的原因。樂透彩券提供動輒5800萬美元的巨額彩金，但是中獎機率微乎其微。彩迷買到的只是幻想中了頭獎的權利。「中獎率比億萬兆之一還小」，這句話總是印成小到幾乎看不到的字體，在彩迷的心裡亦是如此。因此樂透主辦單位若想提振買氣，會加碼頭獎彩金，而不是中獎機率。

類似現象也出現在風險規避上。假如有1/12的機率損失63美元，你願意出多少錢來避免？通常，人們願意給的往往高於平均損失。做決定時，潛在的損失總額要比輸錢的機率重要。

這解釋了大家買保險時的心態。人願意為保險付「高價」，是因為相較於風險渺小的發生率，他們更擔心災難帶來的損失。

黎坦絲丹和斯洛維克要求一些受試者從1到5，評分幾種賭局的「吸引力」。他們發現，評分結果與贏得賭金的機率關係最大。

人，喜歡中彩機率大的遊戲。

不過，下注要花多少賭金，又跟中彩能拿多少彩金金額有關。就好像人用兩個面向來評估賭局，充滿微妙矛盾之處。

「我記得當時我和斯洛維克在他的辦公室，我不記得是哪一年的事，」黎坦絲丹說，「我們得到受試者會注意什麼的概念。我想不起來是誰先說的，或是我們同時說出。反正這個概念讓我們設計出能鼓勵受試者的賭局，讓他們在一個反應模組裡做一件事，並在另一個反應模組裡做另一件事。當我們恍然大悟，大聲說出這個構想時，我們很確信這會奏效──也確實如此。」

黎坦絲丹和斯洛維克腦力激盪的結果是，價格也許不能反映出人們在想什麼。他們策劃一組賭局──賭局A和賭局B──來讓多數受試者比較偏好賭局A，但是，若用分配的賭金來問，受試者們就會改口說賭局B比較有利。具體舉例：

假設A和B是經過精美包裝的兩個禮盒，我並不知道禮盒內容物為何，我只有一個機會把他們拿起來搖一搖，建構對內容物的想法。好，我最後決定願意花40美元買A禮盒、70美元買B禮盒。但同時，我又判斷，我比較想買A禮盒。

這真是瘋狂！我的出價竟然跟內心的願望與行為不一致。黎坦絲丹和斯洛維克還發現更瘋狂的事。在某種類型的博奕，大多數人都會這樣評估。

他們將這個模式稱作「偏好逆轉」（preference reversal），以

下為範例：

如下圖，兩個圓形代表靶。從中選一個，然後「擲飛鏢的人」會將飛鏢丟向靶，所以飛鏢有可能落在靶上任何位置。這將決定你能贏得多少錢。你比較偏好哪一個靶？

左邊的靶有80％的機率贏5美元（不然就是摃龜）。右邊的靶有10％的機率贏40美元（不然就是摃龜）。

兩個賭注的期望值皆相同（4美元），所以沒有什麼差別。然而，多數人較偏好左邊的靶。黎坦絲丹和斯洛維克制定一個術語，「P博奕」（P是機率的意思），用來指那些類似左邊高勝率的靶，「P博奕」提供贏得賭局的高機率。右邊的靶是「＄博奕」，提供的獎金較高，但是贏得賭局的機率較低。倘若你要人們在兩者之間做出選擇時，大部分的人會偏好選擇「P博奕」，而不是

你比較偏好哪一個靶？

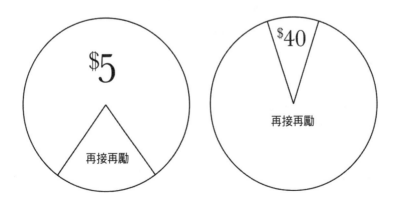

「＄博奕」。

會這樣，並不奇怪。選擇「P博奕」，提高了你獲勝離場的機率。奇怪的是，同一位受試者卻總是會給如上頁圖右邊的「＄博奕」分配更高的賭金。價格跟偏好相互矛盾。

真正的實驗中，使用了十二種不同的賭注。這些賭局要比前面的例子來得複雜，玩家有可能贏錢，但也可能輸錢（這比較像大家熟悉的運動簽賭跟賭場的賭博方式：你必須拿一些本金出來玩，而且要冒損失本金的風險）。首先，給受試者看兩種賭法，然後要他們選一個。接下來同樣的賭法，但一次只給受試者看一種，然後請他們出價。在這個階段，研究人員告訴受試者，他們「擁有」賭注，他們可以按原價賣回給賭場兌現。他們願意接受的最低回收價會是多少呢？

在173位受試者中，有127位始終選擇「P博奕」，同時又在「＄博奕」分配較高的賭金。他們並沒有真正意識到自己在做什麼。要人記得自己先前的反應並始終維持一貫性是很難的，受試者只是跟著感覺走、用直覺做回應，而直覺表現出奇怪的模式。

「這些逆轉明顯地構成行為矛盾之處，並違背所有現存的決策理論。」1971年，這二位心理學家在《實驗心理學期刊》上寫到。這次，撰稿人的署名為「莎拉・黎坦絲丹和保羅・斯洛維克」。

實驗證明，多數人在價金與選擇上並不一致。這兩位心理學家的實驗結果，讓人大感意外。其中一組實驗，黎坦絲丹和斯洛維克極力確保受試者仔細想過問題之後再回答。這一組受試者玩的是轉輪盤，贏了可以把白花花的鈔票帶回家，儘管金額並不

大（受試者賭的是點數，再用點數換錢，最高金額是8美元）。每一組的賭局，研究人員都會向受試者展示三次，並在過程中提醒他們上一次的選擇。受試者可以改變主意。只有第三次的選擇是不能再更動的。儘管有這些預防措施，玩家們仍然在他們拒絕玩的賭局中，分配較高賭金。

在另一組實驗裡，訂賭金的方法有所改變。他們要求受試者假裝想買賭局，並說出最多願意花多少錢來買。邏輯上，單就金錢賭局來說，買跟賣的價格不應有異。賭金的價值是多少錢就出多少錢才對。但是黎坦絲丹和斯洛維克發現，人在購買賭局時，比較不會分配較高賭金在「＄博奕」。在這個情況下，受試者對「＄博奕」的偏好銳減。

這就是所謂的「稟賦效應」（endowment effec，芝加哥大學經濟學家塞勒在1980年提出）。無市場價值可供參考的情況下，賣價通常比買價高出兩倍（遠遠超過準備讓人殺價的誇張價格策略）。因此，黎坦絲丹和斯洛維克檢驗了三種評估價值的方式，並發現它們全都有著潛在的矛盾之處。

自1971年以來，心理學家與經濟學家都試圖解釋「偏好逆轉」。很顯然地，所有受試者皆使用心理捷徑。無論是替博奕定賭金或是在博奕之間做選擇，心理捷徑都把事情簡化。

這裡有其中一組黎坦絲丹和斯洛維克用在實驗裡的選項：

P博奕：10/12的機率贏得9美元，2/12輸3美元。

＄博奕：3/12的機率贏得91美元，9/12輸21美元。

這個設計，很難一眼看穿哪一個賭局「比較好」。那麼你會怎麼選呢？一名曾參與實驗的受試者解釋：「如果贏的機率大，我會花四分之三我預期贏得的金額來賭。如果是輸的機率大，我就會要求實驗者付給我輸掉金額的一半。」

聽到這裡，大概所有的莊家都會對這個現象感到膽顫心驚，因為受試者忽視了絕大部分的資訊。而人就是這樣，不論是分攤餐費，或是估算停多久、付幾小時的停車費較划算……每回只要牽扯到數學問題時都是這樣。我們之所以如此，是因為出錯其實也沒什麼大不了的，我們的時間和心力恐怕更值錢。

另一個影響則是記憶的限制。短期記憶——就是此刻立即進入你意識的可回憶概念——僅限於七種要素左右。也許你對數字有很棒的長期記憶，就像你的筆記型電腦，但這些都是僅供參考。在關鍵時刻（假想現在有個「決策時刻」），你能從記憶中取出的大概只有七個數字或是概念。

在「偏好逆轉」實驗裡的選擇，必然與這個極限相衝突。受試者會收到6個明確的數字：兩種賭局的勝率、贏的金額和輸的金額。謹慎的人這時心理可能已經開始盤算著其它數字，比如賠錢的機率與賭局的期望值。但人的腦袋瞬間能記得的數字有限，在思考計算數字的同時就會忘記一些較早的數字。用黎坦絲丹和斯洛維克的話說就是：「合併混合數字後，資訊型態有變異傾向，這在要做出決策時，可能迫使人僅依靠判斷策略，對價值做出不公正的判斷。」

這個情況並不僅發生在心理學實驗室裡的賭局上。許多高額的決策，同樣會有眾多資訊同時出現在我們眼前。不論是買車、

買房，或是企業併購，我們會過濾許許多多的數字，去蕪存菁，最後僅留部分關鍵的數字或資料。這樣做，就意味著要進行直覺的判斷：哪些訊息是可以安全地忽略。同樣地，公司同事開會討論新的供貨商、廣告活動或是副總裁是否合適時，也總會摻雜著不少半真半假、信心滿滿的直覺言論。「我接受韓國的報價，我認為這個價格十拿九穩。」「我開價都是我實際願意付的75％——有時還挺管用的。」「這樣做，我們保證會回本，而且還有可能賺到更多。」我們把事情過分簡化，其實是因為要在這個世界過活，也沒有其他選擇了。

在實驗結束後，黎坦絲丹和斯洛維克聽取「偏好逆轉」受試者的報告。每一次，黎坦絲丹都試著讓這些受試者認為自己「出錯」，就為了看他們是否堅持立場還是改變主意。ORI保留了這些談話的錄音。在這些音檔裡，黎坦絲丹的開場白近乎完美。我從1968年的一段錄音中做了少許摘錄（網路上可聽取完整的錄音檔，此受試者為一男性大學生）：

黎坦絲丹：我知道了。那麼，關於A賭局的出價是怎麼回事？你現在有沒有更深入些的認知，怎麼會選擇了其中一個，但是卻給另一個賭局出更高價？

受 試 者：是蠻奇怪的，但是我對這點沒有任何頭緒。賭博不就是這樣嗎。這表示我的推論過程不好，但是除了這點之外，我倒沒有任何疑慮。

黎坦絲丹：沒有疑慮。好吧。有些人會說你的反應並不合理。

受 試 者：嗯，我能了解。

黎坦絲丹：那麼，假定我現在要求你做出合理的反應。你會
　　　　　不會說，這就是我合理的反應，或者你會改變說
　　　　　法？

受 試 者：事實上，它是合理的。

黎坦絲丹：我能說服你那是不理性的嗎？

受 試 者：不，我想你恐怕做不到⋯⋯

你大概想知道，我們是否會放過這些偏好逆轉的可憐受試
者一馬。「愚蠢的堅持，是我們理智裡的妖怪。」拉爾夫·沃爾
多·愛默生（Ralph Waldo Emerson）曾寫道。從此，他所主張
的行為不一致觀念，備受喜愛。不過，價格偏好的不一致，跟音
樂品味偏好的不一致是不同的。每個角落，都有內行人準備從扭
曲價格中獲益。事實上，不管是一般的訂價，還是經過思慮後的
訂價，都有相當的套利機會。每個人對訂價的一般、細心思考模
式，所呈現出的商業套利機會令人震驚。讓我們來看一個稱作
「金錢幫浦」（money pump）的有趣遊戲。

黎坦絲丹：好，我們來玩玩金錢幫浦遊戲。

受 試 者：好。

黎坦絲丹：如果你認為賭局A值550點，所以如果我讓你玩
　　　　　這個賭局，你應該會願意給我550點。這很合理
　　　　　吧？

受 試 者：如果我給你⋯⋯對，那挺合理的。

黎坦絲丹：所以，首先你可以有賭局A。

受 試 者：對。

黎坦絲丹：然後我還有賭局B，也可以收下你的550點。這很
　　　　　合理，不是嗎？

受 試 者：是。

黎坦絲丹：那麼我應該拿走你的550點？

（雙方都說「好。」）

黎坦絲丹：所以，你擁有賭局A，然後我說，「噢，你寧願要
　　　　　賭局B，不是嗎？」

受 試 者：對呀！這是肯定的。

黎坦絲丹：好吧，那我用賭局B跟你交換賭局A。現在……

受 試 者：我沒籌碼了。

黎坦絲丹：我再跟你買回賭局B。我會很慷慨，付給你比400
　　　　　點還多。我給你401點。你願意以401點把賭局B
　　　　　賣給我嗎？

受 試 者：當然願意。

黎坦絲丹：好，成交，所以你賣給我賭局B。

受 試 者：嗯。

黎坦絲丹：我給你401點，你知道我本來就有你給我的550
　　　　　點……

受 試 者：是這樣沒錯。

黎坦絲丹：我給了你401點，所以……現在我比你多149點。

受 試 者：就我來說，這推理沒有問題啊。（笑）我們還要這
　　　　　樣幾次？

黎坦絲丹：這個嘛……

受　試　者：噢，我了解你要表達的重點。

黎坦絲丹：你看，你抓到了重點，只要我堅守你給我的回應
　　　　　模式，就可以無限次地重複這個技倆了。現在
　　　　　你知道在金錢幫浦的觀念裡，回應的模式就是
　　　　　不……

受　試　者：不一致。

黎坦絲丹：不一致。

受　試　者：那不是個好現象。

黎坦絲丹：你有沒有覺得先前所做的三個決定需要改變一
　　　　　下？

受　試　者：這個嘛，我必須花點時間考慮。

　　金錢幫浦遊戲的確可以無限次地不斷重複。黎坦絲丹持續在
賭局 A、B 中交換，每交換一次，黎坦絲丹就獲得149點。就像跟
小孩騙糖吃一樣簡單！只是這和江湖騙術有所不同：這裡沒有欺
騙。每個階段，受害者皆完全了解發生什麼事，並根據自己所謂
的價值做出了選擇。

　　黎坦絲丹的訊問並沒有讓這名受試者改變意見。他打趣說一
度考慮改變主意，只為了讓自己「看起來理性點」，但他就是做不
到。因為「理性」意味著要否定內心的感受。

11
賭城裡最好的賠率

人們想要什麼、願意付多少錢，取決於問題如何措詞的微小細節。

$

「輪盤賭博可以決定一個人的命運」。1969年3月2日，《拉斯維加斯評論報》（*Las Vegas Review -Journal*）的頭條寫著一個令人好奇的標題。報紙刊登了一張愛德華茲的照片，報導說他要舉辦一次「科學家設計用來探究人類內心活動」的賭博。

拉斯維加斯輪盤賭桌上一場25美分的賭局，可能涉及到人類有史以來面臨的重大決策。

就像一個魯莽的決策，就可能使全世界陷入核戰一樣。任何地方、任何時刻，只要有人能把手指放在引爆核彈的按鈕上。

記者肯定是從愛德華茲那裡，得到那種冷戰時期的看法。蘭德公司（RAND Corporation），是一間提供政府以及營利集團顧問諮詢服務的公司。愛德華茲大聲地宣布拉斯維加斯博奕，是「少數展現出行為決策的一個實驗。」報導裡，從未提及這個特殊的

博奕是愛德華茲以前的兩名學生設計的。

黎坦絲丹聽說愛德華茲有一位「天使」的傳聞。這位「天使」，就是身為律師與賭場投資者的查爾斯·莫菲。有一段時間，莫菲設立的Wood Kalb基金會，支出了好幾十萬美元——在當時是很大筆錢——給愛德華茲。愛德華茲依次把錢用在資助自己的研究與同事身上，但大部分的錢，都用在四皇后賭場做實驗。這些實驗也獲得賭場負責人班尼·高福史坦，以及賭場繼承人湯瑪仕·卡拉漢（Thomas Callahan）的同意。重點是要讓決策實驗跟真實的賭場博奕一樣。玩家會用自己帶來的錢下注，而且會小心地賭。

黎坦絲丹認為，「『偏好逆轉實驗』在賭城進行，簡直太完美了。」有人對最初的原始研究提出批評，說受試者也許沒有做出明智決策的動機。大學生們反覆做著的實驗，會因為微薄的獎金或者根本沒錢可拿，而失去興趣。一段時間後，他們可能連試都懶得試了。在實驗室外，如果利害關係較大，人就會有動機，用更多的時間和注意力做決策。在拉斯維加斯做試驗會是一次嚴峻的考驗，它將證明「偏好逆轉」現象是否真實存在。

結果，實驗的主要阻礙是內華達州博奕委員會（Nevada Gaming Commission）。任何在賭場裡的博奕「實驗」，都必須經由該委員會核准。愛德華茲被請去跟委員會主席，韋恩·皮爾森（Wayne Pearson）會面。然而，幸運女神站在愛德華茲這邊：皮爾森其實是位心理學家，也是康乃爾大學的哲學博士，而且還恰好曾讀過愛德華茲的研究成果。他快速地核准這個實驗計畫。

1969年有十週的時間，四皇后賭場開出了全拉斯維加斯最優

厚的賠率——公平的賭局，莊家不占優勢。實驗名稱為「投注與賠率」，賭客擠滿賭場的陽台區，耳邊還聽得見賭場內樂團和餐廳的喧嘩聲。賭局用的是標準輪盤、籌碼，以及擺設。四皇后的巡場管理，約翰·龐德西洛（John Ponticello）負責收付賭注。他身後是一台迪吉多研發的PDP-7迷你電腦，當時迷你電腦的尺寸是幾個高書櫃的大小。電腦的六角形螢幕，看起來就像怪咖導演艾德·伍德（Ed wood）的電影道具。實驗賭局裡的所有賭場收益，全數捐給未婚媽媽之家。

黎坦絲丹和斯洛維克只在拉斯維加斯待了幾天。黎坦絲丹為了驗證發牌者的公正性，親自上陣博奕。嚴格地說，「投注與賠率」不像輪盤賭博，完全是單人玩的牌戲。因為這個賭局是全新設計的，而且要在40個賭局中選擇下注，龐德西洛必須先向玩家提出警語，說明這個賭局會需要一至四小時才能結束。為了科學的有效性，會需要玩家賭完整場賭局。那些不確定能否待那麼久的人，就會被勸退。

賭局一開始，每位玩家要先買250個籌碼。玩家要在5美分至5美元的範圍內，訂好每個籌碼的價值。玩家裡，沒有任何暴發戶；沒有人把籌碼的價值訂得高於25美分。賭局的第一階段，玩家在電腦螢幕顯示的組合中，進行二選一的下注。只要按壓電鈕裝置，就會幫你把選擇輸入到輪盤賭的賭局裡。然後賭客在輪盤賭中，用已選擇好的賭金下注。贏的機率全都能被12除盡，以符合有36個數字的輪盤賭。龐德西洛轉動輪盤、丟入小球、喊出數字（若是停在0就不算。龐德西洛會馬上再轉一次）。贏的話莊家給錢，輸的話莊家拿走籌碼。

賭局的第二階段，玩家說好賭局的價值。這些價值可以是正或負，因為一半賭金是有利於莊家，一半是有利於玩家（整體來看，這個遊戲並沒有讓莊家占優勢）。很難讓賭客說出坦率的金額。我們都習慣討價還價，我們會直覺地提高賣價、降低買價，認為自己可以隨時再把價格往上或往下調。在這種實驗裡，這是個潛在的嚴重問題。黎坦絲丹和斯洛維克需要這些從路上找來的受試者，說出坦率的價格 X，這樣他們用 X，或比 X 更高的價格賣掉賭局時，會感到開心，但是一定不會希望賣價比 X 低。

為了確保公正性，他們採用 BDM 機制（Becker-DeGroot-Marschak system），這是一種實驗經常使用的標準做法。賣方（賭局或任何東西）會被要求提出一個坦率的底價。然後發牌者會轉動輪盤，產生一個隨機的「出價」。要是這個出價比賣方開出的價格高，交易就會按這個隨機選出的價格成交（賣家會很滿意，因為賣出的價格比自己開的底價還高）。要是出價比賣方的開價低，就不會成交（賣家還是會很滿意，因為他不想賣得比自己開的底價低）。在這個情況下，最好的策略就是提出真正坦率的價格。

以拉斯維加斯的標準來看，「投注與賠率」是失敗的賭局。根據斯洛維克的說法，賭場的老顧客喜歡玩像是吃角子老虎，那種簡單、反覆的賭局。這個賭局很困難。龐德西洛注意到這個賭局吸引多種族群的賭客：空軍飛官、數學家、電視製作人、大學生、牧羊場工人、電腦程式設計師、公車票務經銷員、房地產經紀人，以及七名拉斯維加斯發牌員。

他們開始了一場有 86 局的博奕。期間一些玩家因為厭倦或感

到迷惑不解而退出，所以只完成了53局。對實驗有效性來說，這也已綽綽有餘了。

「這個實驗的結果」，黎坦絲丹和斯洛維克記述，「跟先前以大學生進行的虛擬賭注或小額的博奕實驗驚人地相似。」做選擇時，拉斯維加斯人首選「P博奕」，但是總是給「＄博奕」較高的賭金。這一次，只用玩家自己的錢。完成賭局最高可贏得的金額是83.5美元，最多可輸82.75美元（這些金額以現在的幣值來算，大約是500美元）。雖然賭局公平，但平均起來，每位玩家仍輸錢給賭場。那就是金錢幫浦的作用。

「人們自然而然地擔憂，實驗結果是否會在實驗室以外的地方被複製。」兩位心理學家寫道。他們在一份報告中絕無僅有地陳述拉斯維加斯所學到的東西：「本次研究並不支持普遍的看法，即事關切身利益時，決策者能做出最佳行動。」

以現今的觀點來看，黎坦絲丹和斯洛維克掀起了一場革命。我們不妨將「偏好逆轉」實驗與物理學上極為經典的麥克森-莫雷實驗（Michelson-Morley experiment）做個比較。麥克森與莫雷的實驗，反駁了十九世紀，以愛因斯坦「相對論」為基礎的「絕對速度」物理學。讓人禁不住想在物理學家的「以太」¹和經濟學家的「效用」之間，劃上等號。這兩者都是看不見、摸不著、聞不到，它們的「存在」，只是因為人們都假設它們必然存在。為了證明並沒有什麼看不見的評估左右著一切的經濟決策，黎坦絲丹和斯洛維克預示了：「價格相對論」——這就是當今行為經濟學的

---

1. 以太，或譯乙太。十九世紀的物理學家認為的一種假想電磁波傳播媒質。

基礎。

　　黎坦絲丹和斯洛維克提出一個「偏好逆轉」的簡明解釋：「錨定」。當玩家被要求替賭局訂價時，他們會直接把注意力放在獎額上。最有可能的獎金或最大獎額，就成了起始點或「錨點」。玩家知道必須以調整「錨點」來考慮可能性，或是其他任何的獎金與損失。這個調整需要在大腦裡進行數學計算。每個人都是用簡便的方法計算並猜測，結果通常調整地不夠充分。最後決定的答案太接近「錨點」。就像從果樹上落下的果實，就只是掉在樹的附近。

　　要人在賭局之間選擇，這又建立了不同的思考過程。金額變得比較無關緊要，因為很多博奕的獲勝機率皆不大。當然，大家都喜歡贏。人強烈傾向挑選最可能提供快樂的結果。在這裡也是一樣，玩家試著容忍金額和其他相關細節。再次地，調整有不夠充分的傾向。特沃斯基和斯洛維克，後來把這個概念廣義地稱作「相容性法則」（compatibility principle）。這個法則是說：決策者最注意的，是跟所需答案最相容的資訊。無論何時，只要必須訂價，你就會專注在問題裡的價格或其它金額。決定一輛二手車要賣多少錢，中古車商會在大型分類廣告網進行評估和訂價，博得大家的注意力。其他除了價錢之外應當很重要的因素（車況、維修記錄、顏色、配件等），全都被忽略。因為這一類因素，不容易反映在價格上。

　　黎坦絲丹和斯洛維克以轉移注意力設計了一個「不可能」的實驗。實驗結束後，玩家被信誓旦旦地告知，他們從頭至尾的選擇和訂價都很理性，他們說出來的話，完全是自己發自內心的想

法，絕對沒有遭設計上當。然而，在接下來的問題裡，他們表現出來的價值觀突然有一百八十度的大轉變。最後這一招就是金錢幫浦——轉眼間，「啾」的一聲，你的錢消失了。

不管魔術師的幻術有多不可思議，我們都知道魔術秀的女助理不是真的被砍成兩半；噴射機也不是真的憑空消失。當感知與物理學定律抵觸時，物理學是對的，感知是錯的。看完魔術秀的觀眾在回家後，仍堅定的相信事情一如往常，實際存在於現實中的事物，依然完好無缺。

對「偏好逆轉」而言，不存在這種心理慰藉。我想要什麼、我願意為它付多少錢，沒有人比我自己更了解。當事人對自己深信不疑——「偏好逆轉」的「幻覺」是真實的，是這類事情唯一可能的根本。

魔術，只是一種黎坦絲丹和斯洛維克用來形容研究發現的隱喻。另一個通俗的比喻是說，估價是「建構」且不揭露訊息的——像建築學，不像考古學。訂價，即建構一個評估，而不是深入心理挖掘，發現評估。

一份1990年，由特沃斯基與理查德・塞勒共同發表的研究報告，以最具代表性的棒球做隱喻。這個隱喻與「三個裁判」的老掉牙笑話有關：

第一個裁判說：「我只要看到他們就判犯規。」第二個裁判說：「看到他們犯規我就判犯規。」第三個裁判不同意：「他們什麼犯規都沒有，直到我判他們犯規。」

我們可以描述這三種價值觀的不同——

第一個，價值觀的存在——就像體溫——人一旦有感覺到，就會盡力地表達出來，可能存有偏見（我只要看到他們就判犯規）。第二個，人清楚知道自己的價值觀和偏好——就像九九乘法表那麼明白（他們犯規我就判犯規）。第三個，價值觀或偏好，通常在引起事件的過程中建構出（他們什麼犯規都沒有，直到我判犯規）。這篇研究報告，結果最能與第三個偏好的觀點相並立，皆為建構、視內容而定的過程。

「價格的相對性」（relativity of prices）論點得到確切的支持。人們想要什麼、願意付多少錢，取決於問題如何措詞的微小細節。「說全是因為偏好，就誇大其詞了，就像美國作家格特魯德·斯坦因（Gertrude Stein）對奧克蘭市的說法，『你無法定義那裡的事物。』」法律學家卡斯·桑斯坦（Cass Sunstein）寫道。「因為在那裡的東西屢屢不固定，而且可塑性太高，然後就這樣因襲了以理論預料的結果。」

奧克蘭市也許不是個價值基準，但是卻有點像是盲人摸象的寓言故事。摸到象鼻的人說：「大象跟蛇一樣。」；摸到大象側面的人說：「大象跟牆一樣。」；摸到象腿的人說：「大象就跟柱子一樣。」「每位盲人都說對了一部分。」美國漫畫家沃特爾·凱莉（Walt Kelly）筆下的一個角色說。「是呀，」他的朋友又補上一句，「但他們在整體上全錯了。」

12
經濟學與心理學的糾葛

如果不談偏好，還有什麼可以談的？

拉斯維加斯實驗投下了一顆震憾彈。用真人和金錢做實驗，黎坦絲丹和斯洛維克侵略了經濟學家的地盤。他們的研究對保羅‧薩繆爾森的「顯示性偏好」[2]論說，是一大挑戰，這個論說是現代經濟學的堡壘。至少在一些情況下，「顯示性偏好」是什麼也沒顯示出來。做出的選擇，並非預期願意付出的金額。如黎坦絲丹所言：「如果不談偏好，還有什麼可以談的？」

有一件不用想也知道的事，他們內心會產生對「偏好逆轉」的排斥。「我第一次跟一群經濟學家談論這個觀點時，我大感震驚，」黎坦絲丹回憶道。「他們以淺薄的方式挑剔……盡問一些吹毛求疵的小問題……直到那些經濟學家們突然將矛頭指向我們──我才開始嚴正看待他們的敵意。」

激烈的反應，以及那些隨之起舞的人，會讓持不同看法的人為難。經濟學家對心理學家長期、複雜的愛恨糾葛，值得一提。

---

2. Revealed preference theory。係指消費者的消費習慣，可以顯示他們的喜好。

經濟學家跟我們一樣生活在這個世界裡。他們也有朋友購買過價格太高的分時度假別墅，就是因為沒有思考。亞當‧史密斯（Adam Smith）將許多語彙專用在形容人性弱點，以及對市場必然的影響上。心理學家這個名詞，一直到第二次世界大戰，才從經濟學家裡分支出來。然後，情況開始改變。

　　在像是薩繆爾森和米爾頓‧傅利曼這些經濟學家的影響之下，經濟學領域日益精確。就跟忠犬看起來會像飼主，新的經濟學家，也承襲前輩的樣貌。經濟學家體現數理長才與自制的刻板印象，並建立精確描述別人的理論。

　　加州理工學院的決策行為學家柯林‧卡默勒（Colin Camerer），在1970年代的芝加哥大學，見識到神聖不容置疑的理性主義者心態。「當時我很年輕，只有17歲，而芝加哥大學這裡有一些聰穎的人，鼓吹這種瘋狂的教義，」卡默勒說道。「對我而言，那只是一種荒唐。我認為那是將信仰寄託在錯的地方，近乎迷信的狂熱鼓吹理性才是唯一準則，而我們都必須遵守。如果沒遵守，那是因為你沒意識到自己在違抗它。只要被提醒，你就會很快地修正自己。」

　　芝加哥學說有部分是「薩維奇傅利曼形式」的理性，是在這個冷酷、難搞世界生存的必要條件。那些不遵守芝加哥學說教義的人，「會在市場上被占便宜。他們不會管理公司，也不會是成功的領導者，」卡默勒說。「這些理性原則猶如戒律。非善即惡——惡徒將受懲罰。」

　　這已是個公開的祕密，即經濟學理論不太適用於預測人類行為。可經濟學界對此不屑一顧。經濟學上的典型模型假定兩件

事：人是完全合理，以及被充分告知的。一些經濟學家的態度是，他們實驗中的受試者只是無知，不是笨。整個1970年代大多在發展這個前景看好（？）的觀念。

米爾頓‧傅利曼有一個觀點，他主張以經濟學的大方向來看，個體心理學也許沒那麼重要。由明智群眾組成的市場，會比個體組成的更理性（比較像經濟學模型）。1970年代，幾乎沒有經濟學家有意願去相信或接受其它可能性。

兩名加州理工學院的經濟學家，身負保衛他們經濟學專業的重責大任。他們是大衛‧葛雷瑟（David M. Grether）和查爾斯‧普洛特（Charles R. Plott），目的很單純：「讓心理學家運用在經濟學上的成果不可信。」

一篇1979年的文章，葛雷瑟和普洛特憂心忡忡地描述十年前的「偏好逆轉」實驗。「以面額來看，」他們寫道，「前後不一致的行為……表示即使在任何人類最單純的選擇背後，也沒有最佳準則。」

「我們都知道普洛特這號人物，」黎坦絲丹說。普洛特在推翻她和斯洛維克研究成果的任務期間「多次來電」，而且還拿他們的研究成果「開玩笑」。「普洛特發現有趣現象的能力還挺不錯的，」卡默勒說道。「我認為他知道，如果他們能複製這些研究成果，那會很有趣，因為若能達到成功複製研究，將會是令人吃驚的一件事。然而若是他們無法複製研究，那對他們來說也很棒，因為經濟學家就能說，『愚蠢的心理學家不懂怎麼做。』」反正不管怎麼樣他們都不會有損失。

加州理工學院研究團隊，列舉每項他們認為可能導致黎坦絲丹和斯洛維克研究結果的因素，作為任務的第一步。他們列舉的清單共計十三項解釋。第十三項是個有趣的社會性證據，寫著：「實驗者為心理學家。」「憑良心說，以心理學家作為實驗者，有很大的問題，因為，心理學家專門哄騙受試者。」葛雷瑟和普洛特嚴厲地警告。

　　如卡默勒所言，這個報告「寫得好似『這些研究結果不可能是真的，這些實驗者是差勁的人。』」經濟學家擔心「純真的受試者」（心理學系的大學生被歸為這一類），「迷惑和誤解」、「策略性地回應」、「未具體說明的刺激獎勵」，包括用假想的錢而不是真正的錢，還有一些狡猾的程序要點。當然，他們勉強承認在拉斯維加斯用真錢博奕的「實驗」。

　　葛雷瑟和普洛特只以經濟學系和政治學系的學生（告知學生這是場經濟學實驗）當受試者，複製「偏好逆轉」實驗，在「＄博奕」裡最多可贏走40美元。然而，他們的實驗結果，實質上跟黎坦絲丹和斯洛維克的如出一轍。以加州理工學院經濟學系的受試學生做實驗，就跟在俄勒岡大學的心理學系學生，或是拉斯維加斯的賭客一樣，得到相同的實驗結果——他們都突然改變了決策。

　　「沒什麼好再多說的，我們開始複製這個研究時，獲得的結果不如預期，」葛雷瑟和普洛特寫道。「我們仍然跟這些受試者一樣感到困惑……我們的實驗設計，對照了所有我們找出能解釋這個現象的經濟學理論。『偏好逆轉』現象……仍舊存在。」

　　葛雷瑟和普洛特排除了清單上十二項可能的解釋，最後就只

剩下黎坦絲丹和斯洛維克提出的「錨定和調整機制」假說。葛雷瑟和普洛特將之解釋為——大費周章以經濟學精神認定「偏好逆轉」——「人好像有『真的偏好』，但是說出口的偏好，要視記述偏好的措詞與地點而定。特定的字詞或背景，自然會誘導出一些像『錨點』的特點，反之，其它因素則誘導出別種特點。」

文章裡甚至還出現「好像」這類的描述，這是 1979 年典型的經濟學家慣用字。頂尖的《美國經濟學評論》期刊，評論葛雷瑟和普洛特複製的實驗，是「詳述」。不僅經濟學人士對黎坦絲丹和斯洛維克的研究結果改變看法，也讓他們信服這項實驗結果堅固、真實，並且與他們所堅信的極度不相容。

斯洛維克記得曾收到一些經濟學家的來信讚美。信中表述他的研究鼓舞人心，寄件人也正在著手許多相同方面的研究。但是當斯洛維克看到隨函附上的再版《美國經濟學評論》時，他最初的喜悅消失殆盡。期刊上說他們是精神失常的怪人，經濟學家裡，只有怪咖和怪胎才會「賞識」他的研究成果。

13
訂價和決策的通用法則

重要的是對比，而不是絕對價值。

$

1956年，阿莫思‧特沃斯基在地處鄰近以色列與埃及的西奈半島，時任以色列傘兵部隊的指揮官。空軍參謀長摩西‧達揚（Moshe Dayan），有一天來到特沃斯基的隊上視察操演。一名軍人被指派炸開刺鐵絲網。這名軍人放置好炸藥，點燃引信，然後恐慌症突發，僵在那裡一動也不動。特沃斯基站在離引爆點很遠的地方。他不理會長官對他嚴峻大吼的命令，拔腿跑到這名恐慌症發作的軍人旁，硬是把他拉到安全地點。炸藥引爆時，這名軍人毫髮無傷。特沃斯基被一些爆炸碎片傷到，這些傷從此一輩子跟著他。

這起事件具象徵性。特沃斯基，這位一生大多致力心理學與研究人如何做決策的心理學家，在如此混亂局勢下的人道高尚情操，讓周遭的人深深感動。「特沃斯基很了不起，他真的是個了不起的人，」黎坦絲丹回憶道。「你會很開心身處在有他在場的地方，」在史丹佛大學認識特沃斯基的數學家波西‧戴康尼斯（Persi

Diaconis）說，「他的身上散發著光芒。」

阿莫思・特沃斯基，1937年出生於海法市（現為以色列第三大城市），當時是英屬巴勒斯坦。他的母親潔尼亞（Genia），是位社會福利工作者，之後在以色列的國會服務長達15年。他的父親，尤瑟夫（Yosef）是位內科醫生。

以色列高中生要面臨選擇未來大學系所時，需要在人文和科學之間做抉擇。「特沃斯基選擇人文，他的選擇讓每個人大吃一驚，因為他在數學與科學上有如此聰穎的才能，」特沃斯基的妻子芭芭拉說。「他的數學完全是自學來的。」自我教育是一輩子的工程。「他不喜歡學習任何教科書的教法。他選修網球課，但是他不喜歡教練的教法，所以自己發明學打網球的方法。」

特沃斯基在耶路撒冷希伯來大學開始他的學術生涯，那是一所擁有愛因斯坦和佛洛伊德為第一任董事會光環的公立大學。特沃斯基在那裡攻讀哲學和心理學。「生長在一個為生存而戰的國家，你大概比較能同時去思考實用和理論的問題，」特沃斯基說。他是希伯來大學學生裡，在阿拉伯人1948年伏擊幾乎殺光整個心理學系的人之後，首位獲得心理學學位的人。

在1961年獲得文學士學位之後，特沃斯基繼續在密西根大學攻讀博士學位。在那裡，他遇見一群衝勁十足的人，包括沃德・愛德華茲、克萊德・庫姆斯、莎拉・黎坦絲丹、保羅・斯洛維克，還有一位最重要的人——後來成為他妻子的芭芭拉。起先，特沃斯基給美國人的印象是沉默寡言。他生來就說希伯來語（現代以色列語），英語是敵人的語言——被英國占領。不過，特沃斯基的語文造詣十分傑出。他寫希伯來語的詩，也是以色列

詩人達麗亞‧拉維卡維琪（Dahlia Ravikovich）的朋友。在密西根大學，特沃斯基磨練自己英語程度，已精確到可以與他的博士指導教授庫姆斯和羅賓‧道斯（Robyn Dawes），合著一本精確的心理學教科書。書籍手寫稿寄給出版社時，愛德華茲提醒編輯，其中有位作者的母語並非英語。「特沃斯基的寫作無懈可擊，」芭芭拉說，「有問題的是庫姆斯，土生土長的美國人。」

特沃斯基有了語言上的自信後，他成為個性外向的人，一個身負重任的人。「我記得讀研究所時有一次跟他順路一起走回家，」芭芭拉說，「那時他正開始著手他的論文，卻已經對整個研究計畫預先做了全面性評判──他當時還只是個27歲的年輕研究生。我被眼前這位年輕男子迷住了，真正對畢生志業有遠見的人，必定會成就大事。」

特沃斯基在1965年獲得哲學博士學位後，就與紐約出生的芭芭拉搬到以色列。爾後，他多年留在希伯來大學教授心理學。1968年，特沃斯基在希伯來大學的同事丹尼爾‧康納曼，要他在畢業討論會向學生們發表一段談話。以康納曼的說法：「這改變了那些準畢業生的人生」。

康納曼的雙親是立陶宛猶太人，在1920年代搬遷至巴黎。他的父親是一家化學公司的研究主任。他的母親於1934年回巴勒斯坦特拉維夫市拜訪親友時，在那裡產下他。

康納曼年幼早期在巴黎長大，這個城市自1940年被納粹黨占領之後，已造成無可挽回的改變。康納曼在他的諾貝爾獎自傳中寫道：

我將永遠不會知道，會成為一位心理學家，是否因為我早年暴露在許多令人玩味的軼事裡，才造就今天的我，或是我本身對這些軼事的興趣，才讓我萌生這個志向。我想，就如許多其他猶太人一樣，我生長的世界是由排外的人，以及排外的言論所構成，而且絕大多數的言論都關於人。我的世界裡，幾乎沒有大自然的存在，我從未學習如何分辨花朵種類或是欣賞動物。我的世界裡，只有母親喜歡與父親還有和朋友談論的人物，我對所聽聞的人類複雜性深深著迷。一些人比其他的好，但是最好的還是跟完美的境界相差甚遠，而且沒有一個人是純粹的壞。母親對他們的說法大多含嘲諷意味，而且這些人全都是雙面，或甚至有更多面向的人。

我有一個對人性複雜仍記憶猶新的經歷。當時，1941年或1942年初，猶太人被要求配戴大衛之星[3]，並遵守晚上6點實施的宵禁。有一天，我到一名基督徒朋友家玩，但是玩到很晚才離開。我把身上的棕色毛衣翻過來穿，準備走幾條街回家。當我走在空無一人的街道上時，我看見一名德國軍人朝我的方向走過來。軍人身穿的黑色制服，就是我被告誡要更加畏懼的那一種──特別徵募的希特勒親衛隊。當我跟這名軍人的距離愈來愈接近時，我試著加快腳步。然後他招手示意要我過去，他一把將我抱起，並擁抱我。我嚇傻了，我怕他會發現我毛衣裡的大衛之星。他用德文跟我說話，我聽得出他語氣裡的好情緒。他將我放下後，打開他的皮夾，給我看一張小男孩的照片，然後給我一些錢。我到回家之後，更加確信母親是對的，人的複雜和趣味性，

---

3. 猶太人標記。由兩個正三角形疊成的六角形。

果然無窮。

康納曼一家試圖在戰爭期間納粹黨抓猶太人之前，搶先一步逃走。第一波消滅猶太人的行動，康納曼的父親被抓走，送往法國中北部的德蘭西市，一處作為撲殺猶太人的集中營。他的父親很快獲得釋放，這全靠化學公司老闆的影響力，才把他救出來——結果沒想到他竟是法國反猶運動的幕後主要金主。獲救之後，康納曼一家逃亡至里維耶拉（法國蔚藍海岸），然後再到法國中部。康納曼的父親就在D-Day[4]前六週，因為無法完善治療糖尿病而逝世。

康納曼的母親帶著一家子搬到巴勒斯坦，好與她的親戚就近互相照料。康納曼在希伯來大學主修心理學和數學，然後他在1954年被以色列軍隊徵召入伍。他的職責是執行一套從英軍承襲的心理測驗。其中一項測驗，將八名軍人身上所有軍階徽章取下，然後要他們合力把電話線杆或類似的障礙物挪至牆邊。規定搬運的過程中，電話線杆不能碰觸到牆面或地面；如果碰到了，就要從頭再來一遍。

此測驗的目的是要從中區別出真正的領導者。康納曼發現自己對認定心理學家的重要性，較感興趣。每月例行的「統計日」會召集所有人員，以成績來比較他們在軍官訓練學校的評估。「每次都一樣，」康納曼回憶道，「我們心理學家在學校預測軍人表現的專業技能，根本就不具影響力。」

---

4. 軍事術語中經常用來表示一次作戰或行動發起的那天，最著名的是1944年6月6日的諾曼第戰役。

感知錯覺

1958年，康納曼為了攻讀研究所，和他的新婚妻子艾拉·可汗（Irah Kahn）搬到美國密西根州東南部的伯克利市。康納曼選修的課程很廣，包括潛意識感知、人格測驗，以及維特根斯坦哲學（Wittgenstein）。他的其中一位老師是湯姆·康士維（Tom Cornsweet），他的名字與現在著名的「感知錯覺」連在一起（見上圖）。

每個人都認為左半部色澤較深。錯！把手指放在「深」和「淺」的邊界上，你看見的是完全相同灰色的長方形。邊界區塊只在左側畫得稍微比右側深，右側就顯得較淡，以創造出對比。

康士維的錯覺圖示是種開放式的隱喻。其實人都是一個樣，各式各樣的界線讓我們自認與「別人」不同。在比較世俗的程度上，這表現出心理物理學的主旨：重要的是對比，而不是絕對價

值。要說康納曼一些最受推崇的論文，就是應用這個通用法則在訂價和其他類型決策上，可是一點也不為過。

14
捷思法與偏見

不確定性愈大……「錨定效應」也愈大。

特沃斯基和康納曼在心理學或其他領域上，都存有一些歧見。特沃斯基提到沃德・愛德華茲的籌碼實驗。受試者不認同單一籌碼會造成什麼效果。康納曼反駁，他認為是因為偏見的成分居多。

不過這兩人長期合作愉快，共寫了六頁嚴謹且幽默的文章，刊登在《心理學公報》，標題為「信仰小數定律」。這個標題是機率理論裡的「大數定律」雙關語。「大數定律」，說明大量重複擲硬幣的實驗，結果擲到人頭的平均值會達將近50％。那就是你能在大量擲硬幣中得到的結果。不過，你無法預測少量擲硬幣的結果。然而，特沃斯基和康納曼寫道，人就只想相信這樣的結果。人們認定擲硬幣十次，就會擲出人頭和反面各五次，或是接近此結果。實際上，不對稱的結果（像是八次人頭，二次反面），是比人相信的狀況更為常見。特沃斯基和康納曼在一個會議裡，對一些數理心理學家做這項調查，結果發現連專家都容易犯這個錯。

這篇文章中最令人印象深刻的一句話十足令人玩味，也很少在科學性的論文裡出現：「人對隨機採樣的直覺知識，似乎是符合『小數定律』，由此可見『大數定律』也適用於小數。」

這篇審慎的論文在1971年發表，那時的特沃斯基與康納曼已開展了十年的精深共同研究，兩人的研究富有成果，友人稱他們是「強棒二人組」。由於沒辦法判定誰對論文的貢獻較多，所以他們以擲硬幣決定文章署名的排序。

「我們整個研究計畫的嘲諷意味濃厚，」康納曼告訴我，「我們不是攻擊人性，而是從消遣和諷刺面來看自己。」特沃斯基在每一種情境中，都會寫句有趣的敘述或是小故事。「有了他的參與，我也變得有趣，結果我們能連續好幾個小時在愉快氛圍中從事嚴肅的研究。」

「特沃斯基跟康納曼的個性天差地遠。」這是芭芭拉做出的分析。「特沃斯基是完美主義者，對語詞也是如此。他總是要把事情做到一個對的結果，一再地重複做到對為止。康納曼則不時就跳到下一個構想，他總是有源源不絕的新構想。」特沃斯基無法在沒有標題的狀態下寫論文，而且標題還必需是精確無誤的。有時他盤問芭芭拉老半天，就為了找出正確的字詞，以矯正他英語的任何不足。「是這個還是這個？這可是你的母語呀！」他會一直問。芭芭拉會抗議地回嘴：「你在找的字根本不存在！」

1971到1972年間，康納曼和特沃斯基都在俄勒岡研究機構從事學術研究。保羅·霍夫曼是募款高手，在康納曼的印象中，俄勒岡研究機構「財力雄厚」。「在那裡沒有既定時程，沒有階級制

度。」康納曼認為在ORI的期間，「是至目前為止，在我人生中研究成果最豐碩的時期。」

他與特沃斯基很快地設定好日常工作的程序，這讓他們兩人合作無間。因為康納曼是晨型人，而特沃斯基則是夜貓子，他們以約在午餐時間見面討論，下午再一起工作的方式配合。大部分的「工作」，表示聊天。

「他們超愛講話，」黎坦絲丹說，「我記得有一次和特沃斯基、康納曼和斯洛維克在一起的時候，我舉起手要發言。就只有我們四個人而已——我竟然連一個字都插不進去。」這群人在俄勒岡研究機構拋出許多概念，像是「錨定」、「偏好逆轉」，還有「機率的直覺概念」。這些討論成為特沃斯基和康納曼的著名文章，〈不確定性下的判斷：捷思法與偏見〉（Judgment Under Uncertainty: Heuristics and Biases）。

孕育期很長。在俄勒岡待了一年之後，康納曼和特沃斯基皆前後回到以色列，在接下來的一整年，大多在錘鍊精雕細琢論文的語詞。他們同時也從事研究。這篇論文的本質，是引用近期兩位作者與其他人的研究成果，總結出的評論性文章。刊登在《科學》雜誌，〈不確定性下的判斷〉這篇論文馬上得到非心理學領域讀者的熱烈回響，燃起了辯論的熊熊烈火，這把火直到現在才慢慢降溫。

「捷思法」是概測法，就像「無論你出價多少，你大概可以再多得到10％。」論文探討更基礎的三個重要範例，分別為「代表性法則」（representativeness）、「可利用性法則」（availability），以及「錨定與調整法則」（anchoring and adjustment）。其中「錨定」

與價格的關係最大。讓我簡短地解釋另外兩個。

「代表性法則」最為人知的範例就是,「琳達是兩性平等主義的銀行出納員」(Linda is the Feminist Bank Teller)。

琳達是坦率且聰穎的31歲女性。她主修哲學。身為學生,她十分擔憂不平等待遇和社會正義的問題,她也參與反核示威活動(琳達自1983年,開始出現在論文裡)。

不列顛哥倫比亞大學(簡稱卑詩大學)142名大學生,在讀了這篇簡述後,要在以下兩個敘述之間,判定何者較像事實:

琳達是銀行出納員。(Linda is a bank teller.)
琳達是銀行出納員,而且積極提倡兩性平等主義。
(Linda is a bank teller and is active in the feminist movement.)

85%的人判定第二個敘述比第一個更像事實。

那真是荒唐至極。琳達能夠成為銀行出納員以及兩性平等主義者的唯一方法,就是她必須是位銀行出納員。為了讓你們更了解,我畫了一個圖解(見下頁圖)。

顯然地,在判定琳達是銀行出納員的可能性時,我們會視得到多少關於琳達的訊息,才是符合自己對銀行出納員的先入為主見解。這個例題的寫法讓琳達符合我們對兩性平等主義者的刻板印象,而不是銀行出納員給人的刻板印象。對琳達的直覺對抗邏輯。這些直覺頑強棘手。

琳達題目

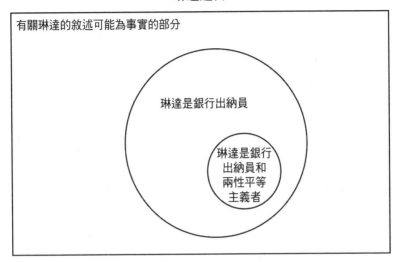

有關琳達的敘述可能為事實的部分

琳達是銀行出納員

琳達是銀行
出納員和
兩性平等
主義者

特沃斯基和康納曼藉由「一系列極端的操控」，試圖讓受試者遵從簡單的邏輯。他們試著給予受試者二則在這個「琳達題目」中，說明答案應該為何的辯論。受試者不必表態自己選擇的答案，只需說出認為哪一則較具說服力。

辯論1：琳達比較可能是銀行出納員，而不是兩性平等主義的銀行出納員，因為每位兩性平等主義的銀行出納員都是銀行出納員，但是一些女性銀行出納員並非兩性平等主義者，琳達可能也是這樣。

辯論2：琳達比較可能是兩性平等主義的銀行出納員，而不是銀行出納員，因為與銀行出納員相較之下，她比較像

是活躍的兩性平等主義者。

　　即便是在這個範例，還是有65％的受試者偏好第二則辯論。就算做完這個調查之後，馬上向受試者做通盤解釋，但是很多受試者仍不信服、不確定、不後悔自己選了錯誤答案。一名受試者還替自己選的答案辯護：「我認為你只是在問我的個人意見。」

　　英文以「r」開頭（如road），或是「r」為第三個字母的字彙（如car），哪一種較常見？多數人會說「r」開頭的字彙較常見。因為我們可以毫不費力快速地想出「r」開頭的字彙，但是要聯想出「r」為第三個字母的字彙，則是要費一番工夫想，相對想出來的速度也較慢。這就是「可利用性法則」的例子，在這個例子裡，「可利用性」讓我們走偏了。結果以「r」為第三個字母的字彙，才是較常見的。但是就只因為以「r」開頭的字彙比較容易馬上聯想出來，所以我們就高估這種組合的普遍性。

　　有個與「可利用性法則」類似的例子，我們都認定自己的社會背景存有廣泛的共同看法，例如品味、政治、教育程度，以及收看的電視節目。往往在一些「如此這般」的節目叫好叫座時，我們就感到震驚不已。「沒有人會投票給那種爛人！」有的，就是有人會投。

　　另一個例子：每年都有數千名孩童渴望成為專業運動員，儘管機會渺茫，幾乎注定要失望，卻還是躍躍欲試。為什麼呢？隨便就能列舉出一串脫穎而出，而且名利雙收的運動員。現在請試著列舉一些沒能在NBA（美國職籃）成就非凡的好手。你能舉出

任何名字嗎？

　　「錨定與調整法則」已被認為是「偏好逆轉」的原因。在黎坦絲丹和斯洛維克的實驗裡，「錨點」──獎額──至少與賭局裡的賭金關係重大。特沃斯基和康納曼猜想「錨定」，甚至能夠與已知不相關的「錨點」產生作用。為了測試這個假說，他們策劃了「聯合國」實驗。幸運輪盤只是個道具，為了要強調「錨點」的數字純屬隨機且無意識。但是「錨點」仍發揮效用。在所有心理學家對合理性的質疑裡，「錨定最容易論證，但也最難解釋。」德國心理學家弗利茲・施卓克（Fritz Strack）和湯瑪斯・穆斯魏勒（Thomas Mussweiler）寫道。

　　「聯合國」實驗成為「錨定」的經典論證。但是1974年《科學》刊載的論文，是唯一報導此實驗的文章，而且其資訊十分有限。特沃斯基和康納曼發表了更詳盡的「代表性」與「可利用性」論文──而非「錨定」。「特沃斯基和我對『錨定』的詮釋不太一致，」康納曼解釋。「問題在於，『錨定』究竟是『調整』或『促發』[5]。特沃斯基傾向『錨定』為實際調整的概念。」

　　特沃斯基的概念是，受試者在猜測聯合國非洲國家比例時，會開始從「錨點」價值開始思考（幸運輪盤出現的數字），然後再向上或往下調整。他們會一直上下調整，直至觸及輪盤外模糊但看似合理的數值。得到的數值，將會接近看似合理的「錨點」。不確定性愈大，這個看似合理的範圍就愈大，「錨定效應」也愈大。

---

5. priming，簡單地說，是指「你不知道你接受到的訊息對你的影響，其實比你以為的影響程度還來得高」。

這就跟我要你幫我買漢堡一樣，你大概會停在第一間看到的漢堡店買。你不會跑遍整座城市，去買一個最好的漢堡給我。

特沃斯基的理論是，人從「錨點」做的調整太快就停止了。人會安於第一個想到又看似合理的答案，而不會為了「最佳解答」折磨自己的腦袋。「錨點」高，答案就猜得太高；「錨點」低，答案就猜得太低。

在原先的實驗裡，特沃斯基指示受試者從輪盤的數字開始思考，然後在心裡把數字向上或往下調整。這個指示體現了特沃斯基認為實際發生的事。現在事實很明白，這個指示根本不必要。重要的是在「錨點」和預測值之間，有種心理上的對照。這在「偏好逆轉」實驗裡，自然地發生。當「錨點」不提供任何訊息——隨機數字或明顯有誤的數字——心理的對照可藉由提出預報問題的方式，來提示「非洲國家在聯合國中」占的百分比高或低於65％。

特沃斯基的「調整」理論，尚未能說明在看似合理價值裡出現的「錨定」。以下兩個問題：「愛因斯坦首度造訪美國是在1939年之前或之後？」「愛因斯坦首度造訪美國是在1905年之前或之後？」聽到第一個問題的人，猜測的年分顯得比第二個問題晚。這兩個「錨點」年分皆合理可信（正確解答是1921年）。不需要調整已看似合理的數值。

已經有人提出許多對「錨定」的解釋。已經有「錨定」是有邏輯的說法，受試者理所當然抓住從實驗者得到的「交談暗示」線索。受試者心想：「那一定是合理的答案，否則實驗者不會用這個年分（1939年）來提問。所以，就算我的回答接近1939年，也不會顯得愚蠢。」

康納曼的理論跟特沃斯基不同。「我不知道『促發』，」他解釋，「這個術語當時不存在。但是我擴展出一種與『促發』十分類似的概念，那是一種：暗示感受性。」

15
惡魔的拿手好戲

價格不是數學題目的解答，而是一種欲望的表達。

💰

你曾有過這樣的經驗嗎？你剛買了一輛車，突然之間你發現高速公路上「每個人」都開著與你同款的車？你學會一個新字彙（或聽到無法理解的海洋哺乳動物發出的聲音，或是不同種族的音樂），然後連續好幾天都碰到它？你在新聞裡看到它，你在公車上或廣播節目聽到它，你正在翻閱的過期《國家地理雜誌》上，正好有講它的文章……

這就是「促發」（一些輕度巧合強化的結構）。你快速地略讀報紙、一邊做事一邊聽電視內容、開車上高速公路的途中，你都忽略了絕大部分發生在周遭的事。只有幾件事能引起你的注意。矛盾的是，選擇把哪種刺激傳達到意識中，是一個無意識的過程。先前接觸過的某物（促發），會降低注意力的門檻，所以某物更容易得到注意。經過分析後的結論是，其實以前你大概早就見過現在學會的新字彙，或是早就看過同款車很多次了。只不過，現在你才注意到它罷了。

「促發效應」（priming effect）不僅影響你注意到什麼，也影響你做了些什麼。比如，枯燥會議上的哈欠聲、音樂會上的咳嗽聲，這些都具傳染性。去到蘇格蘭或阿拉巴馬州，你自然就開始以當地人的口音說話。在這些例子中，「促發」可定義成一種「暗示力」。

　　「當我們面臨行為表現的重要時刻時，問題來了，『下一步該做什麼？』」發表過一些「促發」論文的耶魯大學心理學家約翰·巴夫（John Bargh）說。那不太可能有明確、合邏輯的答案。反倒是，巴夫說：「我們的研究結果顯示，人擁有全天候持續供應暗示的無意識行為指引系統，引領我們下一步該做什麼，大腦將之列入考慮，頻繁地對那些暗示做出反應，這些全發生在你的意識察覺之前。」

　　目前對「促發」的認知，是指以字彙或其他刺激，活化相關的心理過程。這個認知機制一旦「開啟」，想法與行動就會有一段時間容易受到影響。當「促發」影響預測數值時，心理學家稱之為「錨定」。

　　「錨定效應」（幾乎）在提出問題的同時，就已經發生。當我問你：世上最高大的巨杉是否比200公尺高？我就『促發』你想起非常高大的樹。你從記憶裡找到的樹，已經有高度的成見。」康納曼解釋道。你想起巨杉、高大的紅杉木、桉樹，任何你讀過，或在《探索頻道》看過的高大樹木資訊。你會聯想到200公尺高的東西，以及一棵樹可不可能長到那麼高。這一連串的思考保持活躍，並有助你合理化巨杉高度的估測值。同時，其他的想法也一定為了得到你的注意，與「錨點」相互競爭。最終的答案在某種

程度上是以上種種考量下的折衷——也反映出思考不脫成見。甚至假如你的結論是，這個星球沒有任何一個地方有高度近200公尺的樹（很正確），但是你也無法完全忽視剛剛進行的思考。「謊言說三遍就成為真實。」英國作家路易斯·卡羅爾在1874年創作的《獵鯊記》（*The Hunting of the Snark*）詩集中寫道。在某種程度上，確實如此。

　　有些決策確實是深思熟慮後的結果。這些決策隨著你內心「聽見」的對白而生——那樣的對白通常清楚宏亮，就如問你跟配偶、會計師、仲介，以及對公司董事會的談話一樣。我們有意識地自以為所有的決策都是像這樣生成。然而有些決策是完全無意識的，就跟咳不咳嗽不是你能決定一樣。最重大的決策，通常就介於這兩者之間。

　　儘管有關價格的決定在本質上是數字的，但是價格決策通常是直覺導向。價格不是數學題目的解答，而是一種欲望的表達，或是對他人怎麼做的猜測（接受或拒絕你的出價）。你會說出一個「感覺」差不多的價格。就如接下來本書將呈現的，我們的意識會被不相關、不理性或似是而非的訊息所干擾，進而影響到價格數字的判斷。

　　在電影《刺激驚爆點》中，凱文·史貝西飾演一名騙子，他供稱自己犯了罪，可內容完全是他亂編的。訊問他的探員發現他的詭計，他口中的每個人名和細節，都是從一張便利貼或其他放眼所及的提示胡謅來的，探員震驚到連手中的咖啡杯都掉到地上，彎下身撿起咖啡杯碎片時才又赫然發現，杯子的製造商

Kobayashi Porcelain，就是剛才史貝西供詞中提到的人名。

　　虛構的能力——在經驗未完善處，杜撰故事發展——是身為人類的一種本性。大腦產生不間斷的虛構，知道的更多也表現得更合邏輯，而且比現實更為高尚。我們相信這種虛構，而「錨定」是其中的一小部分。我們捏造正確性，來映照出自己對數字和金錢的感覺。在現實生活裡，我們總是在環境裡隨手取得方便的數字，再把它轉換成猜測和價格。

　　這個有點不穩定的觀點，讓維吉尼亞大學心理學家提莫西・威爾森（Timothy Wilson），提出一種他稱作「基礎錨定效應」（basic anchoring effect）的極端可能性。「每天有許多反覆無常的數字出現在我們的腦海中，像是廣播剛提到的當日氣溫、剛才在電腦鍵盤按的數字、剛才查看時鐘刻度指示的時間、書正讀到哪一頁，或是問卷題目剛做到的題號，像這些短暫被思考的數字，看起來似乎不太可能被用來做不相關的判斷。」威爾森與同事在1996年的論文寫道。

　　威爾森和同事試著找出「背景」錨點可以微妙到何種程度。在一項實驗裡，受試者收到一份貼有小貼紙的問卷表。每個小貼紙上寫著四位數的「身分證號」，從1928到1935。研究者要求受試者，只需把這四位數的號碼謄寫到問卷表上。然後要他們估測當地電話簿登記的醫師人數有多少。得到的估測平均值為221人。

　　重點是，在這個實驗裡，「身分證號」只不過是個剛好出現在這裡的號碼，對問題本身來說，不是有意義的部分。另一組則以稍微不同的指示，讓他們用比較長的時間注意這組「身分證號」。其他組別被要求留意「身分證號」是以紅色或藍色墨水寫的（理

由是，這跟要填寫在問卷的哪一頁有關）。留意「身分證號」時間較長的組別，受試者給予的估測平均值是343人。只在數字上投入些微額外的注意，就讓估測值提高55%（這些身分證號就像「錨點」，會把估測值拉高）。

研究者要求另一組留意「身分證號」，是否介於1920到1940之間（本來就都是）。不像要求他們留意墨水顏色，這個問題強迫受試者把數字視為一個數值。這一組估測當地電話簿登記的醫師平均值為527人。

有一組被問了兩部分的問題。首先，他們必須先回答當地電話簿登記的醫師人數是否比問卷上的「身分證號」多或少，然後再說出他們的估測值。估測平均值為755人。

至目前為止，在人們對「錨點」與估測之間做出清楚比較時，「錨定效應」表現得最為強烈。就算這些「錨點」數字在根本無關緊要的情況下「顯現」，也會影響答案。

研究人員稍後詢問一些受試者，想知道他們是否認為自己的判斷，可能受小貼紙上的「身分證號」影響。大家的答案十分一致：「沒有」。就像凱文・史貝西在《刺激驚爆點》中所說：「惡魔的拿手好戲，就是使全世界都相信他不存在。」

16
前景理論

為什麼「損失」的痛，會比「獲得」的愉悅更強烈？

$

1970年代，特沃斯基有時把妻小搞得快崩潰。「我會瘋掉，因為他一直重複問同樣的問題。」「是，我們昨天已經討論過這個問題。」特沃斯基的妻子芭芭拉抗議道。「不，這不一樣。」特沃斯基堅持。

這都要怪莫里斯·阿萊——全是因為他的悖論。康納曼跟特沃斯基合作之初，就已經認定「阿萊悖論」是心理學在決策研究上，最早期的未解問題。這個問題值得好好地討論一番。為了達到這樣的目的，他和特沃斯基開始策劃「有趣的選擇」。實驗裡的選擇看來似乎夠有趣時，家人自然就成為做實驗的白老鼠。

例子：你要3000美元（穩穩入袋），或是80％的機率贏得4000美元（20％的機率是空手而歸）？

大概每個人都傾向選擇確定得到3000美元。這一點都不意外。特沃斯基想到一個聰明的方式來讓選擇更有趣。在每個金額前加上一個負號，以「反映」問題。為了更逼真，請試想你被控告求償4000美元。你寧願現在以3000美元和解（確定損失3000美元），或是接受你知道有80％機率會判你需賠償全額求償金4000美元；20％機率會判你不用付任何一毛錢的審判？（不計支付律師的費用）。

　　要知道面對風險的態度是否一致，第二種問題的答案，似乎理當與第一個相同。但是大多數的人並不是這麼想。大多數的人抗拒確定的損失，傾向選擇賭運氣，接受審判。這一連串的想法是：「我不想損失幾千美元，何不賭可能不用付這些錢的機會，反正損失3000或4000也沒差多少。」

　　康納曼和特沃斯基提出更多這種類似問題，做更深入的探究：人從各種面向面對獲得、損失，以及風險的態度。他們停止以自己的家庭成員來做這些實驗問題，開始以自願受試的學生，進行徹底的調查研究。這項研究促使他們完成在1979年發表的文章〈前景理論：風險下的決策分析〉（Prospect Theory：An Analysis of Decision Under Risk）。這個理論已國際知名，康納曼說：「我們推論，假如這個理論哪天出名了，有個專有名詞會是優點。」

　　「前景理論」是以幾個簡單、效用強大的概念為基礎。第一個主要概念，是人對金錢相對的自然反應（以一般的說法即是獲得和損失）。康納曼和特沃斯基引出與心理物理學的相同導向：

我們的感知器官是隨著「估算的改變」調整成一致，而不是隨著「絕對的強度」而調整。受試者在給予的相同溫度下，可能會各自感受到熱或冷，這完全視個人是否適應這樣的溫度而定。

同樣地，人會習慣特定程度的財富或收入，並且在出現改變時，才會做出反應。舉例來說：你預期有錢的阿姨會開一張1000美元支票，作為你的結婚禮物，因為她給你兄弟姐妹的結婚禮物就是這樣。結果她只送你一張25美元的儲值卡！頓時，你有損失975美元的失落感，而不是獲得25美元的愉悅感。

預期收到1000美元的心態，以康納曼和特沃斯基的專業術語，稱為「參照點」（reference point）。這與心理物理學的「適應水準」（adaptation level）十分相似。「參照點」會決定心裡的估算，判定某件事屬獲得或損失。這能讓表現出來的行為大不同。

「前景理論」的第二個主要概念是「損失規避」（loss aversion）。損失金錢（任何有價物）的痛，要比獲得等量金錢的愉悅感更為強烈。我們可以用擲硬幣的方法，來論證「損失規避」。擲到背面輸100美元，正面贏X。這個「X」的金額要多大才能讓你願意賭上一把呢？問卷調查顯示，一些人想要「公平」的賭局，所以X＝100美元。一些人接受X＝110美元，這提供預期利潤（選擇這個金額的人，大多是賭徒、從事套利的人，或是經濟學家）。結果平均大概需要200美元的獎金，才能跟可能輸100美元的預期心態相抗衡。

獲得和損失的感受皆非累加。意外獲得20美元的愉悅程度，沒有比意外獲得10美元多一倍。這是史帝文斯提出的人性之謎，

「大概要獲得40美元才能感受到比10美元多一倍的快樂。」經濟學家一直都知道大筆金額的獲得和損失感受並非累加，但是「前景理論」把這個規則延伸至少量的金額上。人會表現得好似「財富效應」（wealth effects）也適用於細微的改變上。

有個普遍用來解釋「前景理論」背後涵意的隱喻：「金錢是毒藥。」會上癮的現金純古柯鹼，適應特定程度後，會產生物質濫用。自此之後，必須得到比基線更高程度的劑量，才能達到快感。成癮的人沒能達到基線，就會經歷痛苦的戒斷。戒斷的痛苦程度，遠比快感的愉悅感受來得更強烈。

康納曼觀察「損失規避」，「正如善惡二分一樣，強使某人接受損失與無法分享獲得的東西，評估方式是完全不同的。」有法律處置小偷，但是沒有一條法律是用來處罰吝嗇鬼。然而貪婪造就七個罪不可赦的罪孽，寬恕是基督教三大美德之一，基督教十誡中，禁止偷盜，以及不可貪戀他人妻子和一切所有。寬恕也要視情況。

「前景理論」的第三個重要概念是「確定性效應」。康納曼和特沃斯基做的問卷調查，證實了阿萊的論點，確定性與可能性之間，存有主觀的分歧（可以說只是100％和99％之間的差異）。這個發現也能反映出：心理學在非常不可能和保證不會發生，兩者之間的差別（10％和0％可能性之間的差異）。

獲得和損失之間，可分類成四個區塊的行為表現，總結成一個四格圖解（見下頁圖）。「前景理論」的行為表現分類為四個區塊，不只解釋「阿萊悖論」，也解釋了像是為什麼無法停止賭博的

人，要買保險的原因。

以阿萊提出的第一個難題（見第9章）。你有選擇（a），確定得到100萬美元；或是獎金十分誘人的選擇（b），但有1%的機率會空手而歸。不管選哪一個，你大概非常確信自己能帶回100萬

獲得和損失的四個區塊

	很可能發生的事	不太可能發生的事
獲得	**風險規避行為** 「已經到手的東西」——投資債券捨股票；接受不錯的提議，但不願意接受更好的提議。	**追求風險行為** 「沒膽就沒有榮耀」——買樂透彩券；試著贏得最高彩金」。
損失	**追求風險行為** 「孤注一擲」——玩「加倍或全輸」博奕，來扳回賭輸的損失；讓受害者投下太多錢，因而不願就此罷手的一種欺詐賭局。	**風險規避行為** 「安全第一」——買保險、繫安全帶；不吃壽司，因為害怕吃進寄生蟲的風險。

美元，或更多的錢。換個說法，你是以歡喜的心態，從相似的獲得裡做選擇。那表示你處於127頁圖左上區塊的狀態。

左上區塊表示「風險規避行為」。你大概會想，100萬美元就要到手——你只需要選（a）就好。如果你選（b），一旦賭輸了，就會讓你感到心煩意亂。這讓（b）成為你不能接受的風險。

阿萊的第二個難題是11％機率贏得100萬美元，或是10％機率贏得250萬美元的選擇。這些選擇仍都是獲得，但有個很重要的差別，現在這個選項變得不太可能贏。你會告訴自己：不要高興得太早——大概不會贏。這改變了心理狀態，觸發追求風險，如右上區塊表示的狀態。你會願意賭更高的獎金，而這兩個選擇之間1％的差異，似乎顯得不重要。

從決定獲得到損失的過程，也讓行為翻轉。不顧後果的賭徒在有可能損失的情況下，會變得能夠接受現況（左下區塊）。賽馬場的賭客到了一天的尾聲，會願意「再押大筆錢」來扳回損失。在不太可能有損失的情況下（右下區塊），人就會保障自己，確定自己不會有損失。

理財顧問告訴客戶要先考慮自己的「風險耐受性」，再來決定要怎麼投資。麻煩的是，這四個區塊的行為，皆能同時共存，只需改變「參考點」即可。

投資人將債券視為「安全」，把股票視為提供高於平均報酬率的賭博。由於這兩種投資都有保證獲利，所以很多投資人是屬「風險規避」（左上區塊），採債券組合的投資。有另一個面向來看這些現象。當你把通貨膨脹和應付稅額納入重要因素時，債券的真正報酬率則呈現零或負數。「把錢拿來買債券，那一定是徒

勞無功！」這是句有高度影響力的辯論——對想說服投資人買股票的理財顧問們來說，這句話很好用。

房地產泡沫化崩盤時，賣方會記得房價曾經在市場可達到的高點。這就成了「參考點」，而現在房子的市場價格就變成「損失」（左下區塊）。因而不願理性接受現在的出價，賣方不願意賣，而是要賭更好的出價——某天會出現。可能要等上幾年，才能讓賣方調整自己的「參考點」至現實狀況。在那段調整的期間，會發生一些買賣交易的交涉。

康納曼說他認為「損失規避」感知，是他與特沃斯基在「決策理論」裡最大的獨特貢獻。這個基礎的概念確實也存在好一陣子。艾德蒙·伯克（Edmund Burke）在他1757年出版的《崇高與美之源起》（*Philosophical Enquiry into the Origin of Our Ideas on the Sublime and Beautiful*）書中寫道：「我十分贊同損失的痛，會比獲得的愉悅更為強烈的概念。」康納曼和特沃斯基提供了前所未有的精確觀測程度。「前景理論的主旨，不難以文字說明，」哈佛大學的麥克斯·貝澤曼（Max Bazerman）說，「數學能讓理論更容易被接受。」特沃斯基，這位自學的數學家，給予「前景理論」完整的數理論述，讓經濟學家不得不認真地看待它。

康納曼和特沃斯基在經濟期刊中最具權威性的《計量經濟學》，發表他們的理論。經濟學家一貫迴避解釋人類的不合理性，就好像鴨子把頭埋進水裡一樣。他們甚至只用一個詞來表示不屑：心理學。在他們看來，心理學不是什麼嚴肅或重要的課題。「前景理論」做了大量嘗試來改變這種心態。有人估計，截至1998年，它已經成為《計量經濟學》刊登文章中被引用次數最多

的一篇。

德國億萬富翁阿道夫・默克爾（Adolf Merckle），在2009年跳軌自殺身亡。他深受財務狀況所苦，但是他自殺當時仍有好幾十億美元的身價。

傳統經濟理論對於財富的解釋很絕對，10億美元就是10億美元，你應該要很開心擁有10億美元。但人性的實際狀況是，億萬富翁就算只損失一半的財富，仍會感到他們的錢不夠，但是反觀贏得5000美元樂透彩券的人，可是會高興地飛起來。這全是因為對比。

無法解釋的問題是，為什麼「損失」的痛，會比「獲得」的愉悅更強烈。為什麼每天都像場賭局？自從康納曼和特沃斯基發表「前景理論」論文之後，進化論的解釋頓時受到歡迎。「人類未進化成快樂，而是生存與繁衍。」柯林・卡默勒、喬治・洛溫斯坦、德拉贊・普雷萊克，在共同發表的研究論文中寫道。試想寒冬裡有一隻飢餓的動物。離開巢穴去尋找食物需冒風險，因為會讓自己暴露在食肉動物的覬覦下。可待在巢穴裡，表面上看起來安全，最終結果卻是慢慢地餓死。這讓動物賭上性命尋找食物的求生行為反而合理。在夏季，同一隻動物會有充足的食物，所以牠的求生策略應該會改變，也就不會賭上性命去尋找不匱乏的食物。

把「食物」換成「金錢」，或是想成任何其他獲得的東西，你就會得到「前景理論」。從我們的行為來看，玩撲克牌輸了500美元就像是攸關生死的大事。卡默勒認為，「損失規避」是一種

不理智的恐懼，就像懼高症的人從頂樓俯瞰一樣。卡默勒寫道：
「人們最害怕的許多損失之中，最讓他們感到恐懼的不是生命受威
脅，但是這也無法說明是情緒系統過度適應傳遞恐懼的訊息。把
損失規避想成是恐懼，這意味著：誘發的情緒，也可能會左右買
價和賣價。」

17
公平法則

公平的主要法則似乎是：不要把你的利潤建立在我的損失上。

💰

1977-1978年間，康納曼和特沃斯基在史丹佛大學做的研究，讓他們的「前景理論」論文更加精鍊。這個時期是他們生活和職業上的轉折點。很快地，兩人都決定接受派任至北美洲大學的終身教職——特沃斯基在史丹佛大學任教，康納曼在卑詩大學任教（他的新任妻子，心理學家安妮・翠絲曼〔Anne Treisman〕也在該大學任教）。

1982年，特沃斯基和康納曼旅行至羅契斯特市，參加一場認知科學學會研討會。在研討會中，他們與斯隆基金會（Alfred P. Sloan Foundation）副主席，心理學家艾瑞克・瓦內（Eric Wanner）一同飲酒暢談。瓦內說他們有意把經濟學家和心理學家召集起來，互相學習交流彼此的專業領域，瓦內向他們請益。康納曼和特沃斯基給予的建議是，「花再多錢」也無法達成。因為你無法強迫沒興趣了解其他領域的人互相學習。康納曼和特沃斯基認為只有少數幾位經濟學家想了解心理學。他們向瓦內提到理查德・塞

勒。

在那場研討會之後，瓦內很快就被選為羅素‧賽奇基金會（Russell Sage Foundation）主席。已故的羅素‧賽奇（Russell Sage）是位華爾街投機者，也是惡名昭彰的守財奴，他在1906年過世後留下1億美元的免課稅財富給他的第二任妻子，瑪格麗特‧奧利維亞‧塞奇（Margaret Olivia Sage）。隔年，瑪格麗特創立羅素‧賽奇基金會，致力「改善美國社會與生活條件」──這是已故的塞奇先生從不曾感興趣的議題。羅素‧賽奇基金會慷慨地資助經濟學對行為的研究，已經是最主要的研究贊助者。羅素‧賽奇基金會第一筆在瓦內擔任主席期間投入的資金，讓塞勒得以在1984-1985年，與康納曼在英屬哥倫比亞大學從事研究，套一句康納曼的說法：「那是行為經濟學起步的一年。」

塞勒是位剛滿四十的年輕靦腆教授，才貌雙全，有著金黃髮色。他加入康納曼和附近西門菲莎大學的經濟學家，傑克‧克尼區（Jack Knetsch）的共同研究。當時有項加拿大公眾計畫，雇用未找到工作的大學畢業生，從事公共議題的全國性電話問卷調查。「學生們找不到還有哪些問題可問，」康納曼說，「我和傑克就每天提供他們一些問題，這對我們就像美夢成真──每天都有機會拿到全國性的採樣。」

康納曼的研究團隊開始對「公平」產生興趣。他們開始出席旁聽不動產議價、工會契約商談、集會，或是執行長的津貼會議。遲早，發表言論的人都會說上這一句──「我只想要公平。」從其他星球來的訪客聽到這樣的結語，大概會認為「公平」，是價

格和薪資的神祕配方。但是1980年代的經濟學家，根本不知道該怎麼處理「公平」這種模糊不清的概念。於是康納曼、克尼區和塞勒開始探索「公平法則」。

他們設計小情境，好讓做問卷的人能身入其境。他們只問假定行為的公平性。

五金行平常一把賣15美元的雪鏟，在大雪過後的早晨，漲價至20美元。

87％的電話受訪者認為不公平。「供需問題」不是漲價的藉口。

塞勒的年幼女兒提出一個關於圓臉軟身娃娃的問題（康納曼不曾聽過這種娃娃。這種風格怪誕的娃娃曾造成一股旋風，常賣到缺貨，甚至在1983年的聖誕節還引發搶購暴動）。

有間商店的圓臉軟身娃娃商品已缺貨一個月。聖誕節前一週，在儲藏室裡赫然發現還有一個庫存。商店經理知道一定會有很多顧客想購買此商品。店家在店內廣播宣布，娃娃將會以拍賣的方式售出，出價最高的顧客得以買到這店內僅有的圓臉軟身娃娃。

74％的電話受訪者認為不公平。

另一個電訪問題，關於橄欖球球隊在大賽事販售的限量座位。

球隊有三個方案：方案一，拍賣球賽票；方案二，隨機抽出球迷來購買球賽票；方案三，排隊售票，以現場排隊購票的優先順序為主。

受訪者一面倒地選擇採現場排隊購票最公平。拍賣是受訪者一致認為最不公平的方式。

美國五爪蘋果嚴重短缺，沒有任何一家超市和雜貨店貨架上有五爪蘋果。但其他不同種類的蘋果供應充足（如青蘋果）。一名雜貨店商人以平常的進價，收購整貨櫃的五爪蘋果，把零售價調漲成比平常售價高25％。

這個問題明顯讓這個行為從價格詐欺禁忌中，得以全身而退。漲價25％是比一般當季物產的漲跌還小。情境設定得很明白，這是在孩童不因五爪蘋果短缺而挨餓的情況下。他們也可以選擇貨量充足的青蘋果。然而有63％的電話受訪者認為五爪蘋果漲價的行為，是不公平的。

「我們很享受編造這些問題，」康納曼說，「事實上，這些問題都還滿好笑的。」研究團隊也發現這些問題得到的答覆變得可合理預測。「你問幾個這類的問題，就可以抓到公眾的意向。」

公眾其實可以理解價格有時必須調漲。店家可以把成本再轉嫁給消費者，營運不善的公司可以減少發放給員工的薪資，但是不可以在市場上占便宜（比如說，缺貨時把原有庫存漲價販賣）。

公平的主要法則似乎是：不要把你的利潤建立在我的損失上！

這反映出損失的痛，是比獲得的愉悅更強烈——可能是一幅世上每個人都想從別人身上榨出一些錢的可悲光景。

「獲得」和「損失」的結構，十分容易被不動產經紀人或金光黨，用來作為工作上的語彙工具。這是一份問卷調查：

一間小有獲利的公司，位於正經歷經濟衰退期的社區，當地有很多失業人口，但是沒有通貨膨脹的問題。很多人擠破頭想進入該公司上班。公司決定今年減薪7%。

62%受訪者認為減薪不公平。

這個問題還有另一個版本：

該社區有大量失業人口和12%的通貨膨脹……公司決定今年加薪5%。

這讓78%受訪者表示可以接受。不過這兩種版本的問題裡，勞工的命運幾乎沒差多少。物價漲12%時加薪5%，意思是將近少了7%的購買力。

結論是，通貨膨脹是吝嗇雇主的好朋友。這也適用於紅利發放。大家判定一間習慣以年薪10%作為員工年終獎金的公司，因為遇上財務問題，所以不發放年終獎金是可以接受的，但是卻無法接受年薪減10%的說法（在華爾街工作的人早練就一身對市場多變的寬容）。

康納曼、克尼區和塞勒寫道：

傳統的經濟學分析認為：供需問題的需求大增，才讓供應者有漲價的機會。在這種觀點看來，市場「追逐利潤」的調整，有如水總是往低處流一樣，是自然的現象——它是無關道德的。世俗眾生在這點沒有兩樣……人認為公平的行為跟期盼公平的商業行為之間，幾乎沒有什麼隔閡。

令人震驚的是，人在「公平法則」裡有多麼自私。左派和右派哲學家總覺得有必要保持邏輯上的一致性。大眾卻沒有這種想法和約束。多數人一面倒地反對那些自由放任資本主義的財產觀和自由企業觀，也反對任何符合勞工權益與共同福利的事。大眾充分表現出俄裔美國哲學家艾茵・蘭德（Ayn Rand）筆下的自私態度：它批判自由市場不公平，因為自由市場對他們來說，很可能影響他們的自身利益。

18
最後通牒賽局

金錢的價值視事件背景與對比而定。

想像一下，在浩劫餘生的未來，美國文化除了幾部法拉利兄弟（Farelly brothers）編劇的電影，什麼也沒留下來。早期的羅馬文學基本上就遭遇了這樣的下場：全部遺失，除了劇作家普勞圖斯（Plautus，西元前254-184年）的低俗喜劇。全拜這個意外的保存之賜，西方世界最早對議價的描述還挺詼諧的。普勞圖斯的《繩索》（*The rope*）戲劇的主軸就是議價。一名叫做古柏斯（Gripus）的奴隸，打算用他在海裡撈到的一箱金子換回自由之身。古柏斯在路上碰到了特拉查里奧（Trachalio），特拉查里奧認出這些金子是惡名昭彰的妓院老闆的財產，他心想，勒索的機會來了。

> 特拉查里奧：好吧，仔細聽好。我看到一名搶匪搶劫——我
> 　　　　　知道他搶了誰的錢，我走向搶匪，開出條
> 　　　　　件——「我知道你搶了誰，分我一半，我就絕

　　　　　口不提這件事。」搶匪不接受我的條件。那麼，
　　　　　我問你，我要分一半公不公平？

古　　柏　　斯：你應該要更多。如果他不接受，你就應該去告
　　　　　訴失主。

特拉查里奧：謝謝你的建議，我會的。現在我們來看看目前
　　　　　這裡的情況。

古　　柏　　斯：言下之意為何？

特拉查里奧：你有個箱子在那裡。我知道它是誰的。我和失
　　　　　主是舊識。

　　依現代的說法，這就是「最後通牒」。一個人（古柏斯）有贓
物，另一個人（特拉查里奧）有能力讓贓物帶來的問題消失。這
是否賦予後者要求分一杯羹的權利？在普勞圖斯的戲劇裡確實如
此。特拉查里奧威脅說，除非分得一半金子，否則就要去告密。
這樣古柏斯就跟他一樣什麼好處也沒拿到。古柏斯惡狠狠地回特
拉查里奧一句：「你唯一能分到的只有麻煩，我保證。」他誓言
寧為玉碎不為瓦全。

　　普勞圖斯用這兩個角色，以及一連串荒謬的「最後通牒」對
話，比喻人類的荒誕行徑。裝滿金子的箱子是古柏斯用捕魚網意
外撈到的，箱子附著在繩索上（劇名由此而來）。觀看這齣戲的觀
眾，必定會見證兩名奴隸戲劇性十足，宛如一場雙人拔河的言語
交鋒。這部戲傳達一個訊息：「議價」是敲詐的禮貌說法，理性
討論跟最終結果沒有什麼關係。

康納曼、克尼區和塞勒在芝加哥大學一場研討會，發表他們對公平的研究。他們的演講內容被刊登在1986年的《商業期刊》(*Journal of Business*)，其中包括邪惡的小實驗，也就是現在大家熟知的「最後通牒賽局」。

　　你必須跟自己完全不認識的人分10美元，你要提議如何分配——比方說，「我得6美元，對方4美元。」重點是，這位你不認識的人，可以決定是否接受你的分配方式，或是拒絕。如果接受，那麼錢就照你指定的方式分配；要是拒絕，你們兩個人一毛也拿不到。就如它的名稱，這是個不接受就拉倒的交易，沒有任何還價空間。

　　你不承擔「公平」的義務。你可以從這10美元裡，分給自己想要的金額。你的分配方式，會自然地落在認為對方能感到「公平」而不拒絕提議的那個點。

　　你也許可以先想一下自己會怎麼玩這種賽局。首先，假裝自己是分配錢的人（「提案者」，或「分配者」的角色）。你願意把10美元的獎金，分多少給一位自己完全不認識的人？（你永遠不會知道這個人的身分，他／她也不會知道你是誰）。現在，請寫下金額。

　　我提議給他／她10美元裡的＿＿＿美元。

　　接著，你扮演那位你完全不認識的人的角色，也就是「回應者」。因為你是自己一個人玩這個遊戲，所以必須決定你對提案的每個可能金額的反應，金額從0到10美元不等。最直接的反應

是，「提案者」通常會限制給予金額。請圈出你能接受的最低提議金額（代表你會接受的金額，只要比這個金額大，你都能接受，但是不接受低於這個金額的提議）。

我願接受

$1 $2 $3 $4 $5 $6 $7 $8 $9 $10

　　對一個追求理性最大化的人，「最後通牒賽局」應該是不用動腦想也能明白的一種遊戲。回應者絕不應該拒絕「意外之財」。金額再少都應該接受，而不是拒絕。同樣地，合理地來說，提案者應該料到這一點，只多少分一點給回應者，並自信滿滿地等著對方接受即可。

　　可是這樣的合理狀況不會發生。當理查德‧塞勒在康乃爾大學讓大學生做這項實驗時，他發現「公平」的五五分帳，是提案者最普遍採用的方法。同時，他也發現回應者遇到吝嗇的提案金額，寧可拒絕。平均來說，回應者願意接受3美元，拒絕2美元。

　　不難了解為什麼會這樣。提案者擁有的社交智慧，足以知道自己必須分給回應者滿意的金額。人會認為五五分帳是「公平」，這個想法一定會出現在提案者的心裡。這讓平均分配的例子自然產生，就如康乃爾大學多數受試學生一樣。

　　問題在於，不管是現實生活還是「最後通牒賽局」，皆不公平。同組的兩名受試者皆有不同選擇及影響力。除非回應者如此偏激到寧可什麼都不拿，不然提案者是有能力和動機，多分給自己一點。何不給對方4美元或3美元……嗯，或是1美元就好？

你能看出事情的發展嗎？對任何回應者來說，會有個讓自己生氣到拒絕提議的「點」。貪心又吝嗇的提案者會極盡所能接近，但不超過這個「點」。那麼，這個「點」究竟在哪？這就是最後通牒賽局要問的問題。

　　認得出自己日常生活與最後通牒賽局的共同點嗎？人無時無刻都在強勢推行自己的意圖、應得的權利，也用厚臉皮的方式達到自己想要的目的。那些人之所以可以用不合理要求達到目的，是因為大家對他們只是搖頭嘆息，並容忍他們的行為——除非到達了某個「限度」。最後通牒賽局揭露「公平」在還算合理的渴望下，最多也只能做到這樣。為了明白這一點，它創造了一個模糊的道德空間：提案者平白無故就可以得到10美元；回應者也是沒做什麼有資格可分一杯羹的事。這個賽局除去所有傳統的社會道德、法律、財富以及道德上的權力，把任何社會都要面對的不平等的難題，赤裸裸地呈現出來。

　　某種程度上，最後通牒賽局就如史帝文斯在課堂實地示範的「黑是白」實驗，只不過換成貨幣版。金錢的價值，視事件背景與對比而定。若是平白無故得到100美元，你會有什麼感覺？是否覺得還挺不錯的。那麼，如果這100美元是從1000美元的意外之財裡分到的——你的「夥伴」單方面決定自己留900美元，你的感受如何？肯定不怎麼好。和900美元比起來，100美元少得可憐到侮辱人的地步，儘管換個情境，它還是挺不錯的一筆小財富。對比引發情緒，情緒影響行為。總會有抓住機會就占便宜的人，因為這些人認為自己不會被發現；其他人卻發現，自己唯一的議價籌碼就是玉石俱焚的否決權。在這一現實的意識上，大家其實

都在參與最後通牒賽局。

「我們十分滿意最後通牒賽局，」康納曼說，「我們認為那是個很棒的概念——但是當時沒意識到這個概念究竟有多好。然後就著手寫該研究文章，塞勒進行刊登前的例行性文獻搜尋，然後他抱歉地說，『各位……已經有人搶先一步發表了。』」

其實相同的賽局，已在1982年由德國賽局理論家，沃那·古斯（Werner Guth）與兩名在科隆大學的同事共同發表。古斯相當了解賽局理論沒有預報人類行為的作用。就如小孩已經從分享點心學到的理論方法：「分配和選擇。」一名小孩把蛋糕切成兩片，然後讓另一名小孩先選擇，看要哪一片。「一直以來，我和弟弟一都是靠分配和選擇來控制爭吵的次數，」古斯告訴我，「但是，沒有很成功。」

古斯自1970年代中期，就開始對「最後通牒」的議價方式感興趣——政黨開出條件，不接受就拉倒的那一種。古斯在1977年從一場學術研討會回國時，帶回1000德國馬克作為經濟學實驗資金。古斯與科隆大學的同事，羅爾夫·史密柏格（Rolf Schmittberger）和伯恩·史瓦茲（Bernd Schwarze），一起在1977-1978年間，首次嘗試最後通牒賽局實驗。

古斯說他從未想過要論證，人類行為與經濟學家的假設不一樣。「那根本是多此一舉。」他有興趣的是設計出「最簡單的雙人版最後通牒賽局」，看看人在現實生活中，是怎麼玩它。

他設計出兩種賽局，一個稱作「複雜賽局」，另一個則是「簡單賽局」。在「複雜賽局」裡，其中一名玩家必須把一些黑和白的籌碼分配成兩堆，然後另一名玩家必須從中任選一堆。複雜的

部分是，對前一參與者來說，每一籌碼都是等值的2馬克；可是對後一參與者，白色籌碼只值1馬克。科隆大學參與受試的學生們，不怎麼擅長找出最佳的分配。

所以，古斯換以「簡單賽局」，也就是現在所謂的「最後通牒賽局」。第一輪實驗裡，42名經濟學系畢業生兩人分成一組。每組會由一名學生分配各種現金獎金，獎金從4到10馬克不等。提案者告訴同組夥伴分配給他的金額，但是有規定不能一毛都不分。五五分帳最為普遍，21名提案者中有7位這樣做。根據古斯的說法，經濟學家聽到這樣的實驗結果，反應是：「那些讀科隆大學的學生難道是些笨蛋嗎？」

康納曼記得當他獲悉古斯的論文時，「還滿氣餒的」。「我要是知道最後通牒賽局，結果會那麼重要，當時大概會更沮喪。」於是，康納曼、克尼區和塞勒修改他們共同發表的論文，除此之外，還加註了古斯在論文的參考文獻裡。有幸的是，他們跟德國研究團隊用不同的方法，做這項實驗，並發現了新的研究成果。

古斯沒有要求他實驗裡的回應者，聲明最低可接受的金額。因為大部分提案者提供的分配額，均接近平分，德國研究團隊沒有什麼機會能觀察回應者，對非常不公平分配方式的反應。康納曼、克尼區和塞勒對回應者的反應較感興趣。「我們對公平的所有問題都跟這有關，『你認為那個有權有勢的傢伙，他的所做所為公平嗎？』」康納曼解釋說，「身為心理學家，我喜歡人渴望公平的概念。但是塞勒是個經濟學家，他深知回應者的反應才是關鍵。」

他們因此盤問回應者會接受的提議。這牽涉到一連串要或不要的問題（「如果另一名玩家提議給你50美分，你會接受或拒絕？」）這個方法就是現在廣泛在最後通牒賽局的策略。這個策略的效用，就是揭露回應者的底價。

康納曼、克尼區和塞勒的實驗結果與古斯相似。五五分帳的平均分配是最普遍的提案，平均金額大約是4.5美元。回應者會拒絕低於2.3美元的提案。

拒絕提案的回應者，在經濟學理論中是最明顯的異議。「是憤怒，這讓他們寧可以損失來作為處罰，整件事就是這樣，」康納曼解釋。選擇拒絕提案的回應者，拒絕了邏輯上多得的「意外之財」，並以情緒作為經濟決策的基礎。而且還不只是單一受試者的表現與理論相反；事實上，每個人都是這樣。

「真正令人百思不得其解的是，這個理論已存在幾百年，未引起質疑，直到某天有人說：『大家看吶，國王沒穿衣服！』反例微不足道。」

「最後通牒賽局是終極實驗嗎？」這是2007年，尤藍・哈勒維（Yoram Halevy）和邁可・彼德斯（Michael Peters）在論文的標題中發問。他們半開玩笑地指出，最後通牒賽局已經成了一門學術產業。最後通牒賽局，號稱是現今最常出現在人類實驗裡的現象。心理學家和經濟學研究生們，常用這個賽局作為招募受試者的訓練題，簽立同意書，並完成卡方檢驗（chi-square test）[6]。這個實驗長期受歡迎的原因在於，人們認為它揭露了價格和議價

---

6. 適用於探討兩個類別變數的相關，是實務上最常用到的方法之一。

中的諸多心理狀態。

最後通牒賽局意味著什麼，這又跟我們有什麼關係？正如古斯的看法，這個賽局蘊含著兩個訊息：「光靠金錢，不足以統治世界」、「看似簡單的賽局，也可能非常複雜。」康納曼將這個最後通牒賽局視為確立如下觀點的里程碑：哪怕是極為簡單的經濟決策，心理狀態都是關鍵。「必須來點特別的東西，才能引起經濟學家的關注，」康納曼解釋說，「最後通牒賽局就有這樣的效果。」

讓經濟學家關注的原因，是因為它明顯可與訂價相比擬。10美元可表示出售的潛在利潤（盈餘）。分配錢的是「賣家」，回應者是潛在的「買家」。賣家可能選擇讓自己保有全部利潤（開高價），或是放棄所有利潤賣給買家（賣成本價）……或是跟買家分享利潤。買家可決定是否接受或因為賣價太高拒絕。

這個賽局也能被視為談判的基礎模型。1950年代，美國奇異公司出面與勞工談判的交涉者萊米爾‧博爾維爾（Lemuel Boulware），因為只願提出薪資建議方案，並拒絕讓步，而弄得聲名狼籍。談判不是奇異的政策。博爾維爾的提議是從很多調查研究中選定的。顯然地，他企圖只提議工會主席會接受的最低金額——哪怕是咬牙切齒地接受。博爾維爾當時的表現，就像是最後通牒賽局中的策略性提案者（許多出面與勞工交涉的人都想效法他）。

一般討價還價的議價方式，可以想成是一連串的最後通牒賽局。不動產的開價就採用最後通牒的架構：這個報價必須在星期二下午六點前決定，逾時不候。除非你接受最新的開價，否則對

方說不定會退出。

議價通常是社會認可的一種禮貌性儀式。我降低我的開價，你把你的出價往上調一點。買賣雙方會在中間點相遇。有時候假裝「最後通牒」，也屬於儀式的一部分。「這是我最後的出價了，你要嘛就接受，要嘛就算了。我不會再讓步了……說真的，我要走了……」雙方恐怕都知道情況沒那麼嚴重。

談判的關鍵，在如何應付強硬的議價者所提出過分不平衡的要求。最後通牒賽局，以精華的方式呈現談判的真正難點。只要有一個或更多態度強硬的議價者牽涉其中，真正的關鍵時刻總會出現，所有假動作、虛張聲勢和預留的討價還價餘地都晾在一邊，只剩下「最後通牒」。那時，你該怎麼做——忍氣吞聲地受利用，還是把錢留在桌上，有骨氣地轉頭走人？

19
「偽善」不一定是壞事

「貪婪」和「慷慨」這類的概念，總是依參考的框架而定。

$

前紐約州長尼爾森・洛克菲勒（Nelson Rockefeller）在第五大道上有一處景觀絕佳的豪宅，中央公園景色盡收眼底。可他碰到了一個令他傷腦筋的問題。房子的西側有個興建公共住宅的規劃，要蓋一棟摩天大樓。這樣的話，大樓將會擋住洛克菲勒獨覽的日落美景。公共住宅法案的贊助人是波西多（Meade Esposito），他是最後一個仍在嚼雪茄的民主黨領袖，洛克菲勒邀請波西多至他的豪華公寓商討。「如果你終止摩天大樓建案，我就給你那幅畢卡索畫作。」洛克菲勒說。

洛克菲洛指著牆上其中一幅現代派畫作。波西多同意會盡力。摩天大樓建案就這麼消失地無影無蹤，洛克菲勒也信守承諾。波西多得到那幅畢卡索畫作，洛克菲勒則是多了個精彩故事可說。事隔幾年，洛克菲勒再次細想當時行賄的細節，然後套上最妙的一句：「那只不過是一幅複製品嘛！」

談判可不是個美好的畫面。多數的時候，有技巧的談判者是

最會扭曲價值的人。驅動價格心理的「公平」，並不像表面上顯得那麼「公平」（秉持新聞工作者公正之名，我必須加註，不是只有洛克菲勒做這種壞事。波西多也許不懂藝術，但是他懂得交易的藝術。1987年，他因涉嫌散布謠言影響交易，罪名成立，被判易科罰金50萬美元，獲緩刑兩年）。

一些早期對最後通牒賽局的評論，提到了「利他主義」。表示提案者不會對回應者小氣。通常提案者給予回應者必須要給的更多，以達到回應者會接受的統計平均值（儘管是咬牙切齒地接受）。因此，最後通牒賽局展現了人類高尚慷慨的內在本性。

在某些專題報導裡，你依然偶爾能看到這種解釋。悲哀的是，這美好的概念，幾乎被近期的研究給摧毀。提案者其實並不如旁人所想的那麼在意公平，而是比較在意其他人會怎麼想。

康納曼、克尼區和塞勒在這個賽局裡，導入自己設計的利他主義問題。他們把賽局內容修改成現在所稱的「獨裁者遊戲」。康乃爾大學心理學系的受試學生，在實驗裡必須將20美元分給不知名的陌生人。錢如何分配，全聽提案者——獨裁者——的裁定。另一名玩家（陌生人），完全沒有說話的餘地。

在第一場實驗裡，獨裁者只有兩個選擇。可以貪心地自己留18美元（2美元分給陌生人），或是公平地平分。70%受試者選擇平分。

康納曼的研究團隊將這個結果形容成，含糊地「抗拒不公平」。獨裁者刻意避免讓人覺得不公平。利他主義可作為此現象的一種解釋，但並非唯一的解釋。

研究人員更深入在「利他型懲罰」賽局裡，探究這種抗拒性。

玩過一輪獨裁者賽局之後，會給新一輪的受試者下列選項：

（a）可與上一輪其中一位獨裁者賽局玩家平分12美元。而且
這位玩家上一輪正好是「貪婪」的獨裁者（給自己留18
美元，只給搭檔2美元）。

（b）可與上一輪其中一位獨裁者賽局玩家平分10美元。這位
玩家正好是做出「公平」選擇的人（與陌生人平分）。

多數人選（b）。他們寧願選擇對自己不利的少拿1美元，也
要「處罰」一個對自己沒有做過任何壞事的人——只因為知道那
個人是「不公平」的參與者。

至目前為止，上述結果聽起來還挺令人欣慰的。獨裁者賽局
裡的玩家幾乎都很「公平」，那些不公平的人，是罪有應得。可惜
康乃爾大學進行的獨裁者賽局實驗有嚴格限制。它只允許兩種選
擇，平分或是極度貪婪（獨吞90％的獎金）。如此貪得無厭，看
得順眼的人不多。自此之後，其他研究者做了一些獨裁者可全權
決定分配額的實驗。這些實驗大多發現獨裁者沒那麼慷慨。要是
可以自由地進行分配，它們平均分給無權決定的搭檔30％。大概
1/5的獨裁者1毛都不給。

亞利桑那大學的伊莉沙白·霍夫曼（Elizabeth Hoffman）和
同事共同執行了決定性的獨裁者實驗。霍夫曼懷疑獨裁者表現
慷慨，只是因為知道有人在看。通常執行實驗者是受試者的老
師——某個在幾個月後會替他們打成績分數的人。為了幾美元讓
教授認為你是貪婪的混蛋，值得嗎？

霍夫曼的研究團隊努力向受試者再三保證，絕對不會有人知道他們在實驗裡的行為表現。每位獨裁者會拿到一個白色信封，然後依指示走至房間後方，在房間後方的一個紙箱裡，小心地打開手中的白色信封，窺探裡頭裝了多少錢。

　　大部分信封裡裝有十張1元美鈔，以及十張裁剪成1美元大小的白紙。獨裁者可以抽走自己想要的鈔票，再把剩下的放回信封裡，留給另一名和自己同組的夥伴。也可以放回足夠的白紙，讓信封看起來仍像是有十張鈔票的分量（白紙加鈔票）。完成這個步驟之後，就把信封交付「監測員」（這個人不是執行實驗者本身，所以也無法從信封重量或觸感推斷內容物）。監測員將信封送至在另一間房間等候的同組夥伴。

　　上述設計最關鍵的地方就是，公開告訴每位受試者，有可能會有幾個信封裡原本就沒裝鈔票，而是二十張白紙。不幸運拿到這種信封的獨裁者，會拿出十張白紙，再把另外十張放回信封裡給同組夥伴。結果是，即使你收到的是一張鈔票都沒有的信封，也無法判定自己被故意「獨裁」了。

　　在這種情況下，大約有60％的獨裁者會自己抽走全部十張1元美鈔，然後放回十張白紙。

　　沒有必要大驚小怪（國稅局的人更是心有戚戚焉）。像「貪婪」和「慷慨」這類的概念，總是依參考的框架而定。就在此刻，你有機會能把自己的錢，捐給像是無國界醫師這類做好事的慈善組織。你真的該捐點錢……或者如果你把錢都留給自己用，那也再明智不過了。因為就算你根本沒捐款，也沒有人知道。

　　對霍夫曼的實驗做個悲觀的詮釋：它展現人是何等偽善。要

是沒有人看的話，也只有在那個時候，受試者的表現就如經濟學家假設的那麼自私。卡默勒和塞勒提出另一種解釋：最後通牒賽局和獨裁者賽局實驗的結果，跟利他主義的關係不大，反而與態度很有關係。公平競爭的社會規範，沒那麼輕易跳脫。就算「偽善」，也不一定是壞事。有時候，假裝一下自己是更好的人，結果就因為你的意圖和目的，真的讓自己成為更好的人。

20
是自私，還是理性？

最接近智人的物種……是類人猿黑猩猩。

💰

　　最後通牒賽局在全球各地經由不同文化與人種的反覆實驗，包括小孩、自閉症患者、高智商人士……也曾對受試者注射荷爾蒙以提高對陌生人的信任感，甚至連黑猩猩也做過這個實驗，獎賞牠們10顆葡萄乾，然後看牠們怎麼分配。最後通牒賽局最有意思的地方，就在於人的行為會隨著背景而改變（或不變）。實驗證明，對於利害的選擇時，人就像一個靈敏的風向球，很容易受到壓力影響。而且，雖然這個風向球無時無刻地影響著我們，但是我們卻不容易察覺。

　　某些單純的改變就能大幅影響人們的行為表現。霍夫曼的研究團隊在亞利桑那大學做了一連串的實驗，受試者要通過繁瑣的考驗後才能成為提案者，而這個過程會讓這些人變得沒那麼慷慨，他們顯然覺得自己有點特權是理所當然，所以有權可以多拿一點。實驗中的回應者似乎也都接受這種想法，只要提案者能夠看似公平公正地處理，多數情況下，提案者分給對方3元或4元，

對方都會接受。

霍夫曼的研究團隊也把實驗營造得像一場零售交易。提案者是「賣家」，回應者是「買家」，買家可決定接受賣家的售價與否。雙方皆拿到一張價格利潤對照表。因果關係，就跟標準的最後通牒賽局完全相同。

照理說，這應該不會造成什麼不同的結果（以一個理性的演員來說），但是，結果不然。賣方比較貪心，通常要求買家多付3至4美元。然後通常買家會欣然接受。顯然地，受試者覺得賣方有權設定價格。買方較偏向判定這是不平均分配，而非懲罰性質的高價。

霍夫曼的實驗最有趣的一項發現是，提案者和回應者的想法幾乎同步。給他們看最新的實驗進程變動時，提案者馬上知道該多給或少給，而回應者也立即調整自己的期待。這個現象不需用言語溝通，就自然地發生。

在最後通牒賽局中，「我以色列籍的賽局理論教授自豪地指出，以色列是世界少有幾個開出低報價並會接受出價的地方。」經濟學家佩許·湯沃克（Presh Talwalker）挖苦地說。「以色列神話」（Israeli myth）的學術價值，要歸功於1991年在匹茲堡、盧布亞那、耶路撒冷和東京進行的「四城市」比較行為研究。最常見的是開價給以色列人40％、美國人50％，其實差距並不大（稍後會看到）。但是這個結果導出以色列人被選為最理性人種的箇中奧祕——亦或是放高利貸的刻板印象。希伯來大學的史謬·札米爾（Shmuel Zamir），是「四城市」研究的作者之一，他回憶起一名來找他的年輕以色列人，「明顯看得出他的沮喪。」年輕人抱

怨：「我連一毛錢都沒賺到，都是其他受試者害的，他們全是蠢蛋！怎麼會有人笨到去拒絕可以拿到的錢，選擇一毛都不要呢？他們根本就不懂自己在幹嘛！你應該去暫停實驗，跟他們好好說明一番。」

當卡默勒把這份「交叉文化」研究敘述給加州大學洛杉磯分校的人類學家羅勃特・波伊德（Robert Boyd）時，波伊德駁斥他的說法。「匹茲堡不是一種文化，」他說，「是地圖上的一個地方。」

對人類學家來說，這四個城市是等量均勻分布的全球文化。事情發展更有趣了，因為一名波伊德的研究所學生，喬・亨利契（Joe Heinrich），他以祕魯東部的馬奇根加部落（Machiguenga）的居民，做最後通牒賽局實驗。「他回來說，你可以來看一下我的資料嗎？」卡默勒回憶當時情況。「所以我前往加州大學洛杉磯分校與他碰面，喬跟我說，『我想，我犯了一個錯，因為他們的出價很低，而且大家都欣然接受。只有一個例外，不過那是滿可疑的，因為我有個會說西班牙語的助理與我同行，他也會說當地方言，我認為實驗過程中，助理有點以方言威嚇他說：你不該接受。所以，其實結果應該是所有受試者都接受出價。』」

馬奇根加部落的人，是地球上最不合群的人。不像鄰近部落的人一樣，他們不願意一起合作興建學校或灌溉系統。他們鮮少與部落以外的人互動。馬奇根加部落的人甚至不用正確的名稱來稱呼外人（就像西方人統稱麻雀是麻雀一樣）。「他們會說『那個穿紅衣的人』或是『那個超高的人』，」卡默勒說，「沒有人知道，也沒興趣知道你的名字。」

亨利契的發現十分諷刺。最後，他是在祕魯的邊疆地區，發現有人完全像傳統經濟學家假設的行為那樣做事。然而，這群人是沒有經濟議題可討論的一群人。

　　「我們都期待馬奇根加部落的人，在實驗裡跟一般人有相同的反應，」亨利契說，「結果竟是如此天差地遠，我都不知道該期待什麼了。」這項發現，加速了實行最後通牒賽局在全球文化做比較的野心，是一種人類基因的議價行為研究計畫。麥克阿瑟基金會也跟進，與國家科學基金會一同捐助此計畫的研究資金。

　　有一假說表示最後通牒賽局裡的行為，是一種文化，是市場的重要功能。「那實在是個難以測量的事，」卡默勒坦言。在一場研討會中，牛津大學的阿比蓋爾·巴爾（Abigail barr）要人類學者們以自己研究的文化在市場方向考量的程度，靠牆站成一排。最以市場方向考量的人，會站在排頭，最不以市場方向考量的人，會站在排尾。人類學者們必須和站在身旁的人互相討論，比較彼此的文化研究領域，然後必須交換順序。「我們稱這個是：巴爾評量，」卡默勒說，「這個評量還滿好用的。」

　　他們發現歐洲或北美洲大學學生表現出來的行為，也發生在任何有市場經濟的地方。這不一定要是工業化的區域。肯亞歐瑪部落（Orma）的居民，以交易牲口為生。一項研究顯示他們的平均出價在44％，與西方文化一致。無論非洲牲口交易商和美國短線交易者之間的差異為何，這兩種文化皆是做出最佳交易的人。意思是說，訂出來的價格公道，或是被剝削，他們一看就知道。

　　在相對而言是比較孤立的小規模文化中，最後通牒賽局的行為十分不同。兩種相近文化（可能是基因方面也很相近）在實驗

裡也可能表現極大的差異。這支持最後通牒賽局是文化X光機的論點（以卡默勒的說法），它是了解社會如何對待經濟不平等的一種方式。

許多非市場文化，出現在社會合作的複雜密碼上。印尼捕鯨村（Lamalera）的捕鯨者，以及巴拉圭東部埃克（Ache）部落的狩獵採集者評價最好，他們貢獻捕獲到的獵物，並慷慨地跟別人分享這些肉。這兩個部落的人進行最後通牒賽局實驗時，表現出「超公平」的水準。提案者提供超過50％的獎金給回應者。

巴布亞紐幾內亞的奧（Au）和格瑙部落（Gnau）居民，也表現超公平的水準，回應者通常會拒絕接受超過50％的贈予。在奧和格瑙的文化裡，禮物和人情是同一件事。他們建立互給的道義責任，大部分的人比較喜歡沒有欠人情的負擔。「他們認為給太多錢，若不是極度慷慨，就是有點惡毒。」卡默勒解釋。「經濟學鼻祖亞當‧史密斯有句名言：『我們期盼享用的晚餐，不是來自屠夫、啤酒製造商、烘培師傅的善舉，而是來自他們的興趣。』這個說法引導出，人只要替自己著想，市場就會繁榮的詮釋。這個研究傳達的訊息是，在有頻繁交易的文化中，似乎有公平交易的規範。在沒有什麼交易行為的文化中，規範就是有得拿就拿，反正我也不期待你會分給我什麼，所以我就勉為其難接受這微薄的津貼。」

最接近智人的物種，不是神話般的虛擬「經濟人」，而是類人猿黑猩猩。在2007年，三名在萊比錫人類學進化機構的研究者，基斯‧錢森（Keith Jensen）、喬瑟‧柯爾（Josep Call），以及麥可‧托馬塞羅（Michael Tomasello），發現黑猩猩比人類自私（理

性）。

　在他們精心策劃的實驗裡，兩隻關在毗鄰籠子裡的黑猩猩，面向有兩個開放式滑輪抽屜的櫥櫃。每個抽屜裡各有兩盤葡萄乾，每隻猩猩各分得一盤。扮演提案者角色的黑猩猩必須選擇要哪一個抽屜，再用力拉抽屜上綁的繩子，自己先選一盤，再將裝有葡萄乾的另一托盤推至回應者伸手可及之處。然後回應者必須抓住托盤上裝設的突出桿子，把托盤拉到自己的籠子前。這樣能讓黑猩猩各自吃自己分到的葡萄乾。

　在典型的實驗安排裡，一個抽屜裝的是每盤各五顆的公平分配。另一個抽屜裝的是以八顆和兩顆的貪婪分配方式。75％扮演提案者角色的黑猩猩，選擇貪婪的分配方式。而目睹這一切發生的伙伴，95％都縱容了事，牠們接受分到的兩顆葡萄乾，而不是選擇懲罰讓大家都沒得吃。「這樣的方式看起來像是……與人類最接近的親戚，表現出像傳統經濟學的利己主義模型，牠們跟人類不同，並不像人類那樣對公平敏感。」錢森的研究團隊做了這個結論。

21
價格和選擇為何不一致

我們常因為自己在選擇和價格之間反覆無常的行為而懊悔。

💰

　　一世紀以來，以極單純的假定作為基礎的數學理論，是經濟學最鮮明的精神：選擇能揭露真正的偏好，價格逆轉千真萬確。要翻新經濟學理論至符合價格流暢和建構偏好的程度，並不是件容易的事。「我不知道特沃斯基預料這對經濟學的影響有多大，」芭芭拉說，「他一定多少預料到一些，因為他讀吉米・薩維奇的著作。」她加註，「一些我們十分熟識的經濟學家，至今仍無法全然意會。」

　　不只經濟學家難適應新興的心理學。1970年代早期，一場在耶路撒冷舉行的派對上，康納曼被問到目前著手的研究。當他開始解釋捷思法與偏見的研究，一位美國哲學家轉頭就走，還撂下一句話：「我真的對愚蠢的心理學沒興趣。」

　　可以預見會得到那種反應，因為捷思法與偏見的研究，會以錯誤的方式觸痛一些人。分類人類理性的局限，像虛無主義者感知的一些領域，以及／或後現代主義者的感知，康納曼和特沃斯

基研究計畫裡的「嘲諷意味」，以及計畫本身對科學的好奇，完全被忽略。

「人類的無能是事實，就跟地心引力一樣真實。」愛荷華大學心理學家蘿拉・洛普（Lola Lopes）抱怨道。她怪康納曼和特沃斯基讓他們明顯對受試者的答覆感到惱怒。如新聞工作者對特沃斯基和康納曼的研究看法，他們的研究無可避免地把事情單純化，更是激怒了評論家。洛普引述《新聞週刊》的生動陳述，大部分的人是屬「以可悲混亂的方式處理獲得的資訊，常因選擇不當捷徑而絆倒，因而造成一敗塗地的結果。」

一篇關鍵的評論文章〈人類的理性能以實驗論證嗎？〉，出自牛津大學哲學家強納森・可汗（Jonathan Cohen），他的分析評論與29位著名哲學家、心理學家、數學家，一起刊登在1981年的《行為和大腦科學》（*The Behavioral and Brain Sciences*）。可汗提出一個只有哲學派才會喜歡的議論：人類是理性的唯一可能標準，因此，人類所做的每一件事，包括在行為實驗裡的表現，都不能證明人類不理性。

在諸多評論家之中，哈佛大學的認知科學家史帝夫・平克（Steve Pinker）不禁納悶，生物要進化到何種程度才會容許這種事發生。我們不可能全都那麼笨，否則早就死光了。德國馬克斯普朗克人類發展研究院（Max Planck Institute for Human Development in Berlin）的捷爾德・蓋格瑞澤（Gerd Gigerenzer）——因為葛拉威爾（Malcolm Gladwell）的著作《決斷2秒間》（*Blink*），讓他在美國知名度大增。——他認為捷思法實驗是場室內騙局，以實驗的瑣碎細節為附帶條件，而且基本上

這些都不是重要的細節。對蓋格瑞澤來說，該實驗結果讓人執著在捷思法表現出的直覺正確性有多高。為了讓自己的論點可信，他以有偏見的方式編造康納曼和特沃斯基的說法（一名與我交情甚篤的人士簡潔有力地告訴我：「蓋格瑞澤說謊。」）

大部分的人都相信，生物進化並不是有求必應，比較像是讓我們知道何謂現實的過程。早在1954年，沃德·愛德華茲就談到，擁有自始至終一致的偏好，可能會「代價很高」。人類心智的設計，必須能承擔複雜的交易資訊。要生存，通常需要在分析完問題前，就得快速做出決定。心智大概能有效做出近乎正確的直覺，以即興的方式建構渴望和信任。這會導致價格和選擇不一致——如果你仔細觀察。

這些不一致性重要嗎？也許在我們遠古祖先的世界裡沒那麼重要。但是在經過幾個千禧年後，事情已改觀（轉眼間就進化）。人類創造出的事物，像是書寫、數字、法律、金錢，都替人類帶來全新的挑戰。現今的衝突被指定的數字瓦解——價格、薪資、領土邊界、禁止飛行區——投射出未來的縮影。在這些情況下，我們常因為自己在選擇和價格之間反覆無常的行為而懊悔。如特沃斯基和康納曼寫道：「不任意連貫性沒那麼膚淺。」

沃德·愛德華茲活得夠久，足以親眼見證自己的名聲被他教過的學生弄得黯然失色。他也成為特沃斯基和康納曼研究成果的尖酸評論家。「為什麼只有不夠專業的人才是有趣的呢？」愛德華茲在1975年發表的文章中寫道。他自己回答這個提問：「我認為是因為心理學家想要相信人類智能限制的精確性。」

愛德華茲的立場已經很明確，他認為捷思法是「錯誤的判

斷」，需要被「治癒」，卡默勒如此分析。愛德華茲永遠搞不懂為什麼捷思法一夕之間成了大家注目的焦點。對他來說，年輕世代只是一昧地在雞蛋裡挑骨頭。

為了捍衛他的立場，愛德華茲要大家別輕舉妄動，除非你能精確判斷不確定的事物，捷思法「也許能解釋你怎麼到精神病院，但是無法解釋你怎麼到月球。」（幾年之後，康納曼在他的諾貝爾自傳裡回憶到那段刻薄的猛烈抨擊。）「我們常聽到關於人類記憶局限的言論，」愛德華茲寫道，「提出人能一次記得七至十二件事情的論點。但是我認識一個能以記憶引述全本莎士比亞的人。當我們看到可拿來相比的事跡時，就不感到驚訝，甚至沒有什麼評論，只偏好談論在特性詮釋上的細微差異。我們常聽見人類不理性，但很難想像這樣的人類，能登上報紙版面的單一事件，竟比《科學人》少那麼多。」

我問康納曼，為什麼愛德華茲從未接受捷思法這項研究。他很快地糾正我的問題：「他不只是不接受而已，還很惱怒。實際上，他很氣我們。」然後他解釋：「第一，因為我們做的事是衝著他來；另一個原因——我深感同情，因為這是科學界普遍發生的事——每當有半新穎的事情出現，就會產生很大的不對稱。把新事物帶進來的人，會認為自己在做很不一樣的大事，但是之前就已經做過這些事的人會認為，這只是個相同題材的小變體。愛德華茲認為這樣瞎忙很沒有意義。」

康納曼客氣地說：「我們把每件事都交代得很明白。在某種層面，沒有什麼能讓沃德感到驚訝。我們說的每件事都讓他不意外。」

22
別當精明的傻瓜

忍受不了損失的人，很可能會義無反顧地賭一把。

💰

特沃斯基幾乎沒有告訴任何一個人，轉移性的腫瘤正侵蝕他的生命。已病入膏肓的他，在過世前三週仍步行至辦公室工作，特沃斯基病逝於1996年6月2日。從1996年以後，行為決策理論開始成為主流經濟學，甚至商業的研究範圍。絕大部分是因為如可汗和蓋格瑞澤等吹毛求疵的各種反對意見，漸漸消聲匿跡。近年來，更迫切的擔憂是實驗研究提供的獎金太廉價。

在美國，最後通牒賽局實驗通常以10美元的獎金執行，這種金額在曼哈頓連一張電影票都買不起。然而心理學家和行為經濟學家在研究裡設定這個金額，是因為他們認為研究結果足以說明實驗室外的世界。這樣說來，最後通牒賽局裡的回應者（暗指我們所有人），都應該特別在乎自己跟提案者相較之下分得的金額，而對絕對的金額較不敏感。

那麼，請試想一場1000萬美元的最後通牒賽局。提案者自己留900萬美元，只留給你區區的100萬美元。你會放棄自己的100

萬美元，好讓他學會900萬美元的寶貴一課嗎？

大概不會。以那個情況看來，提案者是自己拿走較多錢沒錯……百萬美元的最後通牒賽局有很多耐人尋味的地方。一些經濟學家主張，在獎金金額後面添加幾個0的話，人們的理性就出現了。

伊莉莎白・霍夫曼、凱文・麥凱布（Kevin McCabe），以及弗農・史密斯（Vernon Smith）都受夠了這種言論。那些經濟學家評論者，有的甚至根本不是在講關於百萬美元的獎金。一些人說100美元的獎金就會讓實驗結果不同。當然，人們會拒絕一、兩美元，但是頭腦正常的人絕不會拒絕10或20美元。

霍夫曼和同事集資進行了一些100美元的最後通牒賽局實驗。那表示總共要募款約5000美元，才能進行夠多次的實驗，達到重要的統計數值。這些實驗在亞利桑那大學執行，結果100美元跟標準的10美元實驗並沒有太大的差異。

實驗裡有個寫紙條的小插曲。一名提案者不合規定地在他的提議單上潦草地寫著：「別當個烈士，這仍是最好賺的35美元了。」

這名提案者把自己的100美元三七分，只小氣地分出30美元，另外的5美元，是每位參加實驗的受試者均可得到。回應者拒絕這30美元的提議，並在紙條上回說：「貪婪正把整個國家帶往地獄。貪婪的人要付出代價，活該，你跟它一塊下地獄。」

2002年，荷蘭電視節目首度播出《競逐百萬》（*Chasing Millions*）的博奕節目。節目造成一股熱潮，從模里西斯到阿根廷，再紅到美國，60餘國跟進製作這類當地版的博奕節目——美

國節目名稱為《一擲千金》（*Deal or No Deal*）。節目內容設計的兩難困境，跟決策理論實驗裡的受試學生經歷十分相似，只不過節目裡的總獎金龐大且真實。一篇由提耶利・博思特（Thierry Post）、馬汀・范・丹・阿瑟（Martijn van den Assem）、蓋多・鮑徒生（Guido Baltussen）和理查德・塞勒在2008年共同撰寫的文章中提到，《一擲千金》這個節目，「設計上不像單純的電視餘興節目，倒更像是經濟學實驗。」

除了長腿模特兒，《一擲千金》裡根本沒有什麼娛樂性的內容，而只有經濟學實驗。美國版的博奕節目陣容包括26位女模特兒，每位模特兒手上提著一只裝有從1美分至100萬美元不等的公事包。參賽者先任選一只公事包。參賽者「擁有」該公事包裡頭裝的獎金。但主持人豪伊・曼德爾（Howie Mandel）沒有馬上揭曉大獎，他先跟大家玩場折磨人的遊戲。他開始隨機揭曉沒有被選走的公事包。以淘汰法間接讓參賽者知道自己選的公事包可能有多少錢。所有獎金都公布在大家看得到的計分板上，已揭曉的獎金會從計分板上劃掉。

接下來，「莊家」會跟參賽者談交易。莊家從一間陰暗的房間以電話跟參賽者提議出價買公事包。參賽者必須在莊家出價和公事包裡可能的金額之間做抉擇（保有公事包，然後繼續進行，不管裡頭裝的是多少錢）。莊家第一次出價金額通常不大。如果參賽者拒絕，主持人就會再揭曉一些公事包裡的金額，然後參賽者就對自己的公事包金額更有譜了。莊家再次出價。參賽者該拒絕嗎？最後總是落到只剩兩只公事包尚未揭曉的局面。莊家最後出價。如果參賽者仍拒絕，就會馬上揭曉他公事包裡裝的金額，參

賽者也只能抱回裡面的獎金。

在所有公事包都不曾打開之前，美國版《一擲千金》的26個公事包的獎金平均是131,477.54美元。每打開一個公事包，平均值就跟著變動。舉例來說，一知道自己沒選到100萬美元的公事包，對參賽者是一大壞消息，於是就下修自己的期待值。

節目裡唯一無法看透的部分，就是莊家如何估算出價。前幾輪的出價很低，參賽者一定是瘋了才會接受那種出價。後來幾輪的出價愈來愈慷慨，與期待值成比例直到結束。最後的出價近乎達到最大期待值（美國版裡），或是適度地比最大期待值更多一點（一些別國的版本裡）。

博思特拿到幾年分的荷蘭版、德國版、美國版節目錄影帶。他們不辭辛勞地分析這三個國家、151位參賽者的每項決策。拿荷蘭版運氣最差的一位參賽者，法蘭克為例。過程中，他眼也不眨地拒絕莊家高達7萬5000歐元的出價，這等同一整年的優厚收入。結果法蘭克最終落得只得到10歐元，這也夠他喝上一杯好酒。

就在法蘭克打開自己選的公事包之前，還有兩個獎金尚未揭曉，10歐元和1萬歐元，莊家的最後出價是6000歐元——比法蘭克對公事包的期望值還多，也比美國版的出價更誘人。任何人的母親、會計師、收費的理財顧問，一定會告訴法蘭克接受出價。但是他不願意，他打定主意要得到1萬歐元。

這種行為很難以任何理論解釋，是個只視最後財富程度而定的選擇行為。收看整集的人會了解為什麼可憐的法蘭克這麼做。他對最後抉擇之前降臨在他身上的種種不幸做出反應。就像其他

參賽者一樣，法蘭克一開始抱著很大期待與很高的參考點。荷蘭版節目裡的最高獎金是500萬歐元，比美國版還大手筆很多。法蘭克想成為百萬富翁的美夢，在頭兩輪淘汰三個最大獎金後就隨之破滅。在那之後，他覺得自己像個輸家。莊家的出價在他眼裡成了一種損失，而非意外之財（與他有機會獲得的財富相較之下）。這讓他願意冒險放手一搏。

1979年「前景理論」文章裡談到的兩難困境，跟法蘭克的情況不同。康納曼和特沃斯基就法蘭克的抉擇提出報告。除了你自己擁有的之外，你還能再得到1000以色列鎊。現在你必須在兩個選項之間抉擇。選項一，50％的機率再得到1000以色列鎊；選項二，我稱為「莊家出價」，你確定可得到500以色列鎊。84％受試者選擇選項二。他們偏好確定的事。

然後康納曼和特沃斯基再重新向另一組受試者陳述問題。你已經得到了2000以色列鎊，但你必須在以下兩種情況中做出選擇：選項一，有50％的機率損失1000以色列鎊；選項二，你可以選擇「莊家出價」，確定會損失500以色列鎊。69％的受試者不接受選項二。他們寧可賭賭看，也不願意接受確定的損失。

以拒絕的部分來看，兩種版本的問題皆等值。第二個版本只是在選項一多給你1000以色列鎊，減掉這個金額，兩題的淨值相當。第二版本選項二的措詞，會助長你以第一題的2000以色列鎊做參考點。把選項二視為損失，讓你寧可放手一搏。

法蘭克遭遇的一連串壞運氣也有相同影響。莊家最後的出價成了一種損失——若是法蘭克處於較愉快的情況下，就會將之視為一筆意外之財。這讓他願意冒險一搏：加倍翻本或空手而歸。

博思特的研究團隊把「期望效用」（expected utility）模型的表現和「前景理論」做比較，預測《一擲千金》裡參賽者的決策。他們發現「期望效用」在預測決策時有76％的準確度，「前景理論」的準確度則是85％。當有大筆金額利害關係時，「前景理論」在預測行為上，略勝「期望效用」一疇。

　　在《一擲千金》裡，必須在緊張刺激時刻馬上做出抉擇。博思特和同事推測，儘管如此，在電視節目上做的決定，也許也可能跟選擇抵押貸款或退休投資組合一樣，是經過謹慎考慮的。就像有財務大變動的人一樣，《一擲千金》裡的參賽者無疑是該節目的忠實觀眾，也大概早在參賽前就擬好策略（很多人都覺得抵押貸款和投資是無聊的事，沒到最後關頭，他們根本不會去想。決定往後推了又推，最後才終於在緊張刺激的一刻做出決定）。

　　研究人員也在鹿特丹伊拉斯莫斯大學（Erasmus University）做了兩次家庭版的《一擲千金》。他們「盡可能地在教室裡」複製該節目，有主持人（校內高人氣講師），以及現場觀眾，「營造出那種參賽者在電視攝影棚裡的壓力」。他們盡可能照著電視台拍攝的腳本，以相同的莊家出價金額，以及隨機揭曉的公事包。這能讓對照組的學生跟節目裡的參賽者，產生相同的反應。有個不同之處，就是獎金。一個版本的獎金只有荷蘭版的萬分之一，另一版本是千分之一。後者表示最高獎金為5000歐元，平均贏得的獎金約400歐元。這在所有行為經濟學實驗裡算得上是出手最闊綽的。

　　如果把金錢看成是一個強度量表，你大概可以料到行為會一樣——果然如此。學生在金額少的實驗裡，表現得跟這場利害關

係高出10倍的實驗一樣。兩個版本的受試者表現，就跟節目中角逐高出1000倍、1萬倍獎金的參賽者相似。不論莊家的出價被判定「公平」與否，仍強烈受到受試者歷經的過程影響。像法蘭克這種感到失望的受試者，不太可能接受好的出價。康納曼和特沃斯基曾寫道：「忍受不了損失的人，很可能會義無反顧地賭一把，否則他會嚥不下這口氣。」

23
我們是價格蠢才

問題不在你是否記得價錢，而是這對你值多少錢？

英國知名六人喜劇團體蒙提‧派森（Monty Python）的短劇中，其中有一集是前往阿爾貢星球的任務。這星球是金牛座星系裡的第五世界，阿爾貢星球跟1972年的英國形態可疑地相仿——除了星球上那真正達到天文數字的價格。如演員約翰‧克里斯（John Cleese）劇中台詞：

這裡隨便一杯巧克力飲品就要400萬英鎊，一台浸在水裡的熱水器要超過60億英鎊才買得到，想買一條開檔褲就更難上加難了……像這種新型的電熱水壺，大概需要美國1770-2000年的國民生產毛額才買得起，甚至連電熱水壺上的小組件壞了，那樣的國民生產毛額總額也付不起維修費用。

你可能會納悶究竟阿爾貢星球跟地球的差別有多大。我們都出生在太陽系的第三世界，根本不知道東西應當值多少錢。也許

我們永遠不會知道。我們只能從別人身上找尋蛛絲馬跡。我們表現得好似他們的訂價都合情合理。

如以法國哲學家笛卡爾的哲學來探討價格，將導引出一個結論：我們真正知道的，只有「相對價值」而已。在內心深處，我真的不知道花1000萬英鎊買一台旋轉式割草機配件，是不是個好價錢，但是我知道跟其它東西比較起來，它算便宜的。在短短幾年內，認為價格的「相對價值」很重要，而「絕對價值」幾乎沒什麼意義的概念成形，也因為一些卓越的實驗結果，讓這個概念被廣泛接受。你也可以說，我們都住在阿爾貢星球。

丹・艾瑞利，是另一位深入思考訂價心理學的聰穎以色列裔美國人。他的研究，起始於一家高價位巧克力店。在他面前的是一系列外觀和價格皆讓人難以置信的松露巧克力。「我正在思考想買哪一種巧克力。然後我體認到兩件事。一是，我很快地適應店裡巧克力的價位，我沒有去想關於超市販售的巧克力售價；另一件是，我太容易受影響——樂意接受店內的價格都是合情合理的。」

艾瑞利現在是杜克大學行為經濟學教授，他負責一些關於價格易變的重要論證。他跟喬治・溫洛斯坦，以及德拉贊・普雷萊克合力完成一項類似的實驗，他們舉行一場昂貴巧克力、紅酒、電腦設備的無聲拍賣會。競標者是麻省理工斯隆學院的企業管理碩士生，他們必須先在紙上寫下自己社會保險碼後兩碼。然後，每位競標者必須表明自己願意以比這兩位數多還少的金額來競標拍賣會上的物品。最後，競標者寫下他們的出價（很誠實的最低

價格）。得標者要自掏腰包付錢帶回得標物品。

其中一項拍賣品是1998年的法國Cotes du Rhone紅酒。我的社會保險碼後兩碼是23，所以我第一個要回答的問題是：「願意花比23美元多還少的錢買一瓶紅酒？」第二個要回答的問題是：「願意花多少錢買？」

果然不出所料，結果顯示有很大的「錨定效應」。社會保險碼數值「低」的競標者（「低」的定義是數值尾數介於00至19），平均願意花8.64美元買一瓶法國Cotes du Rhone紅酒。至於社會保險碼數值「高」的（末兩碼介於80至99），則平均願意花27.91美元。這不只是因為紅酒本身就那麼吸引人。巧克力、無線電腦鍵盤、電腦軌跡球，以及設計書籍的競標裡也有類似現象——這全是因為社會保險碼。末兩碼數值較高的學生，大多會得標。社會保險碼末兩碼數值較低的學生不會成功得標。我會讓你自己判斷誰才是真正的贏家，以及誰才是冤大頭。

艾瑞利曾在以色列軍隊服役，有一次他被用來照亮夜間戰場的閃光彈炸傷。他全身70％三度灼傷。接下來三年，艾瑞利活像個木乃伊，過著全身纏滿紗布又行動不便的生活。他的療程需要定期更換紗布。每次更換紗布無非是種折磨。照護艾瑞利的護士以豐富的同理心與經驗，處理這項不討喜的任務。護士們相信拆紗布的速度要快、狠、準。這樣的處理方式會產生極度痛楚，但是相對的痛楚會很快退去。艾瑞利有充裕的時間來衡量心理學上的痛楚感受。他得到的結論是，換紗布時最好慢慢拆，痛楚就不會如此強烈，但是感受到痛的期間會拉長。人可以適應緩慢持續

的痛，但絕不可能會適應護士們採用的那種強烈對比技巧。他不太能說服護士採納他的方式，因為他們的看法不同。以護士的立場來看，眼睜睜看著病患受苦，他們心裡也不好受，所以希望自己工作範圍內的慘不忍睹過程能盡快結束。

到了艾瑞利可以出院時，他立刻前往特拉維夫大學攻讀心理學（他在那裡遇到正舉辦講座的特沃斯基）。艾瑞利當時已有些許心理學的基礎，他讀了史帝文斯與其他人的作品。他實驗痛楚感的方式，有時是拿自己當受試者，用高溫、冷水、壓力、高分貝噪音。由於他轉而對經濟學的決策感興趣，因此將金錢視為刺激物，也就很自然地把價格視為強度量表。

艾瑞利開闢一個影響甚巨的論點：印象價格，會淡化人們對價格並不敏應的認知。購物者需要猜測滑步機的價格時，就會回想過去曾用多少錢買過運動器材，或是在廣告上看過滑步機的價格。人會替產品品質和特色做價格調整，訂出一個不會差太多的價格。在某種認知上，就如愛爾蘭作家王爾德（Oscar Wilde）對犬儒主義者的批評：「犬儒主義者對各種事物的價錢一清二楚，但對它們的價值一無所知。」

在麻省理工舉行的拍賣會是設計成除去價格記憶的影響。選用學生不太可能購買的商品，大家也知道這種商品價格幅度很大（某種程度上，紅酒和昂貴巧克力是作為禮品的好選項，受贈者很難猜出價錢）。問題不在你是否記得價錢，而是這對你值多少錢？

拍賣會的結果跟史帝文斯用強度量表的實驗十分相近。雖然絕對價值迥異，但是比率一致。

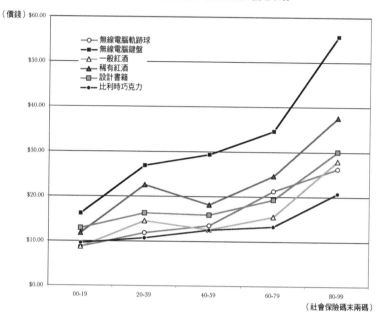

單單社會保險碼便能影響價格

（價錢）$60.00

- ○─ 無線電腦軌跡球
- ■─ 無線電腦鍵盤
- △─ 一般紅酒
- ▲─ 稀有紅酒
- ■─ 設計書籍
- ●─ 比利時巧克力

$50.00

$40.00

$30.00

$20.00

$10.00

$0.00

00-19　　　20-39　　　40-59　　　60-79　　　80-99

（社會保險碼末兩碼）

　　上圖為平均競標價，以社會保險碼末兩碼分解成五個幅度組別。每個線條表示不同物件的競價。實驗目的是將社會保險碼視為隨機數值。研究者預期隨機分配的五個組別，會得到相同的估價平均值。但相反地，所有線條都有上升趨勢。社會保險碼數值低的人（左），出價比數值高的人（右）低很多。這說明「錨定效應」。

　　在任一社會保險碼幅度組別裡，每組對各項物件的相關估價大同小異。每組一致認同電腦鍵盤是最有價值的物件，巧克力則是最沒價值的。稀有紅酒的價值總是被估得比一般紅酒高，而且高出的價值比率也大致相同（大約高出1.5倍）。

艾瑞利、洛溫斯坦以及普雷萊克實驗裡的受試者，皆具備令人印象深刻的自我一致追溯力。他們寫道：

　　假設一名社會保險碼末兩碼為25的受試者，他對「一般紅酒」的WTP（willing to pay，願意付的錢），介於5到30美元，對「稀有紅酒」則是10到50美元。因此這兩種紅酒，他都有可能以25美元標下。假設受試者表明無論理由為何，他都願意以25美元買「一般紅酒」。如果稍後我們詢問同一名受試者是否願意以同樣價格購買「稀有紅酒」時，他的答案一定是肯定，因為他會認為這是個不用多想的問題，答案很明顯：如果「一般紅酒」值25美元，那麼「稀有紅酒」必定比25美元貴！還有，如果要求受試者表明購買紅酒的WTP，同時也提出剛才那個問題時，答案都會在本質上受到限制：價格必須井然有序，所以「一般紅酒」和「稀有紅酒」的價格皆會超過25美元，然而「稀有紅酒」又比一般紅酒更有價值。

　　艾瑞利的研究團隊在2003年《經濟學季刊》（*The quarterly Journal of Economics*）發表這些研究結果論文，〈任意連貫性：沒有固定偏好的穩定需求曲線〉。這篇論文還包括更多令人佩服的「記憶理論」。「我們想要一項沒有強烈參考價格的商品。」艾瑞利說。這需要一項前所未有的商品來訂價，這項產品就是痛楚。132位麻省理工學院受試學生，聽著耳機裡播放極尖銳音調（3000赫茲的三角音波，類似救護車用的鳴笛警示聲）。前方螢幕顯示指令：

幾分鐘後，將再透過耳機播放新的惱人音調。我們想知道你等會兒聽見的音調有多惱人。在你聽見這個音調的當下，我們會詢問你的意見，看你願不願意以10美分的代價（別組是50美分）再聽一次。

受試者必須訂出再聽10秒、30秒、60秒的報價。結果如預期一樣。那些收到低「錨點」（10美分）的人，報價比收到高「錨點」的人（50美分）來得低。每個人的報價大概都依暴露在噪音裡的時間長短為比例。因此，重複以同一受試者進行同一實驗，並不會消去原先「錨點」帶來的影響。大部分都會堅守原先的報價，殊不知這是個無意義的「錨點」提示結果。一些受試者必須就再聽一次噪音的部分報價，也要就音調究竟有多惱人評定程度等級。惱人程度的等級包括：「發現自己買到瓶身破裂的牛奶」、「忘記歸還租來的影片，必須付罰金」、「手上沒吃完的冰淇淋掉到地上」，以及其他七項敘述。總括來看，惱人的音調大多被評為等級二的惱人程度，排在第一惱人程度的是「就差那幾秒，公車已經開走」。之後，這告訴我們一件事：10美分至50美分的「錨點」，並不會影響評定噪音惱人程度。與生活中其他相關的惱人事物呼應下，每個人大多同意這種噪音有多糟糕。

另一組受試者同意以老虎鉗夾住一根手指。實驗者施力夾緊老虎鉗直到受試者開始感到疼痛（「痛楚的門檻」）。然後把老虎鉗再夾緊一公厘。實驗者指示受試者記得那種程度的痛楚。接著鬆開老虎鉗，詢問受試者會選擇哪一種折磨：用老虎鉗以剛才的力道夾手指30秒，或是聽30秒剛才的噪音。

多數人選擇聽噪音。再次地,「錨定效應」對於人是否偏好噪音或老虎鉗,並沒有統計上的影響。「錨點」影響的只有價格。

　　經濟學家早就將財務方面的果斷與自我一致,視為一種典型。顯然地,這不僅只是學者專家們的假設而已,這是一般人民試著實踐的普遍理想。我們都假裝自己對價格有自我一致的理論與常識。可是,說穿了,我們只懂得「相對的價格評估」。我們是比率天才,價格蠢才。

IV　　　價格哪裡有公道

訂價扮演著催眠師的角色，價格的個位數總是9、貼現、折扣，
以及「免費」這種開門見山的招術——不知怎麼地，就是管用。

24
72盎司的免費牛排

訂價扮演著催眠師的角色。

美國德州阿瑪里洛市有一家歷史悠久的德州大佬牛排館（Big Texan Steak Ranch）。走近門口，便可看到一頭巨牛雕像與斗大寫著「免費享用72盎司牛排」的廣告，替餐廳做宣傳。該餐廳的招牌菜就是「德州大佬牛排」，整套餐點含沙拉、開胃菜、水果佐蝦、焗馬鈴薯、餐包、奶油。如果你點了這份套餐，你必須在一小時內把整套餐點吃個精光，不然就要乖乖付72美元買單。

像這種交易，在現在這種好爭訴訟的年代裡，皆須附上一些有法律依據的附屬細則。如顧客必須先預付72美元，如果把整套餐點吃個精光，就能把錢拿回來；可以不吃肥肉的部分，但是餐廳會判定是否符合標準；沒有人可以靠近挑戰者的食物（免得偷摸走一顆焗馬鈴薯？）；挑戰者必須簽切結書，表示自行承擔所有健康風險。

那些挑戰72盎司牛排的顧客，其實就像是德州大佬牛排館的餘興節目：挑戰者必須坐在舞台上，在眾目睽睽下用餐，而且一

小時內不得逕自離開座位。附帶一提，要是挑戰者嘔吐，就判失格。舞台上貼心的備有嘔吐桶。

先不管讓顧客挑戰72盎司牛排的活動，使德州大佬牛排館的餐廳風格定調成如夜市般喧鬧，該活動替餐廳帶來的宣傳效益確實超乎想像。它儼然成為電視和旅遊節目長期愛用的題材。如卡通《辛普森家庭》，就有一集是爸爸荷馬成功挑戰256盎司「免費」牛排的情節。

自1960年開始（當時售價9.95美元）至今，大約有6萬名食量大的食客前往挑戰。餐廳回報共有8500位挑戰者成功，總成功率為14%。女性挑戰者雖然不多，但是成功率為50%。

那些挑戰者大概覺得很划算，因為這樣算起來每盎司牛排才1美元，而且不像那些吃到飽餐廳不能打包，萬一挑戰失敗，付了錢後還能把吃不完的打包回家。

這是個怎麼看都不會吃虧的交易──嗯，直到你意識到自己居然花了72美元，在阿瑪里洛市吃了一頓晚餐。

「免費」72盎司牛排，結合了白話與專業訂價的藝術。德州大佬牛排館老闆巴布·李（Bob Lee），在1960年突發奇想，當時還沒有菜單顧問這門職業。他替這個宣傳噱頭訂定一些規則，現在已寫成學術與專業行銷語法。最重要的是，72盎司牛排是個「錨點」。只要你到德州大佬牛排館用餐，腦海裡就會不斷湧現挑戰72盎司牛排的想法。雖然德州大佬牛排館多數顧客不會，也永遠不會從事這個挑戰，但是這樣的方式，卻巧妙地提高用餐者對自己能吃下多少食物，以及願意付多少錢吃一餐的預算。我們可以

借用康納曼的「錨定效應」實驗，來說明這個關聯性。在實驗裡，康納曼和凱倫·傑考伊茲（Karen Jacowitz）嘗試探問以下問題：

（a）美國人一年平均吃進胃裡的肉，大於或小於50磅？
（b）美國人一年平均吃進多少肉？

　　答案的中間值是100磅。他們再問另一組受試者：美國人一年平均吃進大於或小於1000磅的肉？這一組得到的答案中間值是500磅。

　　德州大佬牛排館的宣傳手法也是「非線性訂價」（nonlinear pricing）的簡易範例。「非線性」，代表價格（或每盎司價格）不是呈一直線──線條隨消費量變化。一直到你吃光72盎司的牛排餐點之前，這份餐點仍是72美元；一旦你吃光了，價錢立刻垂直降至0元。

　　這類的訂價扮演著催眠師的角色。這是價格顧問最常用的一招，從手機帳單到飛機票價，幾乎每件事都會用到。德州大佬牛排館的飢餓挑戰者還不確定自己需不需買單。不確定性讓這72美元的費用顯得不真實。

　　還有另一個方法來判斷這個關聯性：每盎司價格圖（見下頁圖）。

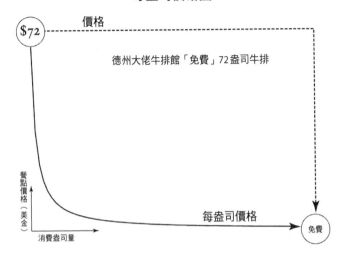

每盎司價格圖

價格

$72

德州大佬牛排館「免費」72盎司牛排

餐點價格（美金）

消費盎司量

每盎司價格

免費

每盎司價格圖呈現了一個陡降的傾斜曲線，然後趨緩地逼近1美元，最後落在0元位置。點了72盎司牛排的顧客，如果只在塞滿整嘴1盎司牛排後就舉白旗投降，換算起來等同1盎司就要付出氣死人不償命的72美元。但是一連吃了幾盎司牛排的人，換算起來大約每盎司付2.25美元；幾乎掃光整份餐點的人，大約每盎司付1美元，那還挺合理的。顧客超在意「划算」，否則不會花大錢買不想要的東西。

赫爾曼‧西蒙（Hermann Simon）是個店家要打65折賣給他看上的Nikon相機，他還會不高興擺臭臉的怪人。他原本滿心歡喜要買台相機，可銷售員堅持要幫他打65折。這個舉動違反西

蒙的商業哲學核心，他在一篇論文裡以白話敘述：「務必充分利用（消費者的）支付意願。」

用命令句口吻闡述自己的看法，再配上西蒙那北歐人的聲調，第一次跟他見面的人可能會被他嚇到。然而，西蒙對「支付意願」的執著，有很大的影響力。過去幾十年來，他支持訂價是一門專業的呼籲，不輸其他人。1980年代早期，西蒙是德國畢勒菲德大學的商學教授，偶爾替企業提供建言，也常常覺得自己的建言不被重視。訂價哲學會在當時成了熱門話題，基本上是由於諸多原因造成。其中一個因素，是因為康納曼和特沃斯基的研究，受到商人和零售商之間的注目。讓我們一起思考以下這則康納曼和特沃斯基，在1981年使用的一份問卷題目：

試想你正打算購買一件125美元的夾克，還有一台15美元的計算機。計算機銷售員偷偷跟你說這台你想買的計算機，在另一家分店特價10美元，分店距離約20分鐘車程。請問，你會專程開車到另一家分店買計算機嗎？

多數人的回答是肯定的。另一組隨機挑選的受訪者，聽到的是另一種版本：

你想買的夾克只要15美元，計算機要125美元。但計算機在另一家分店特價120美元。這樣值得你專程開車到另一家分店嗎？

大部分的人回答不值得。這兩種版本，都是顧客預計共花140美元，也都是能多省5美元的選擇。零售商一直想了解，為什麼明明一樣的東西，會有人甘願花比較多的錢在別的地方買？結果令人玩味（假定這些問卷，是真正想買那兩種商品的顧客想法），因為一切都不在經濟學的標準範圍裡。

　　「為什麼人們會情願專程開20分鐘的車來省低單價的商品，而不是高單價？」美國經濟學家塞勒提出這個問題。「顯然地，有某種購買哲學在這其中發揮作用。5美元，以一個只要15美元的商品來看，省了很多錢；但是若以一個125美元的商品來看，就沒那種感覺。」

　　經過十多年來的摸索，如今在心理學家和行為經濟學家的研究成果中，可見到彼此的研究成果中呈現一種相關性，這確實是一種令人感到樂觀的進步。塞勒期待一種未來，在這個未來裡，會有所謂的「選擇工程師」（choice engineers），以科學幫助人們做出較能真實反映內心價值的決策——而內心價值，存在於由價格與偏好建構的美好新世界。

　　塞勒以前教過的學生穆萊納桑（Sendhil Mullainathan），他談到以「決策理論」幫助第三世界脫離貧窮的惡性循環。「我們指的是，科學在行為經濟學裡，這不只是個抽象的東西。你可以用它來做事情。而我們才剛起步。」康納曼說。

　　同樣在那段歲月裡，也看到一種現象的演變，那就是科學不再那麼著重於理想主義，轉而著重於：怎麼運用科學研究來賺錢。有一些學者像塞勒和特沃斯基一樣，都開始替商人以書面方式提供解答，這些文章大多刊登在行銷期刊上。有一些受人推崇

的行銷手法，令人對它們產生了科學上的好奇——價格的個位數總是9、貼現、折扣，以及「免費」這種開門見山的招術——不知怎麼地，就是管用。

美國專業訂價公會（Professional Pricing Society）自1984年設立以來，便開始匯集全美前1000名最成功的商人，來做心得分享。

西蒙雖然對於行為學的研究成果相當嫻熟，但他對行為學是否適用在商業卻保有疑問。科學是簡單易懂但又抽象的東西，「前景理論」[1]就是個例子。《科學人》深受大眾喜愛，因為雜誌內容以簡單扼要的概念解釋每件事，但雜誌內容對商業並無助益。企業比較想知道面對他們一貫狹隘又複雜（有時無趣）的問題時，有何解決之道。

科技是個關鍵發展。1974年6月26日，位於俄亥俄州特洛伊市的馬許超市（Marsh's），完成在收銀台掃描一包美國箭牌（Wrigley）果汁軟糖的創舉。史上第一個可掃描的商品條碼，是IBM軟體公司的努力成果。這項科技問世後，掃描機便在大西洋兩岸的國家普及化。這產生堆積如山的資訊。每個人都認為這些資料應該很有用，但是沒有人真的知道要拿這些資料來做什麼。

西蒙擔任指導教授的一位博士生埃克哈德‧庫切爾（Eckhard Kucher），以掃描機儲存的資料，作為博士論文主題。庫切爾和西蒙注意到這些資料，能夠搭起價格心理學和實際現實情況的橋樑。他們讓分析師以追溯的方式，主導決策「實驗」，檢視顧客對漲價、特價、貼現的反應（或沒反應）。這些資料記錄了所有的行

---

1. 見第16章。

為效應，也包括傳統經濟學的行為理論，這些結果尤其對商業與顧客有特定意義。庫切爾提議開始提供商業諮詢服務，給予價格微調方式的專業建言。西蒙原先就有這個打算，便一口答應。他們在1985年初期一同成立價格諮詢公司，彼此的關係也轉為生意夥伴。

西蒙和庫切爾認為無法在成本上做太大改變，但是通常能夠自由訂價。他們發現多數商人根本對顧客願意花多少錢買自家商品，不僅毫無概念也不懂價格影響利潤的程度。這是掃描機儲存的資料無法解答的問題。

自1980年代起，價格顧問業急速成長。電腦軟體是重要輔助工具。超市、百貨公司、網路購物業者，都有各式不同訂價商品，只有靠電腦軟體才能有條理地處理這些資料。根據雷維歐尼（Revionics）軟體公司首席執行長陶德·麥考德（Todd P. Michaud）的說法，訂價軟體已發展至第四代。業者只要輸入資料，就能得到有效利潤的訂價，以清晰易懂的圖表顯示，建議價格應向上或往下調整。「確實如此，零售訂價系統現在已無懈可擊，」麥考德自豪地說。

當然不是只有軟體。價格也變得比以往更有創意。西蒙把自己公司裡的顧問師視為「價格建構」工程師。以不同樣貌呈現的付費方案（想想關於你的手機付費方案），能詳盡說明德州大佬牛排館的非線性訂價技倆。顧客被慫恿，付出比預期還多的錢，卻又自相矛盾地尋求低價。決策心理學能說明這種技倆奏效的原因——但是無法給那些對決策本身的道德分歧而感到惱怒的人，一個滿意的解釋。很多人認為顧客受騙了，買了不是自己那麼想

要的東西。心理學反駁這個看法，因為所謂的「顧客想要」，其實沒有那麼明確。「顧客想要」，是建構在一個聚焦點上，會受到細節影響，就算是有意識的想法也可能變得無關緊要。不用說也知道，價格顧問師的工作，就是替客戶（業者）策劃有利情勢。

價格諮詢顧問公司SKP有句格言，「訂價是危險的手段。」價格的小小變動，就能讓獲利大大不同，結果也許很好，也許讓人後悔莫及。西蒙預估，替企業制定最佳訂價，獲利率大多會增加2個百分點，比如從5％增至7％。麥考德也有相似的主張，他認為至少會增加1至4個百分點。因為獲利率通常一開始都不大，增加1或2個百分點，就能大大地提高利潤。少有如訂價這種干預因素，能對公司獲利有如此重大的影響。對企業來說，這是個令人難以抗拒的誘因。

25
怎麼逛超市最聰明？

以「逆時針」方向逛賣場，就會花更多錢買東西。

💰

你會發現最精打細算的人，卻也大都會在收銀台前，表現一種稱為「任意連貫性」的消費行為。如使用超市發行的會員卡結帳的顧客，全是一群自稱小氣鬼的顧客。每次結帳一定使用會員卡，因為無法忍受自己錯失可省下50美分的優惠。而這些人，大概也會為了省下5美元，願意舟車勞頓到別處買相同的商品。

會員卡裡的購買資料，能讓超市知道對價錢敏感的顧客，最常採買什麼品牌和品項的商品。根據超市顧問公司威拉德畢夏普（Willard Bishop）的顧問吉姆·赫特爾（Jim Hertel）表示，連鎖超市通常會儲備大量店內前500名的熱銷品項，或是購買頻率最高的商品來做特價。超市經營者知道顧客會注意到可口可樂、牛肉或是麥斯威爾咖啡漲價，所以業者盡可能地在最不會被顧客注意到漲價的品項上動手腳。幾乎不會有人在香芹（一種香草）漲價時大發脾氣——或是其他購買頻率不高的品項，像是義大利麵醬、石榴、羊奶起司或是現榨柳橙汁。「這只是抓住機會，從

那些品項中賺些利潤，」赫特爾說道。因為顧客不記得上次用多少錢買，因此也不會有這些品項應當值多少錢的精確概念。

　　超市價格顧問試遍各種方法，就為了找出讓顧客願意多花錢的因素。近期發現了一個更饒富興味的現象，當購物者以「逆時針」方向逛賣場時，就會花更多錢買東西。平均來看，這些逆時針購物者一趟採買，比順時針方向逛的人多花 2 美元。

　　這個發現，是立基於「監測購物車行動」的研究成果。索倫森顧問公司（Sorensen Associates）的創立者賀伯・索倫森（Herb Sorensen），研發出一種裝在購物車上的「無線射頻辨識系統標籤」（RFID），每五秒發送一次無線電波。這個路徑追蹤科技，能讓感應器以三角測量的方式，監測購物車的地點並繪製動態，而且還能記錄購買商品的價格。不過這個研究沒有解答為何以逆時鐘方向逛的人，會買得比較多。零售顧問業者環境銷售公司（Envirosell）的首席執行長帕克・昂德席爾（Paco Underhill）提出一個普遍的說法，那就是北美洲人視購物車為一台「車」，理當靠右行駛。「如果想得到我的注意力，」昂德希爾說，「商品最好擺在我的右手邊。」根據這個理論，大多數右撇子的人會發現，如果商品陳列在右手邊，會比較容易衝動地把東西從架上拿下來放到購物車裡。目前索倫森的發現已被廣為採納，已有超商業者特意將主要入口處設置在商店右側，促使顧客必須以逆時鐘方向逛賣場。

　　經濟學家塞勒最知名的「思想實驗」，跟一家雜貨店有關。

豔陽高照的一天，你慵懶地躺在沙灘上享受日光浴，但是突然極度渴望灌下一瓶透心涼的啤酒。友人自告奮勇要幫你去附近唯一有賣啤酒的破爛雜貨店買，但友人說那間雜貨店的啤酒可能賣價不便宜，所以先詢問你會願意花多少錢買。如果價格超過你的限額，那就不會幫你買。

　　塞勒在1980年代初期，向數位公司執行長提出這個難題，得到的答案是不超過1.5美元。另一組受試者聽見相同的敘述，只不過賣啤酒的場所變成高級渡假飯店的酒吧，得到的答案是不超過2.65美元。

　　兩種版本問題都明白闡述一件事，那就是友人自願幫你購買你渴望喝到的啤酒，不管是在哪裡買到的，都是相同產品。這跟飯店的格調根本毫無關聯，因為是要買回沙灘享用，不過執行長們仍平均願意花2美元在高級飯店酒吧買一瓶啤酒，但是卻不願意在破爛雜貨店裡花一樣的錢。在飯店酒吧販賣2美元的啤酒被認定是合理的；但在破爛雜貨店裡，那2美元的價格就變得像是在坑人！

　　塞勒仔細思考著，他捏造出來的雜貨店主能做什麼來增加店內的啤酒銷量呢？他的建議是：「加入看似多餘的奢華元素，或是在店裡裝設一個調酒吧台。」這不僅能提升啤酒價格的可接受性，也會增加銷量。

　　另一個建議是，要老闆將啤酒裝到大容器裡，也許以16盎司的容器取代原本常見的12盎司。因為消費者記得一般12盎司容量的啤酒賣多少錢，但他們也許不知道16盎司的啤酒該賣多

少（其實基本上可以換算出來，但是大多數的消費者不會費心這麼做）。還有，較大容量裝的啤酒，比小容量裝的更容易在價格上動手腳。

塞勒以上這兩個建議都能在現今的超市裡看到。高檔消費市場，像是專賣有機食品的超市，營造了大量「多餘的奢華感」。這讓店內商品的價格無法在別處立足。在曼哈頓商辦大樓時代華納中心的商場裡，有個放在馬鈴薯旁的標示，裝模作樣地寫著：「你看這些多可愛？」的確是比你平常吃的馬鈴薯可愛——可是價格一點也不可愛。

像好市多（Costco）和山姆會員店（Sam's club）這種走批發路線的大賣場，銷售整塊秤斤的藍起司、以加侖為單位的沙拉醬，還有30卷一袋的衛生紙。你應當認為一次買這麼大的量，勢必比較划算。有時是這樣……有時則不如你想像的那麼划算。畢竟這很難介定，沒有幾個消費者知道淨重6磅的鳳梨罐頭應該值多少錢。

「有機」和「友善環境」這些名詞，就如同一張加價通行證。不管這些名詞代表什麼，都讓加價看起來不像在剝削。

另一個有關啤酒的問題：

平時愛喝啤酒的希斯派克，正伸手要拿賣場架上的釀造啤酒。架上有2.6美元的高單價啤酒，也有只要1.8美元的平價啤酒。高單價啤酒「比較好」（不管那代表什麼）。經過鑑酒專家評定，高單價啤酒的品質以滿分100為準有70分；而平價啤酒只有

50分。那麼，希斯派克該買哪一種呢？

喬‧休伯（Joe Huber）和克里斯多福‧普托（Christopher Puto）當時分別為大學商學院教授和研究生，他們向一群商學院的大學生提出這個難題。受試學生選擇高價啤酒或平價啤酒的比例是2：1。

另一組受試者在三種啤酒中選擇，其中兩種同上述，第三種是更廉價的1.6美元啤酒，品質評定分數也很低（40分）。沒有任何一位受試者選擇超便宜的啤酒，但是超便宜的啤酒卻對他們的選擇造成影響。受試學生選擇平價啤酒的比例從33％提高至47％。超便宜啤酒的存在，讓平價啤酒看起來沒那麼糟。

另一版本的實驗裡，三個選項為原先的平價啤酒和高價啤酒，再另加一款高檔啤酒。就如同許多高檔產品一樣，價格貴很多（3.4美元），可是品質沒有好很多（75分）。有10％受試學生選擇高檔啤酒，90％一面倒選擇高價啤酒。現在變成沒有人想要平價啤酒。

這就像在拉木偶戲。休伯和普托發現，只要加入第三個很少有人、或根本沒人想要的選項，就可以操控學生的選擇。

從眾多美國啤酒廠牌選擇一款，應該不難。大量的矇眼測試主張，渴望喝啤酒的人，無法分辨百威、美樂和酷爾斯三種啤酒。由於大眾市場上的啤酒口感差異性不大，所以交易重點就只剩價格和品質之間的差異（然後你會納悶，「品質」是否也是行銷手法造成的假象？）

如下頁圖，最理想的啤酒會是既便宜又高品質，落在圖表左

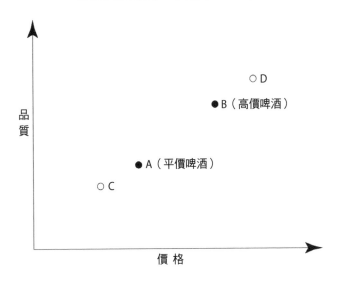

品質與價格對啤酒銷量的影響

（縱軸）品 質

（橫軸）價 格

○ D

● B（高價啤酒）

● A（平價啤酒）

○ C

上角。不用我多說，你也會知道這不是啤酒或日常生活的運作方式。通常價格和品質之間是有相互關係的，無論程度為何，都互相影響。這表示各廠牌啤酒，將分布在圖表由左下至右上連成的對角線上任一點。

　　為了提高平價A啤酒的市占率，休伯和普托發現，只要加入價格更便宜的選項C，就能輕而易舉地辦到。C成了一個「誘餌」。C選項大概市占率不高，但是能夠發揮「引力效應」，把消費者的選擇移至原本平價的A牌。同樣地，再多提供一個更高價的「誘餌D」（取代先前的C），就會把消費者的選擇水準提高，增加高價啤酒B的市占率。

　　當受試者表明自己的選擇之後，休伯和普托詢問他們做出選

擇的原因。得到的答案十分合理，那些選擇三者之間價格居中的人認為這是「安全牌」，是「折衷」的選擇。最便宜的啤酒可能難以下嚥，最貴的可能是在坑人，但是價格居中的應該是可以接受的。

休伯和普托的論文在1983年刊登在現在已是當代行銷學基礎的《消費者研究期刊》（*The Journal of Consumer Research*），但是他們也注意到，他們論文裡的論點，早就由精明的商人靠著直覺，在實際的買賣中執行了。美國最大啤酒製造商安海斯－布希（Anheuser-Bush）製造的百威啤酒，在1960年代卯起來宣傳高價新產品麥格啤酒時，成為全美最熱銷的高價啤酒。愛喝啤酒的人確實會有明確的偏好。高價的麥格啤酒應當會瓜分百威啤酒的市占率。但相反地，百威啤酒和麥格啤酒的銷量皆有增加。休伯和普托認為麥格啤酒讓百威啤酒變得「沒那麼高檔、沒那麼貴、沒那麼優」。一些原本愛好百威啤酒的人改喝高檔的麥格啤酒，可是喝比較便宜啤酒的人，也改喝變得好像沒那麼貴的百威啤酒，所以銷量平衡。總結來說，安海斯－布希公司比同業早一步想出這一招。

「引力效應」不斷地被運用在市場上。1961年，寶僑公司（P&G）推出幫寶適紙尿褲。原先幫寶適的競爭對手是布尿布。紙尿布看起來方便多了，但是價格也貴很多。1978年，寶僑公司推出更高價位的儷兒（Luvs）紙尿布。除了穩固高檔紙尿布的市場地位，儷兒紙尿布也形成一種對比，說服家裡有寶寶的家長們，幫寶適紙尿布其實沒那麼貴。

到了1990年代中期，情勢改觀了。所有父母都改用紙尿布，

除了少數對環保意識比較敏感的人。寶僑公司決定是時候使出低價「誘餌」。自1994年開始，儷兒被重新定位成平價品牌。

26
便宜的 Prada

認為高單價商品確實有其供需市場，是一種錯覺。

💰

　　Prada精品店的經理們都知道一種心理物理學上稱做「錨點」的術語。奢華的交易，就表示有單價高得不像話的商品，但這主要是操控消費者的手法。這些陳列販售的高價商品就是「錨點」——沒人買也無所謂。其實只是要擺著做對比用的。這些高價商品讓其他商品在相較之下，變得好像讓消費者能負擔得起。「這是從十七世紀就存在的一種策略，」昂德希爾最近提到。「如果賣一件物品給國王，宮廷裡的每位大臣絕對不能購買比國王手中更高價的物品。有個500美元的包包放在展示櫥窗裡，但是你帶走的卻是一件T恤。」

　　這種策略以現代來看，可比喻成要價5位數（美元）的手提袋和7位數（美元）的腕錶。自1930年代最慘的經濟衰退期開始，Ralph Lauren販售一款要價1萬4000美元的鱷魚包。愛馬仕（Hermes）有一隻要價33萬美元的腕錶，甚至還有更誇張的，御博錶（Hublot）有一款腕錶，「由322顆黑鑽鑲滿錶身」（被黑鑽

鑲滿在上頭的是18k白合金）。誰會花100萬美元買一隻腕錶？那正是你要捫心自問的問題。後續的問題來了，你會願意花多少錢買一隻真的好錶？這些問題跟「錨點」實驗的問題很類似，而且大概得到的結果也很一致。

「錨點」標價，就像心理學家史帝文斯讓人眩目的「黑也能看成白的」實驗[2]，會使人覺得買這些高單價的商品似乎很划算。高單價商品其實也可以成為一種「暗示」，告訴消費者某人必須付出那樣的金額才能得到它們（不然幹嘛陳列出來）。這不盡然是正確的結論。

御博錶只打造一隻100萬美元的腕錶（還特別強調是特別訂製款）。愛馬仕有兩隻要價33萬美元的腕錶，也有超高檔的手提包，但都只在旗艦店陳列。大家認為這種高單價商品確實有其供需市場，然而其實這是一種錯覺。這全都是時尚雜誌和名人報導推波助瀾的結果。美國女演員伊娃・朗格利亞（Eva Longoria）被狗仔拍到手提Coach的「米蘭達」包，而且還是最新的藍色蛇皮款！不管她是否自掏腰包照訂價結帳，都不是重點。

在經濟最蓬勃的時期，奢華精品店的存在，是為了說服唯物主義的追求者，讓他們更肆無忌憚地揮霍無度。感官邏輯行銷顧問公司（Sensory Logic）的行銷顧問丹・希爾（Dan Hill）說，成功的商店會以高單價商品引發顧客「喜怒交雜」的情緒。財務狀況屬中上程度的顧客會有怒氣，因為買不起店內的特色商品，以

---

2. 此實驗為將一間房間的燈光全部關閉，只留下一張白桌在房間中央。此時肉眼看到最清楚的物體是白桌。接著實驗者將一盞聚光燈照向桌子，桌子瞬間變成黑色。此實驗的奧妙是原本的白桌其實是「灰色」，實驗者將一盞罩著用白紙做成的紙環的聚光燈照向桌子邊緣，由於對比的關係灰桌瞬間變黑。

致跟不上名人腳步而感到厭煩。他們的直覺反應就是要讓自己變快樂，所以自然就會轉而挑別的商品買。

行為訂價的其中一個關鍵，就是賣不出去的商品可以引發一些效應。特沃斯基喜歡引用以下這個例子。居家用品零售商威廉斯索諾馬，以高單價高品質商品為市場導向，店內曾展售一款要價279美元的全自動麵包機。之後又追加尺寸再更大一點的款式，售價429美元。猜得到結果如何嗎？

結果429美元的麵包機銷量很悽慘。除非你經營寄宿學校，否則誰會用到那麼大台的麵包機？但是279美元的麵包機銷量則逆勢加倍成長。顯而易見地，該公司販售的高品質全自動麵包機很受顧客青睞，但價格是唯一的絆腳石。279美元似乎太貴，可是一旦加入一款更貴的麵包機，這樣的價格就不再讓人覺得太浪費錢，反而會讓你把價格合理化。一台幾乎跟429美元的麵包機功能一模一樣的高品質麵包機，只要279美元。多加入另一個參考點，即便沒有人買帳，卻能提高顧客願意花在買一台麵包機的金額。

就特沃斯基的了解，威廉斯索諾馬當初打的不是這種如意算盤。從這個例子之後，零售商又更了解「對比效應」對價格的影響。以休伯和普托的研究為基礎，特沃斯基和伊塔瑪・賽門森（Itamar Simonson）在1992年的論文裡，制定了兩條操控零售價格的法則。

法則一：「極端厭惡」（extremeness aversion）。他們進行全面性的勘測（包括相機、鋼珠筆、微波爐、輪胎、電腦、紙巾），

結果顯示顧客在不確定的情況下，會避開購買價格最貴或最廉價；品質最好或最低劣；尺寸最大或最小的商品。多數人偏愛介於中間值的選擇。因此，若是想賣掉800美元的鞋子，就擺一些1200美元的在旁邊。

「『對比效應』普遍存在於感知與判斷裡，」賽門森和特沃斯基寫道。「同一個圓形，加入小圓就會讓原本的圓形顯得大；而加入大圓就會顯得小。商品也有類似情形，在其他商品較無吸引力的背景下就顯得迷人；反之，就顯得不迷人。我們認為『對比效應』不只能應用在如大小或吸引力這種獨特屬性上，也能應用在屬性之間的交換。」

這導引出第二條法則：「取捨對比」（trade-off contrast）。你走進一家皮革手提包專賣店，但是店內陳列的商品以任何人的標準來看，都不算是最好的狀態。手提包有比較實用款的、稍有設計感的、顏色較特殊的，還有一款是打六折。「極端厭惡」的顧客對如此豐富的選擇感到不安。害怕自己選了A，然後又改變心意選B……

「取捨對比」係指，當物件X明顯比Y還優時，顧客傾向購買X——甚至在不確定X是否為全部商品裡最優良的選項時，也是如此。X明顯優於Y的事實即是X的賣點，且這個理由對於購買決定有著大比重的影響。很顯然，消費者會試著購買可接受檢驗的商品，以減輕某人的責難（不管對方是自己、朋友，或者是那位會查看信用卡帳單的配偶）。消費者將說服自己選X，只因為它看起來比Y好太多了。

「取捨對比」對於奢侈品消費行為中更是顯著，尤其是對擁有旗艦店，以獨家展售自家商品的知名大品牌。大品牌在商品的訂價上擁有很大的彈性空間（渴望擁有一雙Jimmy Choo高跟鞋的人，不太在乎他牌同款鞋賣多少）。SKP的價格顧問，常發現自己好像不斷在斥責客戶將產品訂價設得太低。「奢侈品的價格跟任何型式的成本，皆無直接關係，」這是SKP某份行銷報告中的一句話。「奢華品的訂價藝術，在於量化商品對消費者的價值，無關成本、競爭對手，或是到底同款商品在市場上賣多少錢。」

　　Coach只分配給旗艦店一至兩個超高檔包包款式。這種包包傲視群雄的展示著，高檔的價位加上明顯的「Coach」品牌字樣，簡直就像一張象徵高雅貴氣的執照。Coach並未賣出很多這種包款，不過該牌大概也樂於一個都沒賣出。舉例來說，Coach有一個要價7000美元的鱷魚皮手提包，也有一個外觀十分相似的2000美元鴕鳥皮手提包。沒幾個人猜得出來哪個是7000美元或2000美元。而且，一定有些人認為鴕鳥皮比鱷魚皮獨特。

　　要使「取捨對比」發揮效用，另一個選項就必須是「次級的」。因為幾乎每個人都在乎價格，Coach的顧客也不例外。價格高得莫名奇妙的商品，就是「次級的」選項。7000美元的手提包，增加顧客對2000美元相似款式的渴望（這個包包沒那麼貴，而且都是Coach），而讓2000美元鴕鳥手提包的銷量增加——若以加入更低價位商品的方法來做對比，就可能讓2000美元的價格顯得太昂貴、太蓄意哄抬價格，造成顧客反感。

　　流行產業的實際狀況，十分符合賽門森和特沃斯基提出的兩條法則。最流行的款式總是昂貴、不舒適、怪里怪氣、過分誇

飾。少數幾個身材和銀行帳戶都達完美境界的人，才會買這種商品。一般人就安於舒適度稍高、價格較親和的商品。如果整間店盡是遙不可及的商品，就能操控大量的消費者。

Prada深信情境設計的效用。Prada不惜重金請來荷蘭建築師雷姆・庫哈斯（Rem Koolhaas），替每平方英尺租金就超過1700美元，位於紐約蘇活區的門市做設計，該門市營收跟租金差不多打平而已。除非有特殊理由，否則店內的高檔精品不會陳列在隨手可觸及的地板空間。「取捨對比」是做生意的部分成本，如以廣告或櫥窗展示高檔精品，或是打著「本店是由明星建築師操刀設計」的宣傳。店內不乏用來當做「錨點」的高檔精品1/10價格的類似商品。找不到那種商品的人，也總是能選購一副300美元的太陽眼鏡，或是買個110美元的手機吊飾。英國的Prada官網標示了各種商品的價位（甚至還換算了世界主要貨幣的匯率）。網站提供10款女鞋、23款手提包，以及54種「禮品」——小東西，像是鑰匙圈、手環吊飾、高爾夫球座座架。

一個要價60歐元的手環吊飾，帶給Prada的利潤想必十分驚人。

27
菜單心理學

100美元的漢堡，讓人覺得50美元的牛排很實惠。

💰

　　「美國名廚丹尼爾・鮑勒德（Daniel Boulud）在曼哈頓的餐廳，推出一份訂價100美元的神戶牛排漢堡搭配松露巧克力的組合餐，」餐廳價格顧問歐戴爾（Brandon O'Dell）說，「可能有人每週光顧一次，然後把100美元揮霍在一個漢堡上。但是這個漢堡的存在重點不是要靠它賺錢，是要突顯菜單上其他餐點的相對便宜。看到菜單上有100美元的漢堡，就會讓人覺得50美元的牛排其實很實惠。」

　　鮑勒德以餐廳菜單上各種荒腔走板的訂價出名。2001年，鮑勒德的餐廳開始以令人咋舌的28美元，販售一款漢堡（以文火燉煮的肋排和肥鵝肝醬）。這項創舉招來許多新聞報導和輿論，以及模仿者。之後鮑勒德再玩更大，把20公克黑松露（當季盛產時）加入漢堡，要價150美元。其中一位模仿他的業者，紐約華爾街漢堡館（Wall Street Burger Shoppe）則是推出神戶牛排漢堡搭配25公克松露和金箔的套餐，要價175美元。

附屬於大飯店裡的餐廳沿用這個構想，認為住得起曼哈頓飯店的人，一定口袋滿滿是錢可揮霍。帕克艾美酒店（Le Parker Meridien）內諾馬餐廳的菜單上，就有一客要價1000美元的魚子醬龍蝦歐姆蛋；威斯汀飯店（Westin）也有要價1000美元的松露莓果貝果套餐。餐廳把這些大約一般上班族一個月薪水的餐點放到菜單上，而且也不用多花什麼成本。如果哪天真的有人點了這種餐點，那就是廚師的幸運日了。不過，1000美元的餐點，主要的作用在施展魔法，讓顧客不知不覺中點了比以往還貴的餐點。這個影響是無意識的，但是其真實性無庸置疑。

「像美式休閒餐廳Chili's 和Applebee's這類充分運用科學研究成果的餐廳，去那些餐廳用餐時，注意他們是怎麼吸引你購買他們想賣的餐點，相信我，這可是暗藏玄機。」專門替餐廳重新設計菜單的顧問勞畢（Jim Laube）說。

Sizzler、Hooters、TGI Friday's、Olive Garden這四家連鎖餐廳──無論餐點好不好吃──他們的菜單設計，都屬於應用菜單科學的佼佼者。以心理學設計菜單的目標，就是要引起顧客注意對業者來說有盈利的品項。美國餐飲界慣例會將菜單品項分成星星、拼圖、犁田馬和狗四個等級。星星，代表最受歡迎且高利潤的餐點──換句話說，就是顧客願意花比成本多的價格購買。拼圖，代表高利潤但不受歡迎的餐點；犁田馬，代表受歡迎但沒有利潤的餐點；狗代表既不受歡迎也沒有利潤的餐點。菜單設計顧問會試著把拼圖升級為星星、把顧客輕輕推離犁田馬，並試圖讓大家認為菜單價格實際上比看起來的合理。

在菜單設計上常使用一種技倆──「括弧」。像是牛排這種高

價位的品項，都會有分量大小可供選擇。顧客並不知道大小分量實際相差多少。他將會認為點小分量的享用即可，因為……價格較低。事實上，「小分量」牛排才是餐廳真正想賣的，你認為的「較低價格」，也正是餐廳想收取的金額。「如果在菜單裡其中三個品項提供『括弧』內二擇一的選項，真的有加分的效果。」菜單顧問卡瑪（Tepper Kalmar）說。

「搭售」（Bundling），是照理來說一次多買幾個反而比較划算的技巧。我們可以從速食餐廳的「套餐」，和時下流行的「分享餐」組合看到這種技倆。大家都知道有一堆刺激你買額外副食的優惠。漢堡搭配薯條和汽水的套餐，只要比單點漢堡多幾美分而已。所以你大概會捨棄單點，改買套餐。「只要把第三個品項做點小折扣，整體毛利就會上升。」卡瑪說。

「搭售」之所以有效的另一個原因，是因為能混淆消費者。餐廳的分享餐，能讓顧客不會因為只吃到兩顆扇貝就要付13美元而生氣。消費者變得很難介定菜色的價格太高或太低。

不過「搭售效應」（bundling effect）會因為顧客光顧頻率高，逐漸熟悉自己喜愛的組合與價格之後，慢慢失效。有鑑於此，連鎖速食餐廳的菜單永遠不斷在更新。提供新的主菜，舊有菜色就稍做改變或撤下。有時甚至能幫您免費加大餐點。想吃薯圈圈嗎？你已經買不到跟上一次的套餐一樣的東西了，也無法精確地去比價。

當所有招術都用盡時，卡瑪要餐廳老闆開發一些漲價「機會」。基於某個研究的發現，結果顯示業者該公開責怪那些害他不得不漲價的人。必要時，卡瑪還建議餐廳貼出公告，說明「由

Pastis 法式餐廳菜單

PASTIS
CAFÉ, LIQUEURS & BIÈRES DE MARQUE — CUISINE TRADITIONNELLE RECOMMANDÉE
CAFE - COMPTOIR - RESTAURANT

COCKTAILS AU PASTIS
LA TOMATE 9.00 — Ricard, Cherry Syrup
LE FEU ROUGE 13.00 — Absolut Pepper Vodka, Ricard, Fresh Lemon Juice
LE SAZERAC 13.00 — Bourbon, Fresh Lemon Juice, Cassonade
LE PERROQUET 9.00 — Pernod, Mint Syrup
L'AMANDE PASTIS 9.00 — Ricard, Almond Syrup, Soda Water

PLATS DU JOUR
Lundi: CONFIT DE CANARD
Mardi: COQ AU VIN
Mercredi: TROUT LE SEACH
Jeudi: LOBSTER RAVIOLI
Vendredi: BOUILLABAISSE
Samedi: PRIME RIB
Dimanche: CHICKEN POT PIE

HORS D'OEUVRES
Onion Soup Gratinée ... 10.00
Fresh Arugula Salad w/Parmesan & Lemon ... 10.00
Frisée Aux Lardons w/Bacon & Soft Poached Egg ... 13.00
Mixed Green Salad ... 8.00 w/Goat Cheese ... 10.00
Chicken Liver & Foie Gras Mousse ... 13.00
Roasted Beet Salad w/Mache, Blue Cheese & Walnuts ... 13.00
Sea Scallops Provençal ... 14.00
Pastis Caesar Salad w/Bacon ... 13.00
Steak Tartare ... 14.00
Oysters on the Half Shell ... P/A
Shrimp Cocktail ... 14.00
Fried Calamari w/Harissa Mayonnaise ... 13.00
Pissaladière Niçoise w/Caramelized Onions, Olives & Anchovies ... 12.00
Haricots Verts Salad w/Sheep's Milk Cheese & Pecans in Sherry Vinaigrette ... 13.00
Warm Goat Cheese "Potatou" ... 13.00

SALADES ET SANDWICHS
Grilled Chicken Paillard ... 18.00
Seared Tuna Niçoise ... 18.00
Grilled Vegetable Salad ... 16.00
Croque-Monsieur ... 14.00 Croque-Madame ... 15.00
Mediterranean Tuna Sandwich ... 14.00
Sliced Steak Sandwich w/Onions & Gruyère ... 18.00
Hamburger 15.00 ... w/Cheese 16.00 ... à Cheval 16.00
Omelette aux Fines Herbes w/French Fries ... 15.00

ENTREES
Skate au Beurre Noir ... 22.00
Seared Organic Salmon w/Shallots, Mushrooms & Spinach in Balsamic ... 26.00
Fish and Chips w/Tartar Sauce ... 18.50
Monkfish "Gros Rouge" w/Celery Root Puree & Braised Endive ... 24.00
Grilled Mahi Mahi w/Vegetable Cous Cous, Red Pepper & Harissa Coulis ... 22.00
Half or Whole Roast Lobster w/Garlic Butter & Fries ... P/A
Heritage Pork Porterhouse "Five Spices" w/Spinach, Root Vegetables & Onions ... 25.00
Steak Frites w/Béarnaise ... 32.00
Braised Beef w/Glazed Carrots ... 22.00
Roasted Chicken "Grand-Mère" w/Potatoes, Onions, Mushrooms & Bacon ... 24.00
Moules Frites au Pernod ... 19.00
Rack of Lamb Roasted in Dijon Mustard w/Flageolet Beans & Carrots ... 34.00
Pastis Bar Steak w/Béarnaise or Maître D' Butter ... 23.00
Tripes Gratinées ... 19.00
Fish of the Day ... P/A

PATES
Penne Puttanesca ... 16.00
Macaroni Gratin ... 15.00
Homemade Mushroom Ravioli w/Walnuts & Spinach ... 18.00
Linguini w/Cockles & Garlic ... 16.00
Spaghetti Bolognese ... 18.00

GARNITURES
Légumes Verts ... 8.00
Carottes Vichy ... 8.00
French Fries ... 8.00
Gratin Dauphinois ... 8.00
Broccoli Rabe ... 8.00

CARAFE MAISON
BLANC
RIESLING — verre 12.00 / demi 21.00 / carafe 27.00
MÂCON-VILLAGES — verre 10.00 / demi 17.00 / carafe 22.00
ROUGE
BORDEAUX — verre 11.00 / demi 19.00 / carafe 24.00
CÔTES-DU-RHÔNE — verre 9.00 / demi 15.00 / carafe 20.00

BREAKFAST	TOUTE LA SEMAINE	8:00 AM - 11:30 AM
LUNCH	MONDAY-FRIDAY	12:00 PM - 6:00 PM
DINNER	TOUTE LA SEMAINE	6:00 PM - 12:00 AM
SUPPER	SUNDAY-WEDNESDAY	12:00 AM - 1:00 AM
	THURSDAY	12:00 AM - 2:00 AM
	FRIDAY SATURDAY	12:00 AM - 3:00 AM
BRUNCH	SATURDAY SUNDAY	10:00 AM - 4:00 PM
TAKE-OUT & DELIVERY	MONDAY-FRIDAY	12:00 PM - 11:00 PM
	SATURDAY SUNDAY	6:00 PM - 11:00 PM

20% gratuity added to parties of 6 or more
EXECUTIVE CHEFS Riad Nasr & Lee Hanson
CHEF DE CUISINE Pascal Le Seac'h

於瓦斯費、能源成本、農產收成欠佳」（隨你怎麼胡謅）的因素，迫於無奈必須「暫時」漲價以反映成本。

　　一份能操控顧客的菜單，通常最重要的元素就屬印刷格式。上圖是一份Pastis法式餐廳菜單，還有下頁是Union Square餐廳的菜單。這兩家都是紐約市的人氣餐廳，以菜單顧問的專業來看，Pastis餐廳的菜單沒有一項合格，而Union Square咖啡廳則是大致上都做得很正確。舉凡所有菜單最常犯的錯誤，就是把價格整齊劃一對齊好，如同Pastis餐廳的菜單。結果讓菜單活像一張價格清單。顧客會直接找最便宜的品項，而不是先選好想吃的菜色，再決定價格是否值得。

　　Pastis餐廳的菜單也使用了引導點（leader dots）。引導點的目

Union Square 餐廳菜單

Pan-Roasted Cod with Aromatic Vegetables, Blood Orange-Lobster Broth and Black Olive Oil   30

Grilled Wild Striped Bass, Gigante Beans, Roasted Onions and Romesco Sauce   31

Seared Sea Scallops, Brussels Sprout-Bacon *Farrotto* and Black Trumpet Mushrooms   31

Pan-Roasted Giannone Chicken, Anson Mills Polenta, Root Vegetables & Swiss Chard Pesto   27

Crispy Duck Confit, Fingerling Potatoes, Cipollini, Bitter Greens & Huckleberry *Marmellata*   29

Grilled Lamb Chops *Scotta Dita*, Potato-Gruyère Gratin and Wilted *Insalata Tricolore*   35

Grilled Smoked Cedar River Shell Steak, Vin Cotto-Glazed Grilled Radicchio and Whipped Potatoes   35

Winter Vegetables – Fennel *Parmigiano*, Grilled Radicchio, Lentil Farrotto, Fried Polenta and
Pesto Root Vegetables   26

的是要將顧客的目光，從品項對照至價格——也的確讓顧客「只」在乎價格。

可是這絕對不會是餐廳想達到的目的。來店裡用餐的顧客若只依價格考量點餐，對餐廳無益。西雅圖市的菜單價格顧問拉普（Gregg Rapp）告訴客戶，想要將價格敏感度減至最低程度，菜單上就不該使用引導點、金錢符號、小數點，以及美分。以上幾點，Union Square餐廳的菜單皆具備。不用傳統菜單的固定排版方式，直接以置中對齊的方式，不讓價格整齊並列在一起。顧客並非無法檢查價格，只是這樣的方式能讓多數人依照餐廳提供的資訊詳讀菜單。這種菜單是在說：「把注意力放在餐點上，而不是價格。」

下頁是紐約Balthazar海鮮餐廳的近期菜單。雖然有太多價格整齊標示，但是菜單裡仍運用了一些複雜精密的菜單心理學。

一般用餐者在翻開菜單後，目光會先移到右上方。Balthazar餐廳十分小心地處理這個區塊：置入一個圖片來吸引顧客目光。接下來，目光通常會往下游移至頁面的中間位置。菜單顧問用這個菜單上的精華區域，置入高利潤品項與價格「錨點」品項。在

這個例子裡，「錨點」是菜單中間右邊110美元的Le Balthazar海鮮盤。心理學家說，「對比效應」對刺激物附近的事物影響最大。每個人都會不禁納悶菜單上是否適合有這種價位的菜色，不過菜單顧問們可是信心滿滿。他們建議把高利潤品項，安排在高價位「錨點」上下左右毗鄰位置。110美元海鮮盤的真正目的，大概是要誘導顧客把錢花在左邊65美元的Le Grand豪華海鮮盤，或是下

紐約Balthazar義式海鮮餐廳菜單

BALTHAZAR SALAD *with haricots verts, asparagus, fennel, ricotta salata and truffle vinaigrette*	14.00
ESCARGOTS *in garlic butter*	14.00
SHRIMP RISOTTO *with celery root and rosemary*	14.00/21.00
BRANDADE DE MORUE	11.00

方分量較為適中的海鮮盤。

　　將菜單中置入一個框格來吸引顧客的注意力，而顧客通常也都會點購框格裡的餐點。15美元的調味蘸蝦開胃菜，也算實惠嗎？跟110美元的海鮮盤相較之下……嗯，很實惠呀！精緻的框格則更加分。菜單底部的精緻花邊框格，大概屬於高利潤但不受歡迎的「拼圖」商品。

　　另一種帶動銷售利潤品項的方法，就是利用文字敘述和照片。照片是最有效刺激點購餐點的方式，同時也是讓菜單不易變更的一大禁忌。菜單置入照片的方式，廣泛用在Chili's和Applebee's這類型的連鎖餐廳。如果遇到自稱美食家的顧客，在菜單放上餐點照片簡直是死路一條。甚至連Red Lobster連鎖餐廳最近在提升餐廳形象時，也認為必須撤下餐點照片。Balthazar餐廳菜單上的可口海鮮盤圖畫，以這種價位水準的餐廳來說，大概就是它能提供的圖示極限了，主要用來吸引顧客對兩個最貴品項的注意力。

　　拉普不認為自己的任務是要剔除沒利潤的主菜。「我們不想把沒利潤的主菜從菜單上剔除，因為這樣一來恐怕會流失客群，」他說。取而代之的是，將以上建議反其道而行即可，這樣就可以使顧客「極度輕視」該品項──移除框格、放到超不顯眼的位置。Balthazar餐廳的菜單就有用到這一招，菜單上仍保留超不顯眼的漢堡品項，以及不知所謂何物的神祕奶油鱈魚烙。

28
便宜黃牛票，買不買？

當商品的價值要比價格來得低時，就會詮譯成是種騙錢手段。

　　美國全國橄欖球聯盟（NFL，下文以此代稱）每年以「面值」賣出500組套票（兩張一套）。以目前行情來看，單張門票大約是400美元（套票800美元），而且縱使對於那些不太熟悉此運動的人來說，這也算是很便宜的價格。若是要在拍賣網站上尋找網友轉售的球賽門票，票價直接從2000美元起跳，喊價到6000以上的更不在話下。

　　不過以面值買到票的機率微乎其微，而且申請作業程序繁瑣。購票申請必須以「打字」書面申請（他們有聽過電腦這個東西，對吧？）然後在每年2月1日至6月1日期間，以掛號方式郵寄至NFL紐約辦公室。他們會在每年10月舉行抽獎。近年來，每年大約有3萬6000位球迷申請購買球賽門票，這表示幸運中獎的機率大約是1/70，一些刮刮樂彩券的中獎機率還比這個高。為什麼要搞成這樣呢？在NFL公關副總艾羅（Greg Aiello）的認知裡，抽獎是為了設立「公平且合理的價格」。

這不像聽起來的那麼虛偽。NFL的做法完全符合學者對「公平」的研究，顯示採用抽獎方式與整個操作方向，是比自由市場裡哄抬高價還來得更公平。在自由市場裡的超級盃球賽門票市價，只有口袋夠深的人才負擔得起。SKP所做的一份調查報告指出，運動賽事售票的模式「實際上強烈渴望『非線性訂價』結構」，這讓同一張票有各式不等的價格。

普林斯頓大學的經濟學家亞倫‧克魯格（Alan Krueger），成功以面值買到門票，也立即對球迷展開調查。他發現一個驚人的事實：在他調查的球迷裡，大約有40％拿到免費的票，只有20％的人以高於面值的價格購買。

怎麼可能發生這種事？NFL說明每場賽事75％的超級盃門票是分配給聯盟各球隊，而絕大部分是分配給對戰的兩支球隊。球隊可以自行決定轉讓或轉賣。大部分球隊會把票留做抽獎之用，抽出有購票資格的球迷，而且特別限制持有長期季票的人申請購買。剩下25％的票，是由NFL自行分配，幾乎都是拿來贈與貴賓、媒體和慈善團體。NFL當然要對這些人大方一點，有60％收入都是從電視轉播許可權利金來的。

克魯格最驚人的發現是，實際上，沒有人想以市價買賣超級盃球賽門票。球迷凱倫擁有巴爾的摩烏鴉隊（Ravens）的季票，她告訴克魯格她與先生一同前來看球賽是因為抽獎抽中，而且是以低於市價很多的價格買到票。克魯格問她若是當時有人出價每張4000美元要跟她買，她是否願意賣呢？想都別想，凱倫堅定的說。當烏鴉隊以17：0領先紐約巨人隊時，凱倫說：就算每張票要用5000美元跟我買，我也不賣。

克魯格調查以面值（當時單張是325美元）買超級盃球賽門票的球迷，是否願意以3000美元轉賣，93％表示不願意。顯然地，票的價值不只是在金額多寡。讓球迷選擇要3000美元現鈔還是一張球賽門票，大家都會選擇後者。克魯格也要球迷試想自己弄丟面值買到的票：你願意以3000美元再買嗎？球迷們口徑一致表示不願意。這麼說來，球賽門票沒有市價的價值。超級盃是某種強烈的無價意識：無法以任何面向的金錢評估來解釋球迷的答案。

NFL曾有門票不足以販售給熱切渴望買到票的球迷的經驗，與2007年美國偶像歌手麥莉‧希拉（Miley Cyrus）的巡演情況相似（許多「孝子」父母搶破頭，抓住任何買到票的機會）。55個巡演城市，票價大約訂在25至60美元，官方購票網站的門票早就秒殺。極大部分的票流入職業或業餘黃牛手中。價格一下翻漲10倍也早已見怪不怪。麥莉‧希拉歌迷俱樂部會員提出一項團體訴訟，因為他們得到的說法是只要繳交年費29.95美元入會，就保證能順利買到巡演的票，可是他們根本不得其門而入。

一則網路貼文也演變成法律案件：「媽媽要是不幫我買到票，我就死給她看！」廣播電台則把票拿來當成競賽獎品。一名女性為了獲得演唱會的票，參加散文大賽獲勝，內容寫的是女兒的父親在伊拉克慘遭路邊放置的炸彈炸死（根本沒這回事）。以翻漲率來看，所有賣黃牛票的人全加起來，一定賺得比麥莉‧希拉的歌迷俱樂部和迪士尼來得多[3]。可是一張票值多少錢呢？所有拍

---

3. 麥莉‧希拉因演出迪士尼出品的青少年情境喜劇《孟漢娜》暴紅，此處所提及的演唱會即為2007年舉辦的「孟漢娜巡迴演唱會」。

賣網站上的價格都過高（沒去搶票的父母的說法）。無價（買到票，感到無比幸運的父母們會這麼說）。

　　曾有售票業者試圖冒險打破公平法則。美國搖滾歌手布魯斯・史普林斯汀（Bruce Springsteen）2009年的巡迴演唱會，唱片公司委任的售票系統Ticketmaster，把售票網頁導至專門做票券轉售服務的TicketsNow網站，而這個網站也正好是Ticketmaster獨資的子公司。因此，史普林斯汀早已「完售」的演唱會門票，已在TicketsNow網站蓄勢待發——價格飆漲至1600美元。歌迷黛安說，她同時從兩台不同電腦登錄至Ticketmaster網站，只要一有票售出，就會立刻被導引至黃牛票網站。史普林斯汀對此盛怒，這讓Ticketmaster發言人不得不出面做做樣子，虛情假意地道歉，承諾不會再發生這種情況。紐澤西的總檢察長也承諾會好好調查。真的很妙，歌迷對高價的反應（他們壓根不想付的價格），比錯過演唱會的反應更激烈。

　　這種自相矛盾的情況並不只在娛樂票券的例子上才會見到。試想飯店房間裡常見的迷你冰箱，裡面有堆到快滿出來的可口小點，而且訂價是你瘋了才會願意付的價格。當價格是唯一考量時，你就會直接忽略迷你冰箱裡放了些什麼（太貴了，同樣的東西，在飯店裡的價格就是高昂）。問題是，有時你在結束忙碌一天的出差行程之後，已經又累又餓，再加上身處異鄉，你會覺得這時沒有比吃一包巧克力碎片餅乾更能撫慰你的身心。但放在迷你冰箱裡要價8美元、還要外加消費稅的巧克力碎片餅乾卻讓你卻步。你大概會經歷內心的天人交戰。一方面，你想不計代價吃

掉餅乾；另一方面心裡又憤恨地想著，應該要有條懲治一塊餅乾竟要價8美元的法律。

有些朋友會說，就吃下那塊貴死人的餅乾嘛。當你不買自己想要，而且輕易就能負擔得起的東西時，節儉儼然就成了小氣。但即便再怎麼揮霍無度的人，都發現自己對這個說法難以從命。這是原則的問題……

塞勒以「交易效用」（transaction utility）的概念來解釋這種現象。當消費者認為商品的真正價值比賣價還高時，購買就有成正數的「交易效用」。白話地說，就是「划算」，每個人都喜歡自己占到便宜。當察覺商品的價值要比價格來得低，就會詮釋成是一種騙錢手段，「交易效用」呈負數。塞勒要表達的重點是，消費者決定購買與否，基本上可以「交易效用」這項概念來說明，或者這麼說，僅只是單單你肯付出多少，交換你心中的渴望。

「交易效用」有兩個邏輯上的必然結果，而且都似曾相識。有時一樁感覺上很好的交易，結果卻導致消費者買了完全用不到的垃圾。例如找名人站台的購物頻道、工廠的暢貨中心、大清倉、結束營業大拍賣、免稅店，都是拜這個心理學研究成果所賜才生意興旺。另一個結果則是如面對迷你冰箱和超級盃門票的兩難。消費者有時試圖不去理會自己想要，而且又負擔得起的東西，因為內心的聲音告訴自己，「這是在騙我的錢！」要不然就是抱怨價格，而且是抱怨自己不管怎樣都不願意付那樣的價錢。在自由市場裡，價格隨你愛怎麼訂——那是虛偽的邏輯，這一切都是感受的問題。

在塞勒的實驗模型裡，他主張消費者會有兩種心理狀態。最

近已被證實這個說法幾乎完全正確，我們可以藉由「最後通牒賽局」實驗裡的精密大腦掃描研究來闡述。回應者面對提案者提議可獲得銷售超級盃門票，或者迷你冰箱裡的小點心之類的難題。提案者提議每賺得10美元，就分出1美元給回應者。一方面這1美元是不勞而獲的錢財，而打從出生以來，人們就被訓練要抓緊朝著自己飛來的錢。另一方面又覺得從10美元裡才分到1美元，是一樁不公平的交易。對多數美國西部的人來說，會認為這是比較屬於不公平的交易，而不是不勞而獲的錢財，所以會否決。

由普林斯頓大學的亞倫・桑菲（Alan Sanfey）與同事在2003年從事的一項實驗裡，勇敢的受試者必須在頭保持固定不動的姿勢，躺在核磁共振成像掃描機裡的同時，進行「最後通牒賽局」的實驗。這項實驗揭露了當人類得到公平的提議時（從10美元裡分到5至4美元），大腦啟動不同區域的反應，是比得到非常不公平的提議（只分到1至2美元）時來得更多。不公平的提議，啟動經由痛楚和臭味引起反應的大腦葉皮脂活動，也啟動負責計畫與決策的前額葉區域。這似乎代表著內心深處對不公平的抗議，與渴望接受意外之財之間的衝突。有一篇文章談論關於這項研究，「事實上，不公平的提議會啟動腦島（insula），以言詞陳述就像『我對遭受如此待遇深感厭惡』，就是這麼白話，沒有什麼隱喻——真的就是純粹感到厭惡。」

29
留一手：製造高潮更好賣

贈品或是買一送二的銷售手法，會讓人產生衝動購買慾。

$

1978年，廣告商亞瑟・西夫（Arthur Schiff）接下一個沒有同業想接的案子，他必須替俄亥俄州弗里蒙市生產製造的廉價刀子，設計一則商業廣告。西夫替商品取了一個亞洲味十足的品牌名稱，「金廚」（Ginsu）。他製作了一則總長兩分鐘可在電視節目空檔定期播放的商品資訊廣告，也從此設立了未來商業購物頻道的雛形。西夫的想像力升級躍進，他不只是賣產品，也要搭順風車賣掉一堆別的東西。「你會花多少錢買一把像這樣的刀？」金廚商業廣告裡的演員問道。「在你回答前，先聽我說幾句：我們甚至還有可搭配使用的叉子，讓你享有愉悅的切肉時光。等等，還有更多、更多的……」主持人馬上又拿出六合一廚房工具組，有成套的牛排刀，還有一具獨特的螺旋切片機。「看到最後，」與金廚有合作關係的艾德・凡勒帝（Ed Valenti）說，「都不知道自己究竟在買什麼。但就是知道不貴。」

金廚的刀子原價9.99美元——還能一併帶回所有剛才看到的

組合──這則商業廣告徹底消除消費者對電視購物的不確信感，因為消費者清楚地知道細節。凡勒帝甚至還替金廚發明了「免付費電話」這個術語。西夫的廣告公司在1984年被美國股神巴菲特的波克夏公司（Berkshire Hathaway）收購之前，公布的營收已達5000萬美元。

商品資訊廣告猶如日本的歌舞伎表演，皆有固定的進行流程。這是有原因的。成功的商品資訊廣告最能激發消費者購買慾。即便產品性質天差地遠，人的天性卻是大同小異。商品資訊廣告的核心準則，塞勒稱為「留一手」。《行銷科學期刊》刊登過一篇塞勒在1985年的論文〈依心理與消費者選擇〉（Mental According and Consumer Choice），闡述消費者如何決定什麼東西值得買，還有以什麼價格買的原創觀點。

塞勒先以「前景理論」說明典型的交易特徵，買賣其中一方對價格讓步（損失），以取得某種價值（獲得）。然而這樣的過程其實對雙方來說都是一種「報酬遞減」[4]過程。一次獲得3萬美元固然美好，但卻不如獲得三次1萬美元那麼美好。因此，分三次收到1萬美元（無預期且有時間間隔）的愉悅感，是比一次收到總額3萬美元更強烈。有三筆收入，你就能開心三次。也就是說，意外之財的實際金額並不如你所想的那麼重要，或者那麼令人在意。

塞勒以康乃爾大學的學生測試這個準則。他提問，以下敘述中誰比較快樂：

---

4. Diminishing returns，在經濟學中，指在投入生產要素後，每單位生產要素所能提供的產量發生遞減的現象。在此處則指愉悅感的遞減。

兩張彩券各中獎50和25美元的A先生；或是一張彩券中獎75
美元的B先生？

多數受試者認為A先生比較快樂，因為他中獎兩次。塞勒由
此推論，商人應花少一點精力來拍胸脯保證自家產品有多棒，而
是應該將這些優點逐一分解，一次介紹一個特色，或是每介紹一
個特色就搭售幾種產品。商業資訊廣告業者早在1980年代就沿
用這個模式至今。在商業資訊廣告裡唯一買不到的，就是單一商
品（任何形式）。

「買一條毛毯附贈小床頭燈的組合是19.95美元，另加7.95美
元郵資和手續費，就能再免費送一組。」如果你只想買一條就好
呢？很抱歉，不是這樣賣的。好事成雙呀！

一款曾在電視購物販售的黏著劑，一次最少要買3.5瓶：「平
常一瓶就要19.99美元，另加郵資8.95美元。可是今天訂購的人有
福了，我們加碼3倍，升級成3大瓶裝！還沒講完，今天訂購我們
會贈1瓶旅行尺寸的以及1瓶無痕美化黏著劑，幫你隨貨附上免
費的省錢導覽冊子。千萬別錯過！」

「神奇小鋼砲」（Magic Bullet）── 形狀像鋼砲的果汁
機──銷售模式也是運用塞勒提出的其中一項準則，並將之發揮
得淋漓盡致到令人生厭。「你會有……高扭力強力底座……交叉
刀片和平刀……高低鋼砲造型杯……」在電視購物上喋喋不休一
口氣講了21個部分和配件，講得好像這是21個不同的果汁機，且
全部都值得買回家一樣。到一個適當時機點，就會加入一些情境
式的描述，「四個有嘴唇造型握把的派對馬克杯，絕對會讓你的

『神奇小鋼砲』成為派對裡的終極武器……我們還有『十秒食譜』以及獨家『贈品』！——果汁機上蓋和榨汁機……」然後就在你認為這可能是在賣單一商品時：「買兩組全配21件組的『神奇小鋼砲』，只要一組的價格！30天內訂購者再加贈脂肪快速燃燒工具書！」

很清楚地，這些都不是在闡述產品價值的重要性，只有竭力推銷的節奏。每個產品特色、贈品或是買一送二的銷售手法，都會讓人產生愉悅的衝動購買慾。願意花錢買整套組合的慾望波濤洶湧，到了看見價格的時候——無論價格如何——看起來也變得差不多是合理的。

30
計費方案，你真的懂？

想找出一個簡單的價格，得花上很多時間。

$

　　價格變得愈來愈惱人。蘋果公司iPhone在2007年上市時，顧客被帳單大小嚇呆了——實體的帳單大小。住在匹茲堡的部落客朱斯蒂娜，她收到的八月分電話帳單是整箱的寄來。只要朱斯蒂娜的iPhone一連上網路，就會列帳，但使用網路是免費的。帳單上有好幾千筆上網費用0元的明細。

　　自從上一個世代，我們大都慢慢接受自己永遠無法搞懂電話費、電信費、網路費（或是三個一起搭售的組合）；機票、租車，以及飯店收取的費用；健康保險、車險，以及壽險的保費；應付給健康俱樂部和鄉村俱樂部的會員費；信用卡帳款與可調整抵押借款的還款方式。價格全被演算法取代。想找出一個簡單的價格，得花上很多時間。

　　SKP把電話帳單複雜化，所以理應受到一些讚揚或責備。SKP提供電信業者T-Mobile、Vodafone、Deutsche、Telekom、Swisscom，以及其他業者的訂價建議。現今電話帳單的複雜性，

有一部分是「前景理論」的複雜哲學基礎。一般業界的想法認為價格就只是個數字，只要一降價，銷售量必定增加，而且有一個特定的X價格能達到利潤最大化。只要解決X的問題⋯⋯SKP的顧問們專業地以價格結構思考。不是只訂出價格，還要有公式來告訴你每位消費者的行為該付多少錢。

顧客通常可選擇是否採用公式計費（「計費方案」）。選擇面值，價格結構很大方。「如果你付固定金額，就可以無限暢打。」更多選項就表示有更多自由選擇的空間，我們的常識告訴我們這是件好事。事實上，消費者既是鐵槌也是鐵砧。這種傾向是建構在給予的選項上，額外的選項也是一種操控。提供附加的計費方案，可能會導致消費者願意花更多錢——或買更多——或兩者皆是——然後消費者就走進了死胡同。

「最佳化」訂價通常表示更複雜化。西蒙敘述德國鐵路公司（Deutsche Bahn）成功宣傳的例子。以推行火車卡（Bahn Card）的方式，讓持卡人享整年火車票5折的優惠。除此之外，這張卡沒有別的用處。你不能只用火車卡搭車，還是得掏錢買票。

火車卡值400歐元嗎？要視情況而定。唯一可以確定的是，經常搭火車的人可以省下一筆可觀的錢。「每年超過300萬人購買火車卡，可說是個大成功，」西蒙寫道。「可是只有少數人知道與正常票價相較之下，何時才會達到損益兩平點。」

不知道損益兩平點，就是二十世紀以後的社會情勢。一本SKP出版的刊物提到訂價的關鍵，就在掌控消費者有限的注意力：

企業需要先回答幾個問題：在顧客的感知裡，什麼是訂價最重要的元素？顧客在審視價格時，目光會被吸引至哪裡？顧客比較注意一次付清、月付，或者是依下載次數、硬體輔助，以及其他元素的資訊。

　　那些顧客注意的元素，也需要有能夠吸引他們的價格，若沒有迷人的價格，顧客的注意力也許很高，但還不到吸引他們購買的程度。在電話通信費多元化的訂價混合方式──從一次付清裝設費用到月付、以分計費（尖峰、離峰、周末時段）、間隔計價（滿每分鐘、每10秒）……等。──以上說明這些複雜訂價方式，帶給人們什麼程度的自由。

　　有了複雜的訂價方案就很難比價（每個方案計費方式不同），而且幾乎預測不到哪種方案結果比較貴。選擇電話方案成了不確定性下的判斷，由「損失規避」和「捷思法」居中調解。

　　「統一價偏見」（flat-rate bias）是心理學訂價裡其中一項最強大的工具，消費者喜歡「統一價」，即便結果是花了更多錢。公益事業消費行動網路聯盟（Utility Consumers' Action Network）在一份2009年的研究裡主張，聖地牙哥市手機用戶，平均通話費是一分鐘3.02美元。這是以總計使用分鐘數平均之後的價格。每分鐘的費用之高，是因為不常講電話的人仍然選擇「統一價」計費方案。

　　塞勒把這個現象解釋成「前景理論」的結果。如同商業資訊廣告把商品切割成許多小部分，不過這是一種逆向操作，要你把損失全掃成一堆。一張90美元的違規停車罰單，沒有比30美元的

罰單糟上3倍。一次收到90美元的違規停車罰單，是比分三天收到三次30美元的罰單來得好。

由於任何產品的費用都屬損失，所以「統一價」這種費用就花得比較沒那麼痛苦。你就一次付清（以計費週期），然後就不用再擔心別的事。「免費」食物是郵輪旅行的大賣點。渡假的人知道支付的旅費包含餐食，而且還不便宜……但是卻僅只感覺是免費的。你不會去計算每條吃進肚子的醃內捲一共要花你多少錢。「統一價偏見」，定義了中產階級的美國人。美國人喜歡擁有自己的房子、車子，痛恨租房子、租車，或是搭乘大眾運輸工具。就只是因為用租的，費用較為顯而易見（結果只會收到一堆租賃帳單！）很多居住在城市的人發現，其實賣掉車子以計程車代步，還比較便宜。但是只要想到連去一趟超級市場就要付15美元的車資，就覺得不合理。沒有人喜歡聽計程車跳錶時發出的「嗶嗶聲」。

很多人認為提供線上影片租賃服務的奈飛公司（Netflix），其成功的關鍵是價格。奈飛提供透過電子郵件完成租影片的程序，也提供各式各樣的付費方案，目前價格在每月4.99至47.99美元。只有最便宜的方案有限制租片次數。假如奈飛公司採單次租片的計費方式，價格就沒有競爭力。理性的顧客會仔細看完奈飛公司的租用條文後，預估自己每月約略會看幾部電影。

學術研究顯示，顧客有太過高估自己對各種服務用量的傾向。而且奈飛公司的顧客通常預期家中收看電視的習慣會改變。有了「免費」的影片，看完後只要放入郵資已付的回郵信封寄回即可，讓大家愈看愈多電影，或是自認為事情會這樣發展。愛看

電影的人會斷定奈飛公司的訂價合理，幾乎到了不惜成本的地步。但是自己願意付多少錢租影片的界線仍十分模糊，就是在如此不明朗的付費意願下，才催生了奈飛公司專攻價格的策略，這是租賃影片實體店面不會做的事。

　　西蒙最喜愛的一個例子，是連鎖電影院讓顧客申辦免費的「會員卡」。卡片會記錄持卡人看電影的次數。持卡人當月第一次看電影要付全額票價，第二次、第三次就可以較優惠的價格購票。這些價格巧妙地激勵客戶「省」錢──多看幾場電影。不過，顧客其實沒省到錢。以「會員卡」方案售出的電影票成長22％，而且平均票價收入也成長11％。該連鎖電影院的獲利成長37％。「如此大幅成長，不可能只是單一面向的價格因素，」西蒙寫道，「必定是透過仔細鑽研新的價格結構，才可能達到的結果。」

　　聽聽當今價格顧問的看法，他們認為目的是設計出能讓每位顧客有最大付費意願的價格結構。資本主義已經呈現一種馬克斯主義式的扭曲：每位消費者視自己的經濟能力付費。這是個令人感到困窘的詭計。這就是我們這個數位時代的未來──把價格方案以如同動畫的柔和形象呈現，深植顧客心中。

31
給了折扣，所以原價賣你

天下沒有白吃的午餐。

折扣沒有任何意義。與其購買之後再打折，何不一開始就以一個較低的價格結帳呢？講求實際的消費者一直有這個疑問，但業者和大部分的人卻對此置若罔聞。較之以往，折扣已發展得更加普及。在美國，差不多1/3的電腦設備，以及超過20％的液晶電視和數位相機都有折扣。搭乘你喜歡的航空公司，累積哩程數就可換得免費機票或升級艙等。刷信用卡消費可享現金回饋，或是該航空公司額外給予的哩程數。汽車則是可以用來當做一種類似「經銷商獎勵」[5]概念的物品，如一些房地產商打出「你買房我送車」的行銷手法。你並不需要有省錢達人的功力，也能在結帳收銀台前獲得三重折扣：一、使用廣告單上的折價券；二、刷超市會員卡再享折扣；三、最後再以信用卡結帳享幾個百分比的現金回饋。

---

5. 以汽車為例，如經銷商讓客戶使用原車廠提供的銷售方案買車，則經銷商根據此銷售方案，可獲得一筆獎勵金。

自二十世紀初，折扣就是一門好生意。1896年，湯瑪士・斯佩里（Thomas Sperry）與許利・哈欽森（Shelly Hutchinson）共同創立S&H公司，在美國發行「綠色優惠券」（Green Stamps）。他們把優惠券賣給商場和加油站，後者將會隨著產品銷售之後免費附贈。消費者要收集這些優惠券，把優惠券貼在免費索取的「集郵本」裡，然後再用集郵本兌換商品（類似台灣超商以集點卡換贈品的方式）。比較委婉的說法是，這個手法是要營造消費者的消費忠誠度。消費者不想換到別的商場消費，因為需要集到一定數量的優惠券才能兌換烤麵包機或體重計。綠色優惠券受歡迎的程度在1960年代達到高峰，當時斯佩里和哈欽森印製的優惠券，比美國郵政管理局發行的郵票還要多3倍，約值8億2500萬美元。

S&H也經營連鎖「兌換中心」，這是一家小型百貨商店，不收現金只收綠色優惠券。這門事業在1970年代開始走下坡，被新興的折扣方案取代，像是累積哩程數和1980年代超市推出的會員卡。於是，斯佩里和哈欽森轉型替網路購物經營「綠色點數」（Green points），不過現在這種集點方式也早已司空見慣。

斯佩里和哈欽森的創舉，也造成了「綠色優惠券症候群」。消費者需要煞費苦心地把優惠券一張張貼在本子裡。擁有一整個抽屜的優惠券卻從未拿去兌換的美國人比比皆是。而未兌換的優惠券，就成了斯佩里和哈欽森的純利潤。

Young America公司與Parago公司各為獨立公司，負責處理絕大部分美國國內的折扣券兌付。在消費圈裡，這兩家公司的風評也比一些胡搞瞎搞的承辦商好一些。「損耗」和「延誤」，都是折扣券業界對折扣無兌換成功的術語，前者指消費者從來沒有把

折扣券送出兌換；後者則指消費者成功送出折扣券而商家開立支票，但消費者卻未去兌現。兩者皆是獲得大量利潤的來源。「這個獲利模式分明是在賭消費者沒有兌換的部分，而只要折扣券沒有被百分之百兌現，那就跟天上掉下來的鈔票一樣。」零售系統分析師羅森布倫（Paula Rosenblum）接受《商業週刊》採訪時表示。

理論上來說折扣券未兌換，折扣券兌付處理機構便不能從中獲利，但它們的客戶能。有一家折扣券處理機構TCA公司，吹噓自家發出的兌現支票不僅少，且實際兌現的支票比例更是低——10美元的折扣券，兌現率不到10％。TCA的宣傳小冊上寫道：「如果您選擇了其他折扣券兌付處理機構，那麼實際的兌換率可能要再加上20％。」（後來TCA把顧客名單賣給Parago，而Parago否認了這番說法。）

按業界規定，折扣券兌換申請時需要有商店收據並圈出價格部分，然後剪下商品條碼（讓商品無法再做退換），還要完整正確地填寫申請表。如有遺漏或未詳細填寫的申請格，兌付處理機構會做「進一步調查」，這是防止缺失的必要手段，但也造成許多消費者放棄申請兌付。該業界提高「延誤」的技倆之一，就是把支票以素面信封郵寄，讓信件看起來像是無關緊要的垃圾信件。你猜這些支票都去哪了？

這也許聽起來滑稽，不過折扣券確實是門大生意。近期做的一項預估顯示，每年商家大約需要提供4億件的折扣券，面值約60億美元。就算兩者都隨便減幾個百分比，也還是龐大數字。而預估未獲得收集的兌換券比例高達40％。

這也許能說明為何企業那麼喜歡提供與折扣相關的活動。但還有一個更令人想知道的問題是，消費者為什麼那麼愛折扣券？從實驗與現實情況兩種角度來看，皆可以確定折扣券會施展一種迷魂咒。人們會傾向購買售價200美元但得到25美元折扣券的印表機，而不是直接買一台175美元的相同印表機。

　　塞勒把折扣券解釋成一種心理物理學上的「套利」。200美元跟175美元感覺上沒差很多，這是第一點。但是在有無折扣之間，在心理學上有極大的差異。多數人偏好有折扣。塞勒將這個現象稱為「慰藉」（Silver lining）法則。他以以下問題來做進一步的說明：

　　A先生的車在停車場讓人給弄壞了。他必須花200美元修車。而車子損壞的同一天，他因為投注運動彩券中了25美元。
　　B先生的車在停車場讓人給弄壞了。他必須花175美元修車。
　　試問，當天誰是最感到心煩意亂的人？

　　多數康乃爾大學的受試學生認為B先生會是最心煩意亂的。雖然不比A先生的財務損失多，但他沒得到25美元的意外之財。

　　如果用常識來解讀折扣券，那麼有一句話說對了：天下沒有白吃的午餐。每件有提供折扣券的商品，就是因為有折扣所以價格也比較貴。根本不需要降價銷售，由於消費者對價格充其量只有個模糊概念，因此他們只能參照標價提供的線索進行比較。所以200美元的印表機被認定比175美元的印表機還要好，其實前者唯一不同的，就只有打折而已。

32
空氣也要錢

我們花錢買空氣。不管價格是多少。

💰

　　加油站洗車場業者大約用2400美元，就能買到一台機器，來使出兩種最厚顏無恥的坑錢詐術。機器一頭賣的是「空氣」，另一頭賣的是「真空」。某家真空抽氣機的製造商，在網站上大言不慚地宣稱「耐用年限長，維修保養需求低，能為您省下很多錢」。空氣和真空的價格，明顯與機器的攤銷成本沒有關係，反倒是跟心理學有很大關係。我們花錢買空氣，是因為彼此達成需付費買空氣的共識。不管價格是多少。那種未經思考的消費，是商人的極樂世界。

　　我們其實早就以各式各樣的方式付錢買空氣。就拿電池來說，你買的是電池的壽命：你可以用它支援數位相機拍多少張相片；你多常更換煙霧警報器的電池；手電筒能持續使用多久直到停電？但是，電池壽命並沒有標示在產品上。電池只標示電壓，讓消費者估測是否適用而已。就好比你去加油站加油時，只看得到汽油等級，而不是一共加了多少公升的感覺。

如果各品牌電池壽命相當，那就沒有問題。不過，事實並非如此。2008年的《消費者報導》，檢試了13種3號電池在數位相機的壽命。最好的電池可拍攝637張照片，最差的只能拍95張。有些電池的蓄電量確實比較高，而消費者就只能靠直覺來選擇。

下圖是測試12種一般電池的比較表（已經排除《消費者報導》檢測過的一種鋰電池，這種電池比一般電池貴，但壽命也長了約4倍）。

以兩顆為一組的電池價格列在圖表底部X軸，能夠拍攝的照片數量則是Y軸。如果真是一分錢一分貨，那麼圖表上的點就會從左下至右上連成一條對角線。但是這些點的排列卻毫無規則可

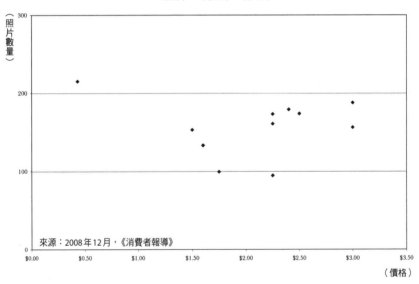

並非一分錢一分貨

來源：2008年12月，《消費者報導》

言。所有受測電池無論價位如何，都能拍攝大約150張相片。而且，最便宜的電池（好市多的自有品牌）反而電力最持久。

那麼：現在你眼前的商品架上有琳瑯滿目的電池，而且你把《消費者報導》的內容忘得一乾二淨。你該如何選購呢？這時我會告訴自己，看不出電池壽命，那就看價格。我會傾向選擇最便宜的電池。可是我也是個貪小便宜的人，如果看到勁量電池或金頂電池降價到幾乎跟平常買的雜牌電池差不多時，我就會買。跟一般大眾會傾向買在電視上大打廣告的知名品牌一樣。我告訴自己這是正確的選擇，那些勁量電池小兔子的廣告，一定多少有點真實性，所以我並非花了比雜牌電池更多的錢。而勁量電池和金頂電池就是要你有這種想法。

電池不是唯一難以判定是否一分錢一分貨的商品。液態洗衣劑，以液態的定義就是「加水稀釋」，但你不會知道到底稀釋到什麼程度。你知道你買了多少水，卻不知道買了多少洗衣用肥皂。近年來，洗衣劑製造商開始宣稱自家的液態洗衣劑是2倍濃縮，但卻沒有說明是什麼的2倍。

同樣的問題也出現在香水、酒吧販售的酒精飲料，以及所有罐裝的噴霧式商品。這種現象對購買頻率不高的耐用品，也十分不利。消費者很難知道冰箱、熱水器、傳真機的效能或使用壽命多久。我們一輩子只買這類產品幾次，而且每次購買時，品牌、型式，以及特色早已有所改變。願意加價花錢購買綠能標章電器用品的消費者又更吃虧。消費者電器用品協會（Consumer Electronics Association）一份2008年的調查報告指出，89%消費者打算在選購下一台新電視時，會考量產品的節能問題——但是同

時有一半的受訪者，坦承根本不懂節能標章代表什麼意思。

在美式資本主義制度下正在進行的最大騙局，大概就屬手機簡訊了。所謂的簡訊價格，其實與寬頻或任何科技無關。是以消費者（或他們的父母）能被說服以什麼樣的價格付費而定。

簡訊是寬頻裡一個非常非常小的封包。只限制160個字體，每個字體會使用到一個位元組。與之相比，多媒體簡訊（MMS）和電子郵件皆能附加百萬倍位元組的照片。SKP一項調查報告指出，消費者認為多媒體簡訊的價值，比簡訊多3.5倍。但若以數據來衡量，多媒體簡訊的位元組則大約高出100萬倍。

若以單筆付費的手機用戶來看，傳送資料的費用大概是每百萬位元組1美元。以這樣的比率換算下來，10個字體的簡訊費用，應該差不多是千分之一美分，幾乎免費。

甚至連這千分之一美分的價格，都誇大了簡訊的真正價格。不像電子郵件、網路、語音檔，簡訊的傳輸方式基本上是透過行動網路。它們會占去用來維護網路控制路徑裡的未使用空間。只要還有簡訊存在的一天，電信業者就會跟黑幫一樣，收取過路費（雖然路也不是他們的）。

由於消費者對簡訊價格的認知匱乏，能得到的就只有電信公司提供的線索。簡訊生意是很大的成功。自2005至2008年，美國從事簡訊傳輸的業者收費已從每則10美分漲至20美分。這期間，簡訊量成長了大約10倍。

33
廉價航空不廉價

廉價航空真的比較便宜……嗎？

$

　　便宜票價網站（CheapTickets）的首頁一共出現45次「便宜」字樣（根據我的瀏覽器搜尋顯示的結果，這還不包括出現在視窗標題，以及部落格小廣告裡顯示的那三次）。我可以親自作證，便宜票價網站的商標，有催眠的能力。我曾真心相信過該網站販售的是最便宜票價嗎？才不可能……嗯，也許吧？

　　航空業者是「差別訂價」的先趨──以顧客願意支付的價格為基礎，制定不同的收費標準。曾任美國航空（American Airlines）執行長的羅勃特・昆道（Robert Crandall）曾說，「如果有2000名旅客要搭乘同一航線，但卻只有400種不同票價，那顯然我還少訂定了1600種票價。」網路理應是讓旅客能快速又簡單進行比價的工具，但結果並非如此，便宜票價網站就是一個很好的範例。該網站並沒有提供像西南航空（Southwest）或捷藍航空（JetBlue）這種廉價航空的票價。由於這種航空公司就是以廉價著稱，這會讓網站上的「便宜票價」看起來顯得空洞：你買到最便宜的票

價——從票價最貴的航空公司？

我也覺得很奇怪，為什麼大家不直接到西南航空和捷藍航空的網站買機票？我剛才查了一下西南航空最繁忙的路線是從洛杉磯飛鳳凰城，最便宜的來回機票是98美元。而在便宜票價網站上，聯合航空（United）與全美航空（US）也有飛相同路線的航班，票價也是98美元。

廉價航空真的比較便宜……嗎？其實不然，有時候還比一般航空公司的最低票價還貴。而那些比較貴的票價，是廉價航空盈虧的重要因素。

說來諷刺，但西南航空和捷藍航空的確會賣一些較貴的票，因為他們建立了「廉價機票」這個好名聲。便宜，是一種相對的比較關係，而且還要視環境而定。這是西南航空和捷藍航空機票沒有在主要旅遊網站販售的重要因素，因為他們不希望顧客比價。

其實所有航空公司都是這麼希望的。這是件很有趣的事：多數無特殊需求的旅客，會以價格和時段選擇搭乘的航空公司。由於機票價格敏感度高，導致航空業非得施行「不搭售」策略：行李、枕頭、餐食、咖啡、電話訂位、紙本機票、選座位通通都要收錢，還有所有其他以前全是免費的便利設施，都變成要收費。「三、四年前，航空公司受夠了消費者買機票就像在菜市場買菜一樣，於是訂立一個使機票透明化的策略，」FareCompare.com購票網站公司執行長西恩尼（Rick Seaney）表示。「不搭售」模式是由歐洲的航空公司首開先例。在美國，直到2008年5月，美國航空開始對乘客的首件托運行李收費15美元。對此憤怒不已的乘客，發誓再也不搭乘美國航空。然而，隨著其他航空公司開始跟進制

定拖運行李費用，而且開始對先前皆不需收費的便利設施計價，消費者當初信誓旦旦的誓言也就此粉碎。

消費者把「不搭售」和「錙銖必較」劃上等號，而且把費用想成業者的純利潤。那不是事實，至少在競爭激烈的航線上並非如此。其實「不搭售」的主要目的與「搭售」一致——提高比價的困難度。附加收費的標準差異極大，每家航空公司都會有計價最低廉的項目，如拖運行李費用、枕頭和飲料、免費使用電話訂位服務等。收費標準林林總總，若想以搭乘的實際總花費做比較，卻沒有方便的電子表單可供使用（某些網站可幫得上忙）。但是多數旅客正中航空公司下懷：他們不理會收取的費用，單純根據某種條件作為選擇航班的依據——這裡指的「條件」是什麼都可以，反正不是最低的價格。

34
99美分的魔力

99是神奇數字——絕對沒有人想跟這個數字脫節。

💰

　　「讓我來告訴你廣告界裡最偉大的發明是什麼。99美分。」羅傑·史得林（Roger Sterling）在電視劇《廣告狂人》（*Mad Men*）裡說道。某項調查結果聲稱，30％至65％商品的零售價格，尾數皆以9結尾。這尾數可以代表很大，也可以是很小的數目。有時候9代表好幾千或好幾萬美元，有時候則是幾美分。蘋果公司已故執行長賈伯斯，堅持從iPod下載的單曲訂價為99美分（音樂錄影帶則是1.99美元），他也因為這個決策，而被譽為訂價天才。2009年，蘋果公司很佛心的對音樂下載新增了69美分和1.29美元兩種價格。

　　這一現象的完美範例，就是99美分商店[6]。1960年代，大衛·古德（David Gold）在洛杉磯經營一家酒行，他想趕快清掉一些賣不太出去的廉價紅酒。他在店外掛上一塊布條，上頭寫著「世界級紅酒——任選只要99美分」。這招奏效了！只要是標價99

---

6. 類似台灣的39元商店。

美分的酒，顧客大都會下手購買。

有趣的是，紅酒原先的標價就是從79美分至1.49美元不等。「原價79美分的，標成99美分賣得更好；原價89美分的，標成99美分賣得更好；當然，原價1.49美元的標成99美分也賣得更好！」古德說。99美分的效用如此驚人，當時古德還開玩笑說自己該去開一家「99美分商店」。

沒想到這個玩笑話成真了，古德在1982年開了第一家「99美分商店」，如今已有277家連鎖店。期間也出現許多類似店名的商店（「仿冒」不算是最正確的說法）。

對於初次進入「99美分商店」的客人，一開始也許會難以解讀這間店到底在賣什麼。店裡販售的物品有麵條、長筒襪、紙牌、洗潔劑、萬聖節道具服、女性衛生用品、塑膠彩帶還有棉花糖。什麼都有，什麼都不奇怪。

2008年，《紐約時報》在「99美分商店」最蓬勃發展的紐約市做了一項調查（調查內容與古德的連鎖店無關）。位於哈林區的弗雷里克‧道格拉斯林蔭大道是競爭激烈的廝殺戰場。「9」在這裡隨處可見，招牌上斗大寫著「全館99美分」、「全館98美分」，或是店內商品全都跟9扯上關係。布魯克林區的迪特馬斯大道上，更是「59美分、79美分、99美分起」和「69美分、89美分、99美分起」等商店林立。

在為數眾多的模仿者裡，規則變得難以分辨，而且似乎隨時都在變。「全館99美分的保證，變得愈來愈有名無實，」《紐約時報》如此評論。「這些商店退化回用『誘餌銷售法』這種老招

術，靠招牌吸引顧客上門，其實不過是店內有販售該價位的商品罷了。店裡充斥更多較昂貴的商品，只有一小區商品架上有99美分的小女孩髮夾、亮晶晶貼紙，還有那種拿來當砂紙還比較適合的單卷衛生紙。」

通貨膨脹不停衝擊這種商業模式的事實，早已不是祕密。1982年的99美分，大概是現在的2美元以上。對正宗的連鎖「99美分商店」來說，2008年是面對未來最艱鉅挑戰的一年。在實行只賣半打雞蛋和減少牛奶容量策略多年之後，終究還是撐不住，而把店內最高價商品漲至99.99美元。這是總裁古德最大的痛。「99是神奇數字——絕對沒有人想跟這個數字脫節，我發現自己考慮要改變經營模式時，感到極度不安。」古德說。

一個略小於整數的價格，就是所謂的「魔力價格」（charm price）。通常表示價格尾數為9或99，還有98和95也都被視為「魔力價格」。沒有人確切地知道是何時、何地，或是為何開始出現這種行銷手法。有個理論提到，這一切是與英國的幣制有關。在美國南北戰爭（1861年）發生之前，美國的美分十分匱乏，英國的先令和六便士便在美國普遍流通。紐約市的商店通常會在商品標示英國和美國幣值的價格。英國先令轉換成美元，通常會得到奇數的美分。依據古人的說法，當時奇數的美分價格被解讀成等於英國進口貨，而大家認為從英國進口至美國的商品比較高級。於是腦筋動得快的商人，就開始把奇數價格標在美國的國產商品上，藉此展現親英派（高級）消費階層的風格。

另一種可信度較高的說法，則是將之歸因於收銀機的發明。

美國俄亥俄州達頓市的詹姆士‧瑞提（James Ritty）經營一間小酒館，他在1879年發明了第一台收銀機。瑞提知道要逐一比對酒的存量和現金，然後懷疑酒保是否暗地偷偷拿了錢，幾乎是個不可能的任務。因此，他發明一台雇員需先按出價格才能打開零錢抽屜的機器。當雇員在機器上按下金額數字打開抽屜時，機器上的鈴也會響起，達到提醒老闆的作用。老闆會預期在午餐時段聽見穩定的鈴響聲，而且能在鈴聲不尋常地安靜下來時，提高警覺。瑞提發明的收銀機也會保留輸入金額的資料，所以也就容易對帳。梅西百貨（Macy）是其中一家規模最大且採用收銀機的店家。由於梅西百貨的商品售價大多是整數金額（不太需要找零），所以便改變成奇數金額，來強迫雇員輸入金額，打開抽屜找零。的確，就如下頁的範例，梅西百貨廣告單上的價格自1880年代以來，便出現「魔力價格」了。

無論是英國的貨幣或收銀機，都不是產生神奇數字9的真正原因。1先令與1/8美元等值，結果會產生像是12.5、25、37.5美分的幣值，怎麼算尾數都不會是9。至於收銀機一說，只能說明非整數金額需要找零的事實。

無論神奇數字9是怎麼開始的，「魔力價格」皆被廣泛運用，不只用在美國、不光是專業行銷手法，也不光是用在廉價商品上。尾數9的價格隨處可見，如eBay拍賣網，以及屋主自售開價59萬9000美元的三房住宅。除了房地產，我個人看過最高「魔力價格」的產品，就是路易‧威登（LV）在位於比佛利山莊羅迪歐大道門市裡，展售的鑽石錶殼腕錶：14萬9000美元。這樣的價格真的會賣得比15萬美元好嗎？那是在店內展示的最貴、也最顯眼的小東

一篇梅西百貨刊登的廣告，約60％的價格尾數是9

R. H. MACY & CO.,

UPHOLSTERY.

ORIENTAL GOODS.

PLUSHES.

LACES.

BLACK SILK.

擷錄自1890年11月2日的《紐約時報》。

西。奇怪的是，最便宜的只要7450美元——不是「魔力價格」。

除了價格尾數是9（有時會加上0）之外，也有非0的數字在9的右側，如：197,000或3.95美元。後者的價格讓餐廳菜單顧問歐戴爾感到十分氣惱。「他們大可把價格訂成3.99美元，對消費者而言幾乎沒有區別，不過這可是差了4美分的利潤。」他說。以餐飲業的狀況，每一份餐點多加4美分便能累積成一筆可觀的金額。

「魔力價格」如今已與速食業密不可分，甚至把它當成用來挖苦自己的行銷工具。塔可鐘餐廳（Taco Bell）總裁奎格·克里德（Greg Creed）在2008年寫了一封公開信給饒舌歌手「五角」（50 Cent），要他把藝名改成「79」、「89」或「99」，以代言宣傳該餐廳的特色價格。結果「五角」以提出法律訴訟回應，並求償一個非「魔力價格」——400萬美元，這個荒唐的鬧劇讓雙方知名度大增。

「魔力價格」開闢了心理訂價這一領域的研究。哥倫比亞大學的金斯伯格（Eli Ginzberg），在1936年發表一頁他所謂的「慣例價格」（customary price）的文章。「這個國家的零售價多年來皆低於十進位的小數——0.49、0.79、0.98、1.49、1.98美元。從這些價格可看出一些端倪。」金斯伯格報告了他在一家大型零售商所做的非正式實驗。該公司印製多種不同版本的商品型錄，一些使用以尾數9為結尾的價格，一些則採用商品原本的整數價格。

對金斯伯格來說，結果是「有趣與令人匪夷所思的程度相當。」有些產品以「魔力價格」販售時銷量較好，有些則不然。不過他簡短的文章裡未提供統計值的詳細說明。「負責行銷規劃

的副總裁大膽猜測，損失會從獲利補回。他非常了解在一番反覆實驗之後，會得到更明確的結論。」可因為事關金錢，甚至連最有冒險心的生意人，都不得不克制自己勇於實驗的熱誠。

將近半個世紀以來，有很多人主張「魔力價格」只是無足輕重的迷信。但這並未阻止零售商繼續使用這種價格策略。到了1980年，康納曼與特沃斯基掀起革命性的巨變，才讓大家對訂價心理學重新燃起興趣。自1987年至2004年期間發表的八份研究報告顯示，「魔力價格」與相近的價格相較之下，平均會提高24％銷售量。

但別對這數據過於認真看待。銷量增加的幅度從差異不大至超過80％都有。以芝加哥大學的艾瑞克・安德森（Eric Anderson）和麻省理工學院的鄧肯・席梅斯特（Duncan Simester）所做的實驗為例，他們找到一家樂於印製不同版本商品型錄的郵購業者。這家公司販售的平價女裝，通常會用尾數9的整數價。兩人選定其中一項訂價39美元的商品做測試。在實驗版本的商品型錄裡，業者分別以34美元和44美元販售這項商品。每本型錄跟正常型錄外觀一致，依照業者的郵寄客戶名單隨機寄出。

「魔力價格」確實有魔力

價格（美元）	售出件數
34	16
39	21
44	17

實驗結果顯示，以39美元「魔力價格」售出的件數最多。最重要的一個發現是，以39美元購買的人，比以34美元購買的人還多（見242頁表）。「魔力價格」不僅帶來更大的交易量，單筆交易的利潤也更高。

　　這符合資產負債表上的數據。2002年，《富比士雜誌》發表一項推論，認為「99美分商店」的毛利達40％，硬是比全球最大零售商沃爾瑪（Wal-Mart）多出1倍。「99美分商店」平均只負擔60％成本開銷。古德有一個具代表性的成功之舉：收購大批美國鮮果布衣品牌（Fruit of the Loom）清倉出售的70萬條《星際大戰首部曲：威脅潛伏》系列內褲，然後等到《星際大戰二部曲：複製人全面進攻》上映時，上架販售。消費者可能會納悶，為什麼現在販售的是首部曲系列，而不是最新的二部曲系列內褲呢？不過這點，看在99美分的份上，所有疑惑都煙消雲散了。

　　你認為「魔力價格」奏效的原因為何？你也許認為答案很清楚，因為購物者必定是順著數字的順序看，或是總把注意力放在第一位的數值上。例如29.99美元的價格，在心理會自動歸類為是20幾美元；而剛好30美元的價格，在心理上則會被定義成30幾美元的價格。感覺起來，20幾好像比30幾低很多（其實只差1美元）。

　　行銷和心理學界之間對這一解釋多所爭論。「魔力價格」的確提出了一些有關人類心智如何運作等耐人尋味的問題。在數量這條看不到終點的高速公路上，數字不過是隨意標注的里程標示。大腦對數量的意義是否真有深刻的理解，或只是以表面膚淺的方式處理數字呢？

有一份心理研究暗示了人類，甚至連年幼的孩童也是，皆對數量有著相當不錯的理解程度。他們完全了解29只比30少一點。「錨點」實驗也顯示數量（不只就數字本身而言）影響了估計與決策。

　　不過光是提出人會在心中把數字整數化的論點，無法解釋安德森和席梅斯特的實驗所得到的結果。

　　如果消費者只注意到數值的第一位，那麼你會預期34和39美元兩種價格，都會被理解成30幾美元，這兩種價格的銷售量也應該旗鼓相當。結果買方反而比較可能選擇兩者之中較高價的39美元。9，確實是個神奇數字。

　　另一種理論認為，「魔力價格」傳遞的訊息是「價格已經打過折」。很久很久以前，某個樸實小鎮裡一家加油站，一加侖汽油賣20美分。不久，對面新開一間加油站，降價1美分：一加侖只要19美分。於是原本的第一間加油站再比對手多降1美分反擊：一加侖只要18美分。對於發生在很久以前的這場價格戰的記憶，似乎是導致人們使用像19這種較有競爭力的數字，而20這種數字，則令人聯想成是壟斷且較高價的整數。無庸置疑地，這種現象直至今日仍持續上演。紐約哈林區隨處可見的「98美分商店」，就是以比「99美分商店」多降1美分為賣點，然後取相仿店名。但不久後，便迎來了「97美分商店」的競爭。

　　「魔力價格」對精明的購物者來說，具有一種資訊提供意涵。他們可以用其來當做一種判斷餐廳或飯店訴求的好方法，有時品質可從價格是以整數，或是以尾數為「.99」或「.95」呈現而看出端倪。美國高檔連鎖百貨公司諾德斯特龍（Nordstrom）便聲稱自

家百貨不會使用任何「魔力價格」。意思是指，「我們不是沃爾瑪，顧客來我們的百貨公司消費，就是為了買到高品質的商品，而且也知道一分錢一分貨。」這可能是「魔力價格」有時發揮不了作用的原因。價格顧問法蘭克說某汽車製造業者，想把一款車開價1萬9999美元販售，但是他做的一些調查顯示該款車就算開價2萬美元以上，也會很好賣。大概是因為車子的買主不想有買到「廉價」車的感覺。有些服飾品牌，只會在花車商品使用尾數99美分這類價格。好市多以尾數97美分的價格，暗示該商品將停止進貨或滯銷。對於知道這個密碼的人來說，「魔力價格」的魅力難以抵擋。當然，對商家來說最好的情況是顧客不需要意識到任何銷售手法，也能做出無意識的回應。

在安德森和席梅斯特的實驗裡，當一件衣服是以44或34美元販售時，銷售量並沒有太大不同，這證明了買方沒有與生俱來的強烈價格意識。而39美元的售價，卻讓銷售量大增。有一假說表示，「魔力價格」在心理上的比較，似乎比整數便宜。

郵購公司總會習慣性地將商品冠上「特價」字樣，並附上原價和新價的對照參考：訂價是X，特價是Y。研究人員要求廠商將一些商品型錄直接印上特價價格，但不要明白指出這是折扣後的價格。不出你所料，他們得到的結果是有同時標有訂價和特價的商品，銷量較多。買方不會知道Y是實惠的價格，除非商品型錄上有標示。

打上「特價」字樣，比「魔力價格」更能激發消費者的購買慾。以下頁圖為例，同一商品，消費者比較可能會買左邊標示的特價樣式，而不是右邊的「魔力價格」。

「特價」，比「魔力價格」更能激發消費者購買慾

原價$48

$40

特價

$39

　　安德森和席梅斯特把上述兩種手法合在一起測試，以特價標示「魔力價格」，如「原價 $48，特價 $39」。這手法發揮了最強大的效用。可是效用並非無懈可擊，比起以特價銷售，這個手法僅只是略為增加銷量。這表示特價和「魔力價格」利用的是相同的心理學準則。只依「魔力價格」來看，這是暗示一種不存在的折扣。就像默劇演員假裝前方有道玻璃牆一樣，觀看這齣價格戲碼的台下觀眾，回應這個虛擬折扣的方式，就如同回應真實存在的折扣一樣。

　　以下事實，支持了這個論點：將「魔力價格」，用在產品型錄上從未出現過的新商品，產生的影響較大。消費者對新商品有最薄弱的價值概念，並且更仰賴價格提供的提示。

　　喜歡打折並不愚蠢（當打折是真的打了折的時候）。但是

19.99美元的價格，即表示是從20美元降價的價格嗎？得了吧！就算真是從20美元降價，99美分也不過是從整數部分少了1美分而已。

　　以合理的標準來看，這完全無關痛癢，根本不足以對消費行為構成太大的影響。然而，這符合「消費者選擇」（consumer choice）和「取捨對比」的研究。當人們的眼前有很多難以評估的選項時，注意力就會變得無法集中。人們會開始尋找能輕易對比的項目。如果有某種選項明顯比另一種更好（即便差異細微），那麼這個選項便能輕易地得到關注。而此時整數價格便成了99美分的陪襯，幫這個「魔力價格」，突顯出一道難以解釋的迷人光芒。

99美分就是比1美元迷人

99¢ = 訂價 $1.00
99¢
特價

35
免費的力量

消費者根本分不清什麼才是真正不值錢的東西。

$

最終極的折扣，就是免費！——例如免費贈品！這是商人的寵兒，0元「價格」能夠觸發一些獨特的心理。心理學暨行為經濟學家丹‧艾瑞利和尼娜‧馬札（Nina Mazar）、克莉斯蒂娜‧尚潘尼爾（Kristina Shampanier）共同執行一項實驗，他們擺了一個小攤，販售賀喜巧克力（Hershey Kisses）和瑞士蓮松露巧克力（Lindt）。一般都知道賀喜巧克力大概是眾多巧克力品牌裡最廉價的巧克力，瑞士蓮松露巧克力屬較高級。他們每顆賀喜巧克力賣1美分，瑞士蓮松露巧克力則是一顆賣15美分。攤位招牌上斗大顯眼的字體寫著，「每人限購一顆」。

有73％前來購買的人選擇瑞士蓮松露巧克力。在此向賀喜巧克力致上歉意，但實驗過程就是如此。然後他們將兩款巧克力各降價1美分，瑞士蓮松露巧克力的售價變成每顆14美分，而賀喜巧克力則免費提供（仍是每人限購一顆）。這個改變立刻逆轉了人們的偏好。結果前來購買的人，69％選擇賀喜巧克力，只有31％

選擇瑞士蓮松露巧克力。艾瑞利和夥伴在攤位販售的瑞士蓮松露巧克力，價格僅有批發價的一半。多數顧客錯失14美分的折扣，就為了得到自己不是特別偏愛，且大概只值1美分的免費巧克力。艾瑞利相信這跟「確定性效應」[7]有很大關係。任何購買行為都有買方反悔的風險，你買的巧克力可能不符期待；你可能會發現別的地方賣得比較便宜。但免費的東西可就不一樣了，你不能後悔免費的東西，因為你一毛錢也沒花到。由於人太高估「確定性」，導致高估了所有免費的東西。

在心理物理學的測量量表上，0是有意義的數字。如在測量音量的量表上，無聲的「音量」應該是0。不過實行起來並沒有那麼單純。要認定一個幾乎聽不見的聲音是完全寂靜無聲，是件很大的挑戰。人們總會堅稱有聽見一些聲音——或者堅稱沒有。

在價格量表上也大致相同。消費者根本分不清什麼才是真正不值錢的東西。在低價值的物品中，有一片頗大的模糊地帶，說不清到底什麼東西值得買，什麼東西又不值得。2006年由丹·艾瑞利、經濟學家喬治·洛溫斯坦、德拉贊·普雷萊克共同發表的一篇論文〈湯姆和價值建構〉（Tom Sawyer and the Construction of Value）[8]，對此做了論證。

這篇論文標題間接提到美國文學裡的經典「偏好逆轉」範例。馬克·吐溫筆下鬼靈精怪的湯姆，被指派從事令人厭煩的粉刷籬

---

7. certainty effect，一種認知偏差帶來的心理效應，是指決策者在與僅具可能性的結果相比，往往對確定性的結果以較大的權重，而對可能性結果以較低的權重。這個結果不是來自邏輯推導，主要來自風險厭惡的心理。

8. 此論文中的湯姆，是指美國作家馬克·吐溫的作品《湯姆歷險記》的主角湯姆。

笆雜務。湯姆比較希望能由別人接手，為達目的，他假裝自己十分享受，讓他的朋友也想來做這份好像很有趣的差事。他們央求湯姆至少讓他們幫忙粉刷幾筆就好。湯姆先是拒絕，最後才終於點頭答應——但條件是，必須付錢給他才能得到粉刷籬笆的特權。馬克·吐溫想表達的重點是，生活裡沒有絕對的事，那些說反話的人就跟湯姆一樣是個大騙子。

在2006年進行的「湯姆實驗」（Tom Sawyer experiments）裡，研究人員嘗試吸引柏克萊大學行銷學系學生們，去聽丹·艾瑞利在校園舉辦的詩歌朗誦會。第一組受試學生被問到是否願意付2美元聽艾瑞利朗誦詩文，他們的答案十分堅決：「不願意。」僅少數的3％受試者表示願意。

在所有受試學生回答之後，研究人員告訴他們其實朗誦會是免費入場。再問他們是否願意收到詩文朗誦時間與地點的電子郵件通知，現在有35％受試者說「願意」，他們想收到通知。

那是預料得到的結果。大部分的人對免費活動持較開放態度。第二組受試學生則用另一種不同說法提問：如果我們付你2美元，你會願意聽艾瑞利朗誦詩文嗎？這次有59％表示願意。然後再以第一組的模式告訴他們其實朗誦會是免費（沒有人要給他們2美元），再問他們是否想收到細節通知時，只剩8％表示仍有意願。

第一組受試者中有35％認為免費朗誦值得參加——有價值比0大的正數感受；第二組只有8％這麼認為。唯一的差別在第一組被引導的想法是，這原先是一件需付費參加的事；而第二組得到的訊息則是，這是一件需要付費拜託人們去參加的惱人朗誦。

他們再次調整了實驗，研究人員以兩組麻省理工學院學生為受試者，問他們是否願意付／索取10美元來聽艾瑞利朗誦10分鐘詩文。然後再要求相同的受試學生，指定讀6分鐘、3分鐘以及1分鐘的詩文，各要訂多少錢。就跟惱人的音量實驗一樣，平均價格是依持續期間而定。不過這次有一組給的是「正面價格」（positive prices，願意付費聆聽艾瑞利朗誦詩文），另一組給的是「負面價格」（negative prices，需勉為其難忍受聆聽朗誦的報酬）。以全體受試者的回答來看，對於去聽朗誦究竟該付費或收到報酬，麻省理工學院的學生根本搞不太清楚。

「湯姆實驗」，駁斥了每種感受皆能被清楚區分為正面或負面的常識。是的，人會有身處天堂或地獄的切身感受，但是多數感受無疑是混雜不清的。來趟巴黎小旅行是件好事嗎？當然，每個人會不假思索地給予肯定答案，因為每個人都會這麼說，而且無獨有偶地，需要花很多錢。假設這趟旅行是免費的，而且從今以後都是這樣，你會在這個週末就整裝出發前往巴黎嗎？那再下個週末還要再去嗎？

湯姆的天真騙術，已成為二十一世紀最大的商業模式，也就是如Google、YouTube、Facebook、Twitter等，這些被稱為「使用者平台」，並價值好幾百萬美元的事業。所有這一切全都建立在以下前提之上：使用者願意從事值得免費去做的「工作」（新聞、電影、政治評論）。有些人因此賺進大把鈔票──我是說某些業者，而不是那些忙著粉刷網路籬笆的人。

36
房價，就是開來讓你殺

要開價到什麼程度，事情開始變得荒唐？

💰

　　心理學家瑪格麗特・尼爾（Margaret Neale）最著名的一個實驗，不僅惹惱了房屋仲介，甚至連自己的母親都對她勃然大怒。尼爾想知道「錨定效應」是否也適用於房地產市場。

　　她在1982年來到亞利桑那大學時，對訂價心理學十分感興趣。尼爾讓自己埋首於康納曼、特沃斯基、行為科學研究專家海利爾・恩紅（Hillel Einhorn）、心理學家羅賓・霍格思（Robin Hogarth）的研究成果裡。她意識到決策心理學，能作為強大的談判工具。她解釋道：「我們當時的論點是，在談判裡並沒有太多能改動的東西，畢竟你無法改變當下所處的情勢。我們知道，倘若有未來，人們的行為會有所不同（也就是說，當他們知道未來跟談判對手還會有更進一步的接觸時）。」「可是開始談判後，你無法選擇是否還有未來，無法選擇談判對手的個性。木已成舟，情勢所逼。唯一能改變的是自己的認知視角。」

　　「以前，尼爾每天和我一起午餐，」同事格雷戈里・諾斯卡

夫（Gregory Northcraft）說。「我們會坐下來，開始觀察生活和研究裡發生的事，找出兩者之間的關聯性。」其中有一個關聯性涉及「錨定效應」和房價。諾斯卡夫和尼爾各自買了自己的第一間房子。諾斯卡夫說：「我們都有這樣的看房經驗：最初看到房子時，我們都不知道該對房子做什麼評價，要等看到報價之後才知道該如何思考應對。要是價格偏高，我們會著重在思考房價高的原因；要是價格偏低，就會轉而思考為何房價高不起來。」

他們兩個人都知道這就是「錨定效應」，也知道經濟學家對特沃斯基和康納曼的研究發現是否也適用於重大經濟決策，仍持懷疑態度，經濟學家主張市場的無形力量，會制訂出合理的價格。

諾斯卡夫告訴我：「這個現象可以兩個方向來看，一是『捷思偏誤』[9]會在資訊十分匱乏的狀態下造成巨大影響。如果你沒有任何別的資訊可參考，就只能自己生出一些招術出來用。相對地，當身處資訊充足的環境中，則需要注意的事很多，所以也不需要自己找個路徑去走。

「也就是說，當身處資訊充足的環境時，可獲得的資訊可能多到讓你無法消化。這提供了讓『捷思偏誤』參與的第二條路徑。當你有大量無法消化的資訊時，他們的功能就是處理這些資訊。」

諾斯卡夫和尼爾向美國國家科學基金會（NSF）申請研究輔助金，以在真實世界裡測試「捷思偏誤」。他們擬定三種可能的研究領域：房地產、商業談判和法律判決。他們順利申請到輔助金，並首先展開房地產領域的研究。

---

9. heuristics and biases，指人在進行思考、評估、判斷時，多半會利用一些捷徑來進行，以縮短時間、提高決策效率。

他們的研究目標，是測試「錨定效應」能否影響亞利桑那州土桑市待售房屋的感知價值（Perceived Value）。要達成目標，需要一名貨真價實的房屋仲介出借一棟房屋讓他們做實驗。尼爾尋求從事房屋仲介的母親的建議，她建議他們放大自身的工作所帶來的人脈可能，因為經紀人喜歡跟教職人員有些往來。

土桑市的某房屋仲介公司經紀人馬汀同意幫助他們，出借她手上的一棟房屋讓他們實驗。

實驗的受試者是54名商學系學生，以及47名當地的房屋仲介。對那些房地產專業人士來說，土桑市就是他們的生計所在。每人平均每年買賣16間房屋物件，而且皆在土桑市從事房屋仲介買賣超過八年。

受試者各分成四組，由諾斯卡夫開車載他們至看屋地點，讓他們自由檢視屋況，就跟真正的買方一樣。受試者獲得的資訊和一般買方相同，包括所有鄰近地區最近出售的房屋清單，以及一批包含所有鄰近房屋成交價的表單。實驗的變項只有一個，訂價。四組聽到的訂價皆不相同。

當諾斯卡夫開車載其中一組受試者前往看屋時，天公不作美突然下起傾盆大雨。雨勢就像有人向車窗不斷潑水。受試者拒絕下車看屋。開車回來的途中，水已淹及汽車輪胎一半高。

他們打算找個晴空萬里的日子再試一次，不過房屋已成交售出，必須再借第二棟房屋。兩棟房屋性質相似。我將仔細描述第二棟房屋的概況，因為他們在這棟房屋收集到的資料比較詳盡。這間屋子前一年的估價是13萬5000美元，訂價為13萬4900美

元。但是在實驗裡沒有人看到這個價格。四組受試者聽到的價格各是：11萬9900美元、12萬9900美元、13萬9900美元，以及14萬9900美元。

　　房屋仲介以及屬外行人的受試學生，皆被要求扮演四種不同身分，並提出他們對房屋的四種報價。他們的角色有房屋鑑價師，提供公正的估價；房屋仲介，提供適當的訂價；買家，提出一個願意支付的價格；賣家，開出自己願意接受的最低價。這四種不同做法，卻都顯示出相似的「錨定效應」。

　　諾斯卡夫說：「人們總把科學描繪成是一種非常系統化、純淨、乏味的過程，然而這項研究證實了，良好的科學都不是這樣的模式。」以下是買家對合理購買價格的估測。

買家對合理購買價格的估測

訂價	估測購買價格（平均值）	
	學生	房屋仲介
$ 119,900	$ 107,916	$ 111,454
$ 129,900	$ 120,457	$ 123,209
$ 139,900	$ 123,785	$ 124,653
$ 149,900	$ 138,885	$ 127,318

（美元）

　　請記住這些數字全是用在同一棟房屋的估價上。對房市外行的學生來說，把房子的訂價提高3萬美元（從11萬9900美元往上

提升至14萬9900美元），也提高將近3萬1000美元的房價估測平均值。雖然他們知道實際購買價會比訂價低，但是訂價每增加一分錢，他們對房子的估測價格也增加一分。

那些對持有執照的專業鑑價師有信心的人，會很高興得知房屋仲介不太會受被哄抬的訂價影響。對房屋仲介來說，提高3萬美元訂價，「只能」提高他們專業鑑價約1萬6000美元的估價。但是，訂價理應不會對專業鑑價師造成任何影響才對。房屋仲介是第一線決定房價的人，而不是賣方。賣方通常不是專業的房地產人士，可能對房價有不切實際的期待。而房屋仲介的職責之一，就是要了解市場價格，留意價格是否開得太高。

房屋仲介這行怎麼那麼不牢靠？諾斯卡夫說：「我認為人在涉獵過某些領域之後，有經驗的人就會自認是專家，但事實上專家擁有可預測的模型，可是有經驗的人得到的模型，不見得是可預測的。」

只在有反饋的情況下，這些經驗才有幫助。縱使以偏高或偏低房價成功售出房屋的經紀人，也不會面臨因為自己錯估價格而引來對質的窘境。諾斯卡夫和尼爾寫道：「就價格判斷來說，鑑價師或許只是擁有的相關知識較多而已。與其說反饋修正了判斷本身的精確，不如說修正的是判斷過程。就這類判定價格的工作而言，我們可以期待專業人士比外行人更會以漂亮的詞語表達，但持平來說，兩者的判斷基本上是相似的。」

專業人士和外行人之間有個顯著的差異。37％的外行人坦承自己會考慮以訂價購買；只有19％的專業人士說自己會把房屋訂價列入考慮因素。諾斯卡夫和尼爾評論道：「專業人士否認自

己以訂價評估房地產價值，既有可能是因為他們沒有意識到這一點，或者只是單純地不願承認自己依賴了一個不恰當的依據。不過目前尚未有個定論。」

在實驗開始之前，一個經紀顧問小組告訴諾斯卡夫和尼爾「可信度區」（zone of credibility）的確存在。任何與鑑價差距5％的訂價，就是「明顯不正常」。

實驗的兩個中間價（12萬9900美元以及13萬9900美元），剛好落在「可信度區」裡，與專業鑑價約相差4％。另外兩個極端價格，則與專業鑑價相差近12％，對於專業人士來說這應當要提高警覺了，但他們並沒有這麼做。

與「可信度」較高的13萬9900美元相比，當房屋仲介們看到房子以「明顯不正常」的14萬9900美元訂價時，認為房屋價值應該再多個3000美元；而外行人的估價更是高了將近1萬5000美元。

諾斯卡夫和尼爾寫道：「這裡面臨的問題是，決策過程的彈性到底能有多大，以及這類過程是否存在某種現實的制約，例如，所有訂價是否都能真正影響人們對房地產的感知價值，亦或訂價是否須具備『可信度』，才會讓人將其列入考慮，進而影響價值評估？不過本次研究對現實制約一說的支持極為有限⋯⋯」

實驗結果於1987年發表在《組織行為與人類決策過程期刊》（*Organizational Behavior and Human Decision Processes*），引起強烈的回響。該論文提供「錨定效應」在現實生活中實際發生的證據，這項實驗結果被引用在學術論文裡的次數達200多次。

最無動於衷的族群就屬房屋仲介了。當研究人員將實驗結果提供給一群參與受試的房屋仲介時，「他們完全抗拒這些研究發現，」尼爾回憶當時情況。「他們回應的態度是，『這些統計資料隨你怎麼解讀。那些都不是真的。』就連我的母親也顯得不悅。我花了好幾年的時間才終於讓她信服──但是這並非她當下就能欣然接受的結果。」

　　如果你因此認為房屋仲介是一群江湖郎中，那你就錯了。經紀人受「錨定效應」影響的程度，的確會比缺乏專業知識的學生來得低。這個實驗真正想探討的，是關於人類如何從現實生活中的眾多資訊裡，得出數字。

　　這實驗不只說明房屋仲介對房屋的訂價模式，也說明了大眾的模式。

　　這項實驗，主張由訂價形成的「錨定效應」，效果十分強大，甚至連擁有市場價值的東西也不例外。諾斯卡夫得出結論：「可信度區」的範圍，比多數經紀人認為的範圍還大。此外，沒有任何理由認為，高於鑑價12％，就是策略性的「錨定效應」限制。這僅僅是此實驗裡嘗試的最大數值而已。

　　尼爾開玩笑說同事紛紛跑來詳讀這篇論文，並從中尋求如何自售房子的建議。但這項實驗結果還不是一幅完整的藍圖。眾所週知，賣家得在訂價與出售時間之間做出權衡。訂價較高，勢必得多花點時間找買主。而房屋仲介也毫不介意地指出這一現實情況。

　　尼爾說：「我們想知道的是，『要開價到什麼程度，事情開

始變得荒唐？』」在精神分析實驗室裡，荒唐不一定是件嚴重的事。哪怕數字看起來荒謬，「錨定效應」也照樣管用。

不過也有一個現象值得注意。買房子的人基本上不太可能去看價格在自己預算以外的房屋。紐約房屋仲介薩奇於2008年房地產崩盤時說：「降價不適用於這個市場。」如果連訂價合理的房子過了幾個月都還乏人問津，那麼如何把價錢定得遠高於市值？不太可能吧。

37
沃荷的海邊小屋

就算是沒人相信的事，仍會影響人們的行為。

$

2002年，本身從事導演工作，亦是當代藝術家安迪·沃荷（Andy Warhol）事業夥伴的保羅·莫里西（Paul Morrissey），出售與沃荷在紐約州蒙托克（Montauk）的房屋。莫里西與沃荷在1971年以22萬5000美元共同購入占地22英畝的地產，名為Eothen。沃荷不常待在那裡——因為海風不斷吹走他的假髮。沃荷使用Eothen舉辦過許多大大小小的表演，從傑基·歐納西斯（Jackie Onassis）到滾石樂團（Rolling Stone）都曾光臨。沃荷在1987年逝世後，他創立的基金會捐出3/4的Eothen空曠土地給大自然保護協會（Nature Conservancy）保存維護。莫里西出售的部分是剩餘占地5.6英畝的五間房產，可容納三台車的車庫、馬廄，以及距大西洋僅600英尺的濱海美景。

以紐約州東區的房地產標準來看，Eothen是獨一無二的。該房地產是於1931年，依熱衷打獵的美國鐵槌牌（Arm&Hammer）繼承人喜好而建造的小屋，因此Eothen裡有眾多鹿頭標本，還有

鑲嵌在木頭牆面的魚標本,沃荷和莫里西從未改變這種奇特的室內裝飾。而且Eothen裡狹小又從未翻新過的房間——如魔戒裡「哈比人」住的小屋——不是很能吸引那些買得起這屋子的人。

換個角度來看,以沃荷的盛名,這無疑是Eothen的最大賣點。有位買家表達有購買意願,同時也是以高價買過沃荷畫作的人。不過莫里西表示,他想找個可以保存Eothen原貌的買家。

在正面與負面因素混雜之下,使得估計Eothen的市場價值變得更加困難。莫里西開價約5000萬美元,而房地產界認為這個價格超過市場估計值太多。房屋仲介保羅・布倫藍(Paul Brennan)接受《紐約時報》採訪時表示,紐約州東區的買家要的是「緞面床單、製冰機、冷凍冰箱、平面電視、私人泳池。如果他的開價是2500萬美元,那我一定可以幫他賣掉。」

以這個情況看來,莫里西的開價大概比實際可行的價格高出2倍。比諾斯卡夫和尼爾在實驗裡使用的「錨點」高出很多。但莫里西很有耐心,他掛賣Eothen長達七年——心理學家負擔不起如此耗時的研究。莫里西不急著售出Eothen,因為他每年夏季都出租一些小屋來支付開銷。他把開價降至4500萬美元,然後又降至4000萬美元。這樣的降價幅度顯然不夠,2006年夏季,他開始認真的降低開價。4000萬美元的價格仍在「可信度區」以外(比布倫藍的建議訂價高出60%),但是卻讓觀望者不再感到如此遙不可及。2007年1月9日,莫里西與服飾品牌J.Crew執行長米奇・崔斯勒(Mickey Drexler)達成交易,成交價為2750萬美元。莫里西說明他對崔斯勒的看法:「他似乎是馬上了解狀況的好買家,他認為應該保存Eothen的原貌。」

房屋仲介最怕的，就是遇到把房子放在市場許久，就只為等一個好價錢的客戶。仲介的薪資不是以時薪計算，而且也希望可以早點成交手邊的案子。當他們遇到這種客戶，他們會開始編出一些唬人的故事，向買家勸說為何早買是對的決定。

　　有人說開價過高的房地產反而是一種折損。房子的成交價，只會比開價更低，而不會更高。有些人會說莫里西開價那麼高是不智之舉；全能又明智的市場會讓不切實際的賣家一敗塗地。Eothen的行銷手法似乎與諾斯卡夫和尼爾的實驗一致，顯示高訂價會提高對價格的感知。Eothen實際的成交價，比房屋仲介布倫藍建議的2500萬美元（他在成交前4個月提出這個報價）高出8％。報價2500萬美元，意味著成交價大約會在2300萬美元左右。但是由於莫里西以一個高得荒謬至極的開價成為一種「錨點」，結果多賣了450萬美元（莫里西以2750萬美元賣出）。

　　多數把價格訂得很高的賣家，完全是真心希望能賣到那個價。只是，他們注定要失望。「錨定效應」不代表「你要多少就能得到多少。」而是「要的愈多，你得到的就愈多。」要讓「錨定效應」發揮作用，賣方必須設定一個高價，但不期待真能賣到那麼高。

　　為了讓房子脫手而等上七年，或是疏離為了自己而辛苦工作的仲介的賣家並不多。這裡有一種兩全其美的方法，那就是使用稱為「廣告參考價格」（Advertised Reference Pricing）的小把戲。

　　長久以來，折扣商店便以廣告和標價，拿自家商品與不同地點、不同時段的較高「參考價」相比較。較高的那個價格，便產生了「錨定效應」，提高商品的感知價值，並呈現了有利的對比。出於相同的理由，店家會在清倉打折時，把舊標價留著讓消費者

做一參照。

科羅拉多大學專攻心理訂價的行銷研究員唐納‧李奇登斯坦（Donald Lichtenstein）說：「今年夏天，我買了一支網球拍，我去體育用品店瀏覽店內販售的各式球拍，大約有一半左右都在做特價。我在比較價格時，把『廣告參考價格』看得跟購買價一樣重要。我應該比別人更了解這種把戲才對，但我就是不自主地這麼做。」

這正是參考價的陰險之處，縱使每個人都認為那不可能真的發揮什麼作用！李奇登斯坦2004年在一場演講中說：

> 眾多研究皆顯示「廣告參考價格」的確很管用，零售商實際操作的結果，也再次證明其會發揮實質作用。這不是什麼新鮮事——大家早就心知肚明。如果商品以29.95美元當做售價為例，然後跟「廣告參考價格」的39.95美元放在一起，在多數情況下，與沒有「廣告參考價格」相比，銷售量會有所增加。如果我再把「廣告參考價格」提高至49.95或59.95美元，銷售量很可能也會跟著增加。可是如果我提高到差異極大的129.95或329.95美元呢？好吧，乾脆提高至5000美元呢？

李奇登斯坦與其他研究人員做了一項測試參考價能提高到多少的實驗。1988年一份研究報告指出，日常消費品在參考價和「感知價值」之間幾乎呈線性關係，甚至當「參考價」比一般市價高出2.86倍時，也是如此。這相當於一件279美元的商品，在廣告上宣告在他處的售價是799美元。李奇登斯坦說：「人們對商

品價位的概念受到廣告價格影響，即使那些廣告價誇張到令人難以置信。」

Eothen出售長達七年，也累積不少壞名聲。在房屋仲介商舉辦的雞尾酒會或賞屋活動中，話題總是不脫這棟開價5000萬美元的白色巨象。當莫里西把開價降至4000萬美元時，人們對那5000萬的記憶並未就此煙消雲散。不管是有心還是無意，5000萬就等同於「廣告參考價格」。這個價格仍然把估計價往上提升。最後成交的買主崔斯勒顯然明白5000萬與4000萬美元的開價都是在吹牛。可是如果他如實驗裡的受試者一樣，就會覺得自己是買到賺到。在現實的房地產市場裡，就跟在服飾店一樣，你很難對45％的折扣視而不見。

房屋炒手還有個妙招，先在短期內把房子售價報高，然後再降至較合理的開價。之後，在報出新訂價時，可以「誠實地」提及原本未降價前售價是多少。這個策略只須將房子的掛售時段延長個幾天，就能從「錨點」價格得到最大利益。

這種做法是否合乎道德標準，就請各位自行判斷。還有一種屬詐欺性質的方式，就是賣家A想出售自己的房屋，然後要求鄰居B把自己的房屋也跟A張貼在同一個售屋網站上。但鄰居B並非真的要出售房屋，因此把房屋訂價極度誇大（如果還真的有人要買，當然他也樂於接受！）重點是要讓賣家A的房價顯得實惠。

美國房地產資訊網站Zillow有個「讓我搬家」的專頁，屋主可以張貼自己房屋的夢幻價格，雖然不是真的要出售。有使用過Zillow網站的人，都知道那些在「讓我搬家」刊登的價格荒腔走板。但是當真正有買房需求的買家搜尋出售房屋資訊時，「讓我

搬家」刊登的價格和清單也會顯示在同一地圖上，所以買家也會看到這些不實資料。有人懷疑這是否會產生「對比效應」，進而有助售出附近的房屋。

　　賣房子的人少有人會使用「錨點」或「參考價」，因為他們認為買家肯定很聰明，不會輕易上當。李奇登斯坦把「參考價效應」，拿來跟無事實根據的流言做比較。曾有謠傳麥當勞的漢堡肉是用碎蚯蚓做成的，造成麥當勞在一些地區的銷售量直線下滑近三成。實際上，沒有人真心相信這種謠言，這將近三成避開麥當勞的大眾，必然也不相信規模那麼大的企業，會冒著損失幾十億美元的商譽來省那幾美元的牛肉錢。但問題是，就算是沒人相信的事，仍會影響人們的行為。

38
先講先贏，屢試不爽

一開始開價的數字愈高，就賺得愈多。

$

「『錨定效應』在商業談判中也很管用，只要先報出你的數字，你就取得優勢。」康納曼說。對買賣雙方來說，這個簡單的規則也許是價格心理學中最重要、也最容易運用的發現。在談判的情況下某一方率先說出數值，就能神不知鬼不覺地扭轉了對方預期必須付出或接受的數值。包括田野調查與實驗室的實驗結果，都為這一論點提供證據。決策心理學家們似乎對「錨定效應」在現實世界的可行性沒有太大的疑慮。但若要將這個規則傳遞給商業人士了解，簡直比登天還難。根據尼爾的說法，問題在於企業經理人相信世上有牙仙存在的程度，還比「錨定效應」高。

畢竟商業談判專家對於價格的思考，比只是買罐花生醬的消費者更深入。他們在坐下來協商之前，已深思過自己的底價是多少。他們也試著預測對方的底價，以及雙方底價間的差額。根據這種思考方式，將促使他們認為心中有個底價是既實際又穩當的見解。

不過事情未必如此。一位以強勢作風聞名的談判專家龔帕斯（Samuel Gompers），有次被問到勞工運動的訴求為何？他的答覆是「要更多。」談判專家的普遍信念是，只要是有可能拿到的東西，他們就會盡可能地要。價格，不是某人單方面地表達「想要」什麼，而是某人認為自己能得到什麼。這樣的過程，必然需要依靠「猜測」。而有大量證據指出，這方面的猜測能夠被人為操控。

　　尼爾目前是史丹佛大學商業研究所教授，也為美國前五百大企業及政府部門提供談判技巧建議。

　　尼爾說：「我們花了很多時間向這些真正做決定的人，講述『錨定效應』的威力，但人們比我想像得更固執。他們說絕不會受『錨定效應』影響，因為他們見過許多大風大浪，所以堅信這點。但我說這可不一定，因為我們的研究有能力做到的，就是你們所辦不到的。我能讓人一下子處於沒有『錨定效應』的情境裡，下一秒就讓人處於有『錨定效應』的情境裡。然後我可以比較在這兩種情境之下，行為表現的差異。這兩者確實會有差異，而且是系統性的。所以『錨定效應』有著強大效力。」

　　顯微鏡的發明引發種種強烈的情緒反應。荷蘭人列文虎克（Anton Van Leeuwenhoek）發現，能讓口乾舌燥的旅客用來解渴的純淨湖水，當中卻有著不停蠕動的可怕物體。他發現血液裡有微小的粒子（紅白血球）、精液裡有像蝌蚪般的精子，而人類口腔更是聚集了千奇百怪的怪物。當時沒有人認為這些發現是真的。任何眼睛沒瞎的荷蘭人都能把雙手舉到眼前，然後詳細檢示

一番。沒有人看到過什麼細菌。

行為決策理論學家向我們展示了一些我們無法以其他方式了解的事。人生無法重來，永遠不會有機會倒帶看看自己是否會做出不一樣的決定，或是可能同意另一種價格。這些只能靠實驗達成。

而這些實驗結果往往對自由意志概念提出挑戰。企業經營者通常都是意志堅強的人。當你告訴他們，誰先報價，就能在對方身上發揮影響，甚至對公司的收益造成影響，他們肯定會激動憤慨（催眠我？你開玩笑嗎！）他們確信自己會從經驗中學習到，在談判裡哪些做法行得通，哪些不行。

加州理工學院決策行為學家柯林・卡默勒說這如同電影《今天暫時停止》[10]（Groundhog Day）的情節。劇中男主角因為某天醒來，發現時間一直都停在同一天，於是他開始進行一系列「決策實驗」：他勾搭婦女、酒駕、甚至嘗試自殺但卻安然無恙。在經歷許多悲慘的嘗試之後，他終於讓生活步入正軌。

卡默勒說，「電影情節與現實生活的差別，就是真實世界裡的人，永遠不會學乖。」現實生活無法讓人們把複雜的因果關係串聯起來。

以色列班古里安大學心理學家伊拉娜・里托夫（Ilana Ritov）做過一項模擬議價實驗。她召集了148位學生，一半的受試者配戴買方徽章；另一半則為賣方。這實驗的目的，是以議價的交易方式售出一件虛擬商品，然後盡可能賺取最大的利潤。每筆交易

---

10. 1993年由比爾・莫瑞（Bill Murray）擔綱演出的電影，劇中莫瑞飾演把相同的一天過了一遍又一遍的消極角色，他把每天當作是生命最後一天在過日子。

都必須詳述價格、如何交貨以及折扣程度。參與者們可透過查閱利潤表，以掌握在特定協議下能獲得多少利潤。為求真實性，雙方不能簡單地把8000美元平分掉。依據雙方交易如何建構而定，買賣雙方皆有最高獲得5200美元的可能。為了達到雙贏，人們往往需要一番來回磋商。

現實生活中的議價是沒有規則可尋的，所以里托夫在實驗裡也未加諸任何規則。任何人都可自由選擇想合作的對象，但必須是買賣雙方的組合。任一方都能率先開價，也可以在自己的出價上做任何調整，並使用個人的議價策略。倘若有人覺得談了半天老是在原地打轉，可以隨時終止議價，再去找別的合作夥伴。一旦成交，雙方皆可再分頭找新的夥伴，繼續下一樁交易，直到任務時間結束。雙方皆可在每場交易中，試著將利潤最大化，或是採「以量取勝」策略。

里托夫發現在實驗裡的賣方，通常是主動出擊的一方。從某種意義上來說，這個結果出人意料，因為這個實驗是如此抽象，沒有任何實際商品可看，買賣雙方僅只口頭說明自己賣什麼。

不過言語能形塑行為，買賣雙方也能很快地各自進入自己的角色。通常賣方會設定要價，買方以還價（反出價）回應。整場實驗內容大致就是這樣進行。

我們常常為了一棵樹，而忽略整片森林。里托夫的實驗，能揭露一些談判者本身不易察覺的事：先講先贏的效力。平均而言，那些先報價的人賺得比較多，而一開始開價的數字愈高，就賺得愈多。

這點可以從里托夫於1996年刊登在《組織行為與人類決策流

程期刊》論文所附的利潤圖中看出（見下圖）。這個圖表以橫軸標示的，是初始報價，縱軸為最後成交價。縱橫兩方面都是以先開價者的利潤來表示，也就是從開價到最後成交，對先提出開價的人來說都屬有利。圖表上的每個點都是最後達成的交易。重要的不在個別的「樹」，而在「森林」的形狀。這一大片黑點，大致分布在一條向上傾斜的直線條。換句話說就是：「開口要的愈多，得到的就愈多」。

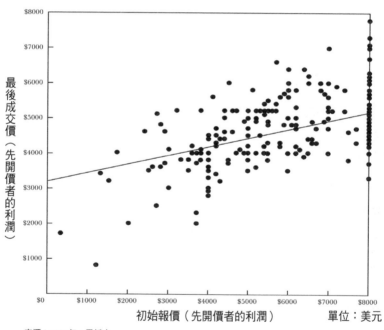

開口要的愈多，得到的就愈多

來源：1996年，里托夫

在此實驗中，任何人在任何一樁交易中，最大利潤皆為8000美元；最小利潤為0。不少人一開始就來個獅子大開口，直接就開價8000美元。圖表右側密集的黑點聚集在邊緣，便代表這個現象。如此「貪婪」的開場，讓對方幾乎無利可圖。

不過，獅子大開口卻沒有什麼明顯的負面因素。儘管最終無人能賺到8000美元的利潤，但最初就開價8000的人，賺到的和開價較低的一樣多，甚至略勝一籌。

另一個發現就更驚人了。非率先開價者的利潤圖，竟也跟這份看起來差不多。初始報價對另一方愈是優惠，另一方得到的利潤就愈豐厚。這突顯了初始價格的高低，決定了雙方的最終命運。

在房地產界，基本上是賣方開價。買方對這點也無能為力。不過在很多其他狀況下，都是先講先贏。這點在薪資協商中，更是屢試不爽。

多數員工在與雇主談薪水時，都覺得自己身處劣勢。大企業一年要面試數千名求職者。企業會制定出好幾百種薪資方案，看有多少人會欣然接受。這讓雇主對當前市場環境感覺良好。一般求職者只能獲得零星的面試機會，而他們只能猜測自己目前的市場價值。要是希望待遇開得太低，好像看不起自己；開得太高，又像不知分寸的人（可能因此錯失自己喜歡的工作）。也難怪那麼多求職者退而求其次地採納以下求職策略：

（a）讓雇主先提薪資條件。
（b）不管雇主開價多少，都先說不夠。

（c）要求比開價多20％的薪水。

（d）最後以多10％的薪水定案（或是自己心中設定的百分比）。

　　只要採用這個方法，那麼無論雇主的初始報價為何，你定能得到比雇主的初始報價還多10％的薪水。但這也表示，你比上述實驗裡的受試者，更容易被「錨定效應」奴役。

　　因為率先提出報價的人，總能創造效用最強大的「錨點」。任何人都不應該拱手讓出這樣的機會。幸運的是，現代的求職者皆能透過網路搜尋自己的市場價格。像Salary.com網站，會要求你填寫幾個基本問題（如工作職稱、教育程度、經歷），然後為你畫出一條曲線，顯示你可能擁有的薪資水準。舉例來說，你可以從中得知你想從事的工作中，有90％的從業人員一年賺不到7萬3415美元。首先誠實地回答網站的問題，然後找出排名第90位的薪資數字，這個數值將是個合適的「錨點」（初始報價）。你也許拿不到那麼高的薪資，但也不會被雇主認為你根本不知天高地厚。

　　談判中可能出現的最糟狀況，就是對方開出一個讓人完全無法接受的價碼。在這種情況下，哈佛商學院企管教授麥克斯・貝澤曼和尼爾都認為有「重設錨點」的必要──亦即要求重啟協商。他們在1992年共同發表的論文〈理性協商〉（Negotiating Rationally）裡提出警示：「以『建議調整』作為初始報價的回應，會賦予『錨點』一種可信度。而以退出談判作為威脅，勝過接受一個令人難以接受的起點。」

39
中招的傻瓜

只有傻瓜才會上當，我可沒那麼笨！

💰

反對價格的「錨定效應」最普遍的說法就是：只有傻瓜才會上當，我可沒那麼笨，跟我交手的人也是。

2008年，德國勞動研究協會的研究員喬格・歐切斯勒（Jorg Oechssler）、安德列斯・羅伊德（Andreas Roider）、派翠克・許密茲（Patrick W. Schmitz）檢驗了這個說法。他們找來1250名受試者回答一份「認知反射測驗」（CRT）題組，這是一種小型的智力測驗，只有三道題。問題全是典型的腦筋急轉彎，也歡迎你試做看看。請回答以下三個問題：

(1) 棒球和球棒一共要110美分。球棒比棒球貴100美分，請問棒球多少錢？

(2) 如果5台機器生產5個小零件要花5分鐘，那麼100台機器生產100個小零件要花多久？

(3) 湖泊裡有一區睡蓮。每天，這些睡蓮的葉子覆蓋湖面的

範圍呈雙倍成長。如果要48天葉子才會覆蓋整個湖面，那麼覆蓋一半的湖面要花幾天？

這測驗不是用來測量智力，如果依第一直覺做答，大概都會是錯誤答案。

歐切斯勒的研究團隊把受試者分成兩組。答對二至三題的屬「謹慎思考」型，答對零至一題的屬「衝動思考」型（為了讓你知道自己屬哪一型，公布答案：5美分；5分鐘；47天）。

兩組人也回答了與「錨定效應」有關的問題。「謹慎思考」型和「衝動思考」型的人，對「錨定效應」的感受並無不同。事實上，他們還發現「謹慎思考」型的人，雖然在統計值上沒有極大差距，但仍比「衝動思考」型的人稍微容易受「錨定效應」影響。

對聰慧、「謹慎思考」的人來說，幾個假設性的問題，就足以觸發豐富的聯想。他們花愈多時間、愈認真思考答案，上鉤的機率就愈高。這顯然推翻了「再稍微想一下之後，準確性應該較高」這個觀念。

40
有比較，吃了虧也甘願

我幹了一個下流勾當，但大家卻認為我做得超棒。

💰

地產大亨川普說：「我替人蓋房子時，總是會在報價上多加個5000至6000萬美元。如果我的手下進來辦公室說，某建案估價要7500萬美元，我會回是要1億2500萬美元才對！然後我會以1億美元談成這個建案。基本上，我幹了一個下流勾當，但大家卻認為我做得超棒。」

川普不是唯一愛用兩組數字的人。我們來看看貝澤曼、莎麗·布朗特·懷特（Sally Blout White），以及洛溫斯坦設計的新式最後通牒賽局。

他們要一組人表明自己會接受從10美元裡分到多少，一般得到的平均答案是4美元，這很典型。

接著，他們向第二組出示兩種報價（例如3美元和2美元），而非通常的一種報價。這些受試者不是接受其中一種報價，就是兩種都否決。

當有了選擇的餘地後，人們的行為也大大地產生變化。能夠二選一的受試者們，比較能接受開價較高的3美元，而不是直接否決它。記得在第一組裡的大多數受試者，都不會接受3美元的提議（或是低於4美元），也就是說當3美元是唯一選項的情況下，人們會否決；在2美元也是選項之一的情況下，人們卻樂於接受3美元的選項。

　　貝澤曼的研究團隊檢驗了多種不同的開價配對方式。他們發現人們接受的最低報價，平均值是2.33美元（只要它跟另一個報價比起來更高）。在這種情況下，可以說開價配對發揮了極大的影響力。受試者願意接受的金額低了40%，就只因為是兩個報價中較高的那個。

　　為什麼會這樣呢？很顯然是對比和誤導的關係。在標準的最後通牒賽局裡，提案者分給回應者3美元表示自己想留下7美元。與7美元相比，3美元顯得微不足道，因此觸發了不公平的感受，甚至憤怒。可當有兩個選項可供選擇時，注意力便會轉向其中一個對自己較有利的選項。至於提案者能得到的與這兩種報價相差懸殊，人們早已沒有多少心力去思考比較。到了做決策的當下，當事人會這麼想：3美元、2美元，還是什麼也得不到？

　　卡默勒、洛溫斯坦以及普雷萊克在近期發表的文章中寫道：「自動過程——無論是認知或感情——都是大腦運作的預設模式，認知和感情無時無刻都在發出聲響，甚至連做夢也是，構成大腦裡的大部分電化學活動。例如注意力就是受自動過程控制的部分，而且注意力也決定我們吸收哪些資訊。」可能在你報稅的時

候，有顆棒球砸破窗戶。當下不是你「決定」要起身查看，是因為這是一種自動過程。

　　神經科學正開始描繪細節。大腦底部有一團灰色的小肉球，叫做杏仁核。杏仁核的作用之一是充當看門狗，偵測任何可能的威脅，即使你當下關注的焦點是在別的事物上。在實驗研究室裡，杏仁核能「看到」周遭視覺範圍裡的東西，而這些東西，在大腦較審慎的部分反而是看不見的。

　　魔術師早就利用這種大腦的無意識機制，來指引觀眾游移的注意力該關注什麼。魔術師知道觀眾很快就會適應他們聽聞的一切，並根據對比和變化做出反應。在魔術知識裡，想達成誤導效果，移動的物體比靜止不動的好；活體比無生命的好；新玩意兒比已經表演過的好；不固定的模式比一般熟悉的模式好。美麗助理隨著乾冰突然出現，好讓魔術師趁機把兔子放到帽子裡。魔術界公認的準則，就是「以大動作掩護小動作」。要轉移觀眾對小動作的疑心，就得用更大、更可疑的動作來掩護。相較之下小動作就顯得沒有那麼可疑，然後就這樣被忽略。這簡單的把戲竟能發揮強大的功效，全是因為我們的意識總會把游移不定的感知融入對周遭世界的幻想中，結合成一幅即時的、完美無瑕的地圖──就像Google地圖將衛星在風和日麗的日子裡拍攝的數以千計美麗絕倫相片，組合而成的世界地圖一樣。Google那萬里無雲的世界地圖只是一種幻想，同樣地以為我們的眼睛所見都是真實，也是一種幻想。

　　魔術，就是在自由意識的幻覺上做買賣。因為觀眾沒有察覺到心理操控令他們把注意力集中在A、B、C，而不是X、Y、Z

上，他們相信自己看到了每個重要細節。當然了，他們本來是能夠看到一切的，只要他們選擇不去看助理被剖成一半的畫面。當今的行為決策理論學家，傾向於以同樣的道理看待議價和訂價。擅長此道的人，其實也擅長利用人們有限的注意力和有限度的理性。

二選一的最後通牒賽局，就類似「桌上有死狗」和「好警察、壞警察」之類的古老談判技術。精明的談判者有時會提出一個他明知對方絕不可能接受的開價（即俗稱的「死狗」）。他會先堅持片刻，然後再提出一個較有利於對方的開價。相較之下，新的開價好極了，於是讓對方迫不及待地接受。搞定！其實，新的開價正中這隻狡猾老狐狸的下懷——要不是這麼做，對方是絕對不會接受新開價的。

還有另一種做法，談判小組裡的其中一位成員（壞警察）會提出一個「死狗價」。他去上廁所時，同夥（好警察）就會表現出同情心，暗示事情有轉圜餘地。當壞警察從廁所回來時，他就會跟好警察爭吵。最終是好警察吵贏，對方會滿懷感激地接受好警察的開價（正中兩位警察下懷）。

貝澤曼的研究團隊發現了這些選擇的類似效果。以下選項，你會選擇哪個：

（a）400美元自己用，400美元給對方；

（b）500美元自己用，700美元給對方？

當這些選項以單一問題呈現時，看見（a）的人會認為是可以接受的；看見（b）的人則是對它頗有微辭。（b）選項中對方比自己更好這個事實，是搞砸交易的元兇。

但是當（a）和（b）放在一起時，78％的人選（b）。通過直接對照的方式，選擇（a）等於讓自己少拿100美元，所以不受歡迎。選項（b）則是對雙方都更有利。

在這種抽象情境中，除非跟別的東西做比較，否則受試者在沒有對照的情況下，無從判定「可接受」的範圍在哪。只要加上第二個選項，就能轉移注意力的焦點。

貝澤曼請西北大學凱洛格管理學院的研究生們，評定一份假設性工作的職缺薪資（以1990年代中期的幣值計算）：

職缺A：4號公司開價年薪7萬5000美元。大家都知道這間公司給所有剛從頂尖商學院畢業的學生，就是這樣的待遇。

職缺B：9號公司開價年薪8萬5000美元，大家都知道這間公司給剛從凱洛格商學院畢業的學生年薪9萬5000美元的待遇。

職缺B，對管理學院的學生來說，無異是種侮辱。如兩種職缺以個別形式呈現，這些未來的執行長們多數會拒B選A。如果讓這兩種選項一起呈現時，他們比較偏好B選項。不論公不公平，沒理由放過一年多賺1萬美元的機會。

這項發現值得思考，因為我們少有第二個選擇的機會，我們大概都只能前後評估自己的工作報酬。工作機會通常是一個接著一個到來。如果你接到一個工作機會，你會有幾天時間來做決

定：這份薪水夠好嗎？我應該婉拒，然後再繼續找工作嗎？我們在這種情境下所做的決定，跟工作機會同時出現、能從兩者或三者中挑選時所做的決定不一定一樣。

貝澤曼、懷特以及洛溫斯坦認為，所謂的「公平」也有黑暗的一面。「同時，我們的研究也顯示，人在孤立情境下所做的評估，會比較偏向人與人之間的比較，而不是將結果最大化，這意指如果人是逐一做出政治決策，人們就有可能把公平當做決策基礎。不管是對他們自己，還是對全體社會來說，這麼做都不盡理想。」

41
黃湯的神奇效力

午餐時，來上三杯馬丁尼，複雜的問題馬上就變得簡單。

$

　　曾有位法國公爵說過，一瓶上等的白葡萄酒，往往能改變帝國的命運。美國商業界顯然也認同這個說法。他們每年大概花200億美元招待客戶和生意夥伴喝酒，這大概占酒類零售市場12％的收入。這可不是企業對酒業慷慨的善舉。酒精讓供應商和客戶達成原本棘手的交易，議定出比清醒時更有利的價格。所謂的「試探汽球」常常在酒酣耳熱之際被帶入至主題中，有時交易大綱索性就畫在雞尾酒會的餐巾紙上。美國國稅局允許企業和個人將酒精飲料列舉為「交際費」扣抵稅款，只要是在「正常和必要」情況下。而似乎沒有人懷疑什麼才是「正常和必要」。

　　當美國經濟衰退時，最不能少的就是以酒精作為潤滑而談成生意。紐約不動產市場在整個2008年幾近沉底，普天壽房地產公司（Prudential Douglas Elliman）邀請高收入的客戶看房時，免費提供蘇格蘭泰斯卡威士忌和樂加維林威士忌——這兩種酒的市價，每瓶大約60至70美元。一位房屋銷售代表說：「喝點波本威

士忌有助銷售。」他頗有信心地認為能從交易裡再賺回酒錢。房地產記者霍夫尼在報導中寫道：「幾杯黃湯下肚，不僅能讓個性膽怯的客戶願意到舞池中熱舞一番，也能讓他們鼓起勇氣買下一間數百萬美元的高檔公寓。」

人在這種情況下同意接受的價格，會跟他們在完全清醒的狀態下一樣嗎？英國里茲大學和牛津大學的一支研究團隊做了一項實驗：

讓時常需要交際應酬的人，在攝取酒精或安慰劑之後，完成一組心理測驗，測驗中包含若干帶有賭博性質的選項。實驗組用的雞尾酒混合了香氣撲鼻的奎寧水、塔巴斯哥辣醬以及酒精；對照組喝的則是未摻酒精的調配方式。摻入酒精的比例依體重而有差異，平均相當於每個人攝取3杯烈酒。

按照民間智慧的說法，酒精會促使人冒險。你必須從全身酒氣但仍堅稱自己能開車的友人手中搶過車鑰匙；賭場提供的「免費」酒精飲料會慫恿賭客更不計代價地下注。但是，從英國做的這項實驗看來，在很多方面酒精組和安慰劑組，在行為表現上並無明顯差異。酒精並不會抹煞「前景理論」。不論是喝了酒還是沒喝酒，人們相對於獲益更討厭損失；相對於損失更勇於冒險。兩組都確實偏好有較大贏錢機率的賭注。

不過，英國研究團隊發現一項十分顯著的差異。它出現在當受試者面對的是涉及巨大損失的「困難」選擇時。

如果你想自己實驗看看，你得先調三杯飲料。首先每杯倒入

3.6盎司的伏特加，然後再加奎寧水混合成每杯10盎司的飲料（3.6盎司適用於體重150磅〔約68公斤〕的人，酒精比例依體重計算）。你有15分鐘喝光這三杯飲料，然後等上10分鐘，再回答以下兩個問題：

問題一：你會選擇哪一個？
50％機率贏10美元；不然就輸10美元。
66％機率贏20美元；不然就輸80美元。

問題二：你會選擇哪一個？
50％機率贏10美元；不然就輸10美元。
66％機率贏80美元；不然就輸80美元。

請寫下你的答案。

現在是最重要的部分：請在接下來的2小時內，不要開車、不要騎腳踏車、不要操作機械，也請不要做任何愚蠢的事。

從設計本意來說，這兩個問題都是很難回答的選項。沒有所謂的最佳答案。選項（a）在兩個問題裡維持不變，是公平的五五分。但因為損失比獲得的悔恨程度更大，所以幾乎每個人都主觀地將它視為損失。

兩題的選項（b）皆為有較大贏錢機率的賭注。選（b），大概會抱回一些不費吹灰之力贏到的錢。

等等，有個陷阱：兩題的選項（b）都有一筆令人擔心的輸掉

80美元的可能性，這會讓此選項的吸引力大減。受試者被迫得從中選擇比較沒那麼惡毒的選項。

這兩個問題，唯一不同的就是選項（b）可贏得的金額。第一題的選項（b）是贏得20美元；第二題是慷慨很多的80美元。邏輯上，你會預期第二題選（b）的人，會比第一題選（b）的人多。

那的確是事實。多數受試者（不管是喝醉或清醒）在第一題選（a），第二題選（b）。然而，清醒的人在兩道題的選擇上會有比較明顯的變動。較之喝醉組，他們比較會察覺到金額的改變。

英國研究團隊的整體結論，便建立在這一微妙的差別之上。在衡量預期的大量損失時，喝醉的人計算可獲得金額的能力會降低。當選項（b）可獲得金額從20美元增加至80美元時，很多喝醉的人對此無動於衷，就像鬼遮眼一樣。

酒精讓人們原本已經有限的注意力範圍更進一步縮小，這是一種被戲稱為「酒精近視」（alcohol myopia）的現象。這也讓理性範圍更緊縮。兩個題目都是二擇一，由於受試者被明確要求需做出選擇（不是自己開價），所以就會專注在贏的可能性（50％對66％）。還有，也必須顧慮不利風險。

最大的可能損失是80美元，這比選項（a）的10美元高得多，所以這80美元就成功博得人們的注意。就像魔術師的「大動作」一樣，80美元的損失形成誤導，受試者會全神貫注的衡量1/3的機率損失80美元會有多糟，是否足以推翻內心對較大贏錢機率賭注的偏好。

不論喝醉或清醒，用在考慮選項（b）的認知資源都遠遠不夠。因為有太多可以操弄數字的戲法，喝醉的受試者尤其無力招

架。結果，他們不太注意獲得的部分。這個結果有時導致決策顯得冒太大的風險，有時又導致決策趨於保守。

商業界有許多與這個例子極相似的事。向潛在客戶報價，就像是場賭博。你永遠不會事先確知需要付出多大的心力：客戶會多難搞、哪些地方可能出紕漏，還有能否找到什麼其他相關的機會。如果未能反應所有相關的資訊，任何報價都可能是「錯」的。賣家可能因為把價格訂得太高或太低，失去有利可圖的大生意。而午餐時，來上三杯馬丁尼，複雜的問題馬上就變得簡單。

喝醉的人喪失辨別能力，搞不清「值得賭一把的賭注」與「鐵定會輸的賭注」的差別。幾杯黃湯下肚，上述兩者看起來一樣美好。

42
錢會縮水

價格歷史並不管用。

10億辛巴威幣，買不起原先可以買到的東西。

2008年7月，辛巴威的羅伯特‧穆加貝（Robert Mugabe）政權發行了一種100億面額的鈔票。這鈔票立刻成為收藏家的收藏品。可作為錢幣本身，幾乎不出幾週就會變得毫無價值。2009年1月，辛巴威儲備銀行發行了新的100兆面額鈔票。鈔票上印有水牛和維多利亞瀑布，據說當時的價值約30美元。那個時候，幾乎已經沒有人使用辛巴威幣。據報導，辛巴威幣的通貨膨脹達高峰，一年的通貨膨脹百分比是百分之5000億。除了印製愈來愈大的面額之外，政府還定期砍掉鈔票面額的數字0，至2008年底已重新發行13次貨幣。嚴格來說，100兆面額的辛巴威幣其實就是幾年前的1000億面額鈔票（只是後面多加了幾個0）。

辛巴威人又是如何看待這一切呢？全世界的人都在問這個問題，駐辛巴威的記者覺得很難給局外人一個直接了當的答案。辛巴威的經濟殘破，有80％的失業人口，飢荒蔓延。通貨膨脹算

是辛巴威最小兒科的問題。他們堅忍地接受自己國家的貨幣，賞味期限猶如鮮奶般一樣短。日子一天天過去，價格比率仍合理平穩，就算絕對價格改變也是如此。

首位研究惡性通貨膨脹心理的偉大學者是歐文・費雪（Irving Fisher, 1867-1947）。最近，人們重新關注起這位經濟學家。塞勒便推崇費雪是行為經濟學先驅，而特沃斯基在一篇論文中就把費雪提出的「貨幣幻覺」概念，視為一種在通貨膨脹時期會上演的一套認知詭計。

其實對行為經濟學家這個群體來說，費雪是怎麼也不該當上英雄的。費雪在1892年的專題論文裡抱怨古斯塔夫・費克納，說他對經濟學造成有害影響。他寫道：「把心理學強加在經濟學上，依我看是不恰當也帶有惡意的行為。」二十世紀裡有好幾十年的時間，費雪大概是美國最知名的經濟學家。大眾對他的認識，始於他的暢銷著作《如何過活》（How to live）。費雪也是位成功的發明家，他設計一種索引卡系統，是同儕之間的佼佼者，當他的索引卡公司與人合併成商用事務機製造商雷明德公司（Remington Rand）時，他也賺進大筆財富。打從他在耶魯大學執教，他就對當今時代的諸多議題發表過意見。他提倡素食主義、禁酒、優生學，凡是你想得到的健康養生法他都贊成。1919年，為了治癒女兒瑪格麗特的精神分裂症，他同意一名庸醫移除她的部分結腸，但這個嘗試最終失敗，瑪格麗特因此去世。

費雪極為順遂的事業在1929年有了變化。就在黑色星期一[11]到來之前，他都試圖安撫投資者躁動不安的情緒。他說：「股市

---

11. 1929年華爾街股市崩盤，以牽連層面和持續時間而言，是美國歷史上最嚴重的一次股災。

近期的不穩定，只不過震出了那些『喪失理性的股市狂熱者』。等到這些瘋子離開市場，價格必定一飛沖天。股價已達看似永久的穩定水準。」結果並非如此，而這些主張也讓費雪的名譽掃地，他的索引卡事業一夕間化為烏有。

費雪相信以精確的物理學專業就能預測價格。這應該是受他在攻讀博士學位時的指導教授影響，一位隱居的物理學家喬西亞‧威勒德‧吉布斯（Josiah Willard Gibbs）。費雪渴望從供應和需求計算出價格，就如氣體體積能以壓力和溫度計算的道理一樣。費雪的博士論文敘述了如何實行這個構想，他甚至建造一台價格製造機（見289頁圖）。那是個大水槽，裡頭有若干入水一半的「蓄水池」與另一套槓桿系統相連。

只要調整「制動裝置」，並把收入、邊際效用和供給等數據輸入槓桿，接著就能從量表上得出價格。吉布斯一定很滿意。這個裝置預示了（但願不是嘲諷）二十世紀經濟學的發展方向（「壓下1號制動裝置，抬起3號，」費雪的操作手冊上這麼寫著，「現在1號、2號、3號，分別代表一位富裕的中產階級和窮人……」）。

不像一些與他同時代的人，費雪對不符合他的機器呈現結果的異象，特別感興趣。費雪在1928年出版的《貨幣幻覺》（The Money Illusion）中對通貨膨脹做了史詩般的論述，至今無人能比。1922年，費雪去了威瑪共和國，觀察一般老百姓如何應付令人痛苦的通貨膨脹。為支付驚人的戰爭債務，德國印鈔機片刻不休地大量印製馬克，自從一次大戰開打，商品價格已經翻了50倍。在柏林的一間商店裡，費雪挑了一件襯衫，並依店主的開價付款。「因為店主怕我覺得她是牟取暴利的奸商，她解釋：『我

價格製造機

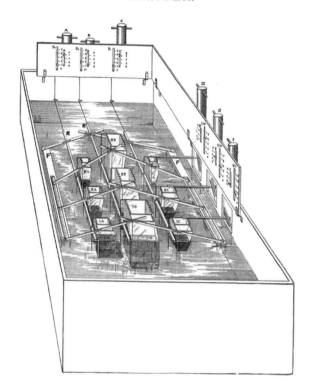

賣給你這件襯衫的價格,就等於我要再補貨一件的成本價。』我
還來不及問她為什麼要賣那麼便宜時,她繼續說:『但是我算是
有賺到,因為我當初進價較低。』」

　　當然,若是以有意義的認知來看,店主並沒有賺到任何利
潤。她要付更多馬克才能再補一件相同商品。從進貨至賣給費雪
這段期間,馬克的購買力已經下降了。她的確漲價賣,而馬克的

幣值早已大大縮水。

費雪要表達的重點是，金錢只不過是個用來得到東西的工具。當價格穩定時，我們可以把金錢和購買力畫上等號。而當金錢的購買力不停變化時，就有區分的必要。

無論如何，這是經濟學家的想法。一般人就跟店主一樣，都有忽視通貨膨脹的情形。德國通貨膨脹在1923年達到顛峰，當時每隔兩天價格就翻倍。在一張新聞照片裡，一位德國女性把馬克鏟進火爐裡如同柴薪。那個時候，把錢拿來燒還比用那些錢所能買到的木柴產生更多熱能。即便如此，費雪發現德國人仍設法過著否認部分現實狀態的生活。他們把心思都放在價格上，不是物品。

貨幣幻覺的概念，幾乎總是在通貨膨脹的背景下引入。事實上，兩者不見得有關，不管是美元或辛巴威幣。只要價格變化，貨幣幻覺就可能產生。貨幣幻覺的基礎就是，消費者太注重價格，而對價格所代表的購買力缺乏足夠的注意力。符號變得比符號所代表的東西更加重要了。

你正打開一瓶波爾多葡萄酒要與友人共進晚餐時享用。那瓶酒是你在期貨市場以20美元購得的（採收季節之前）。結果那年的紅酒品質出奇地好。你剛好得知這瓶酒現在大概要75美元才買得到（而且無法忍著不告訴前來共進晚餐的友人）。那麼，你覺得這瓶酒實際花了你多少錢？

(a)沒花到什麼錢（因為多年前就買來放著，根本也忘了價
　　格）

（b）20美元（原本的購入價）

（c）20美元再加利息

（d）75美元（因為現在就是這個價格）

（e）-55美元（因為只用20美元買了一瓶現在要75美元的紅
　　酒）

　　1996年，塞勒和普林斯頓大學心理學家艾爾達·沙菲
爾（Eldar Shafir），向一群酒品收藏家提出這個問題。一定有很多
人先前就遇過這類問題。當然，這並沒有「正確」或「錯誤」的
答案。塞勒和沙菲爾只是要問紅酒感覺起來的價格為何。他們的
具體措詞是這樣的：「以下敘述，哪一個最符合你在享用這瓶紅
酒時的感受？」

　　經濟學家幾乎全都選（d）。要再買一瓶你正在享用的紅酒，
就是要以目前的訂價。你以前用多少錢買，的確是個晚餐閒聊的
好話題……但是價格歷史並不管用。

　　選項（b）也許對會計專業人士來說，是個自然不過的選擇。
會計裡對庫存估價的進銷存管理法，用的是已支付價格。這很合
理，因為零售商知道自己付了多少錢。他不一定非得知道目前的
市場價值，說不定根本不值得多花心思去找答案。

　　選項（a）表示價格歷史不只無關，也可能被完全遺忘。選
項（e）更是完全否定價格歷史不管用的看法，造成以負成本買了
一瓶上等紅酒的詭異結果！經濟學家和會計專業人士對這兩個選
項肯定會搖頭嘆息。然而（a）和（e）卻是最多酒品收藏家選擇
的答案，各占30％和35％。只有20％的收藏家選擇了經濟學家偏

愛的（d）。絕大多數的人，持續被過往的價格糾纏。

　　名目金額之所以如此難以從腦海裡抹滅，其中一個原因就是因為我們不斷被這些金額疲勞轟炸。「人們的一般交談內容和報章雜誌報導裡，也時常顯現出貨幣幻覺。」沙菲爾、彼得・戴蒙德（Peter Diamond）和特沃斯基寫道。要不試著翻閱《金氏世界紀錄》吧！裡面全是與金錢有關的紀錄——最高薪運動員、拍賣史上最高價、最昂貴的餐點等。極少紀錄內容是依通貨膨脹做了調整。沒錯，同樣是網球界傳奇球星，但是阿諾・帕瑪（Arnald Palmer）賺到的美元永遠比不上阿格西（Andre Agassi）。但若說究竟誰比較有錢，你可能得猜猜。

　　《紐約時報》或美國有線電視網CNN的記者們，也沒比《金氏世界紀錄》的編輯好到哪去。歷年來幾乎每家新聞的報導，都是在金錢價值部分打轉，極少有隨通貨膨脹調整後的數據報導，甚至就連最有公信力的媒體也做不到。這一點也許與媒體總是喜歡以「最」為開頭的新聞有關。「史上最大筆贊助金額」，總是比「如將通貨膨脹因素計入，是史上排名第八大的贊助金額」來得更有新聞性。

　　是什麼造成貨幣幻覺？最簡單的答案是，嫌算數太麻煩。但是，這仍不足以解釋一切。研究者找來有數理長才的學生，用與通貨膨脹有關，或是價格變化顯而易見、方便計算的「簡單」題目考他們。但總體看來，那些受試學生仍成了貨幣幻覺的受害者。

　　沙菲爾、戴蒙德和特沃斯基，在紐瓦克國際機場和兩家紐澤西的購物商場，對多樣化族群受試者做全面性的研究。有個問題

如下：

　　「小安」和「芭芭拉」是某出版社的兩名員工。在沒有通貨膨脹的某一年，小安獲得加薪2%。在通貨膨脹4%的另一年，芭芭拉獲得加薪5%。

　　一組受試者被問到加薪之後，「經濟條件」比較好的是小安或芭芭拉？多數人選擇小安，這是「正確」答案，加薪提升小安2%購買力。而由於通貨膨脹的緣故，芭芭拉的加薪大約只讓她提高了1%的實際購買力。

　　現在有趣的部分來了。第二組也是從機場與商場隨機挑選的受試者，當詢問他們在加薪之後，誰比較快樂時，多數人選了芭芭拉。第三組的隨機受試者被問到誰比較可能會離職時，很多人覺得應該是小安（意思是芭芭拉比較可能繼續堅守工作崗位）。總體來看，金錢＝快樂＝未經通貨膨脹調整的金額。

　　從第一個問題得到的答案，表示受試者是有能力考慮通貨膨脹因素的。他們之所以會考慮到通貨膨脹，就只是因為受到「經濟條件」一詞的提示。研究者把這個現象歸因於「多重表現」。人在心理上會有兩種表示金錢的方式，一種是以實得的金錢數額為基礎，另一種則是以購買力。幾乎每個人都知道，一旦出現通貨膨脹，只以實得金錢數額為基礎的方式是「錯誤的」。但是兩種表示方式皆控制了人們的注意力，也都會影響人們的決策，這有時候是無意識的。這暗示了貨幣幻覺，可能是一種「錨定效應」。名目的金額是「錨點」，調整（為了通貨膨脹做的調整）通常不充分。

一般普羅大眾都是貨幣幻覺的真正受害者。雇主利用通貨膨脹削減薪資，還大言不慚地稱之為「加薪」。工會談判代表所慶祝的「勝利」，不過是自我安慰罷了。他們把積蓄投入報酬率低或者根本沒有真正報酬率的儲蓄帳戶、房地產、債券、年金。政府甚至對根本沒有任何「獲利」的儲蓄帳戶和房屋課稅。

　　貨幣幻覺並不總是件壞事。2008年《洛杉磯時報》有篇觀察評論談道：「2000年後加州房價迅速攀升其實有助於少數族群買到房子，因為這消除了擔心因為少數族群成為社區一分子，導致房價下跌的憂慮。」

　　無論如何，貨幣幻覺必然會在我們的人生當中更加強化。很多時候，我們的社會就如著名的心理學實驗「巴甫洛夫的狗」（Pavlov's dog），人就像實驗裡的狗，金錢正是實驗裡的鈴噹。在重複無數次訓練之後，我們垂涎三尺的東西就變成了空洞的符號，而不是肉。

43
販賣貨幣幻覺

因為成本關係只能降低折扣——然後再抬高官方售價。

$

設想你是一家電腦公司在新加坡分處的總經理，時空背景是1991年，你正在洽談合約，銷售電腦給一家當地公司，交貨時間是從現在算起二年後。目前公司每台電腦售價是1000美元，到1993年交貨時，預期新加坡物價會上漲20％。當然，這只是臆測。有兩個簽定這份合約的方案：

A：以每台電腦1200美元的價格（1993年），銷售給該公司，
　　不管那時電腦的真正價格為何。

B：以1993年的實際價格銷售。

你比較喜歡哪一個方案？沙菲爾、戴蒙德和特沃斯基在問卷裡設計這兩種選項。他們發現參與問卷調查的人分成兩派，46％選A，54％選B。他們也發現只要改變問題的敘述方式，就可以扭轉得到的回應。這個發現，很可能「對議價和談判造成嚴重後

果」。

以上敘述盡可能維持中立的措詞。另一組受試者看到的問卷內容有相同問題，但加入了「現實」（根據通貨膨脹加以調整）條件：

A：以每台電腦1200美元的價格（1993年），銷售給該公司，不管當時電腦系統的價格為何。因此，假如通貨膨脹低於20％，你的售價就會比1993年的實際價格高；反之假如通貨膨脹超過20％，售價就會比1993年的實際價格低。由於採固定售價的方式，所以獲利程度會視實際通貨膨脹程度而定。

B：以1993年的實際價格銷售。因此，假如通貨膨脹超過20％，售價會高於1200美元；假如通貨膨脹低於20％，就會低於1200美元。因為生產成本和價格都跟通貨膨脹比例息息相關，不管通貨膨脹的比例為何，你「真正的」實質獲利維持不變。

以這種方式敘述時，絕大多數的受試者選擇B（81％）。這個版本讓B看起來是保證真正獲利，A看起來就像在賭運氣。

還有另一組受試者，合約內容相同，但再以幣值條件敘述——以引起貨幣幻覺：

A：以每台電腦1200美元的價格（1993年），銷售給該公司，

不管當時電腦系統的價格為何。

B：以1993年的實際價格銷售。因此，與以固定價格1200美
　　元銷售相比，若通貨膨脹超過20％，實際售價會較高；
　　低於20％，實際售價就更低。

　　這個版本的措詞把A描繪成確定的事，B就變得像是在賭運
氣。有59％的受試者選B。根據沙菲爾研究團隊的看法，這代表
兩件事：一是，人們「自然地」以幣值條件考慮事情。「中肯」的
措詞跟偏向引發貨幣幻覺的措詞，得到的回應並無明顯差距。

　　二是，人們的選擇彈性非常大。「損失規避」是強大的動因。
人會花更多錢，避免風險發生（實驗結果也是如此），也會花更多
錢在僅以文字對風險輕描淡寫的敘述上。

　　沙菲爾、戴蒙德和特沃斯基認為，不管限定什麼樣的框架，
人們往往都會接受。工會主席想讓成員簽定一份合約——或是資
方想讓工會接受一份重大協議——都應該審慎考慮介紹的措詞。
訣竅是，把合約內容的風險看起來減至最低。不管實質的合約內
容如何，這都是有可能做到的。

　　假設合約要求把工資提高至時薪20美元，那麼現實狀況應該
要寫成「保證時薪20美元」。因為如果薪水是可調式的，那麼便
有時薪低於20美元，甚至減薪的風險。

　　如果合約要求薪水每年調漲3％，就要寫明「保證調漲
3％」。因為薪水確定會調漲，所以你也不需要擔心通貨緊縮的問
題。如果是以生活指數掛鉤來訂定合約，那就有可能造成減薪的
結果。

如果合約表示薪資以生活成本指數計算，那麼你可以說這合約保證了一件重要的事：購買力。但很諷刺地，這也是這類型的合約，最受抨擊的一點。問卷調查結果指出，除非必要，否則人們不會主動選擇這個方案。

　　商人一直都在利用通貨膨脹的效用自肥。網路行銷界的導師馬琳・詹森（Marlene Jensen），建議客戶使用這個聰明的竊盜手法。例如你有一件100美元的商品，你不會以100美元賣掉，當然不可能。你會說這本來原價是149美元，如今打折後變99美元。隨著時間流逝，通貨膨脹一點一滴吞噬你的利潤，所以你不得不漲價。詹森建議，不要漲價──少降折扣就行。

　　官方售價（也就是沒人會用這價格結帳的金額）仍然是149美元，但現在你打點折後，賣119美元。對很多東西來說，顧客根本不會注意到價格有所變動。例如顧客不會記得之前訂閱電子報是多少錢。他們也不懂商品究竟應該值多少錢，反倒會被「只要119美元就能買到149美元的商品」所吸引。

　　這還只是詹森的一半計謀而已。隨著時間流逝，通貨膨脹也從未停歇。以成本上漲為由對顧客曉以大義，告訴他們訂價從149美元漲到179美元是必要的。但是對忠實的客戶來說（基實就是所有人）卻增加了折扣，因為他們如今可以用119美元，買到179美元的商品。反正付的錢仍維持不變，沒有人會持反對意見。

　　這奠定了下一輪獅子大開口的基礎。最後，你可以跟客戶說，因為成本關係只能降低折扣──然後再抬高官方售價。如果需要，隨時都能重複這個循環。

44
價格可是男女有別

男性一定會討價還價，結果總是得到更高的起薪。

$

珍・威爾許（Jane. Beasley. Welch）拿起電話分機，無意中聽到很多她寧願沒有發現的事。她的先生，美國知名企業家傑克・威爾許（Jack Welch），正在跟一名陌生女子講電話。珍漠然地掛上電話。她偷偷查閱傑克手機裡的簡訊，確認了她的疑慮。最讓珍感到震憾的是，當她質問傑克時，他不否認外遇就算了，也沒放低身段或抱頭痛哭懺悔自己做錯事。傑克愛上體態與長相猶如模特兒的42歲《哈佛商業評論》總編輯，蘇西・魏勞芙（Suzy Wetlaufer）。該雜誌社想做一個專題採訪傑克，而他也欣然答應這個邀約。傑克沒料到自己正走進一場「史上最昂貴的約會」。

雙方的離婚委任律師，很快便為了資產淨值評估的分歧吵了起來。珍的委任律師粗估傑克的資產淨值為8億美元（並要求分一半）；傑克的委任律師團則說資產淨值只有4億5600萬美元（只願意分給珍30％以下）。由於雙方僵持不下，傑克暫時支付珍每月3萬5000美元的贍養費。以珍對女人應得權利的認知，她覺得這樣

下去不是辦法。該是發出最後通牒的時候了。

2002年的夏季，整個社會的話題都圍繞在貪得無厭的執行長們身上。Enron、WorldCom、Tyco、Adelphia，這些大企業的桃色醜聞一件件被攤在陽光下。同年6月14日，美國Tyco公司腐敗的執行長丹尼斯・科洛斯基（Dennis Kozlowski），替妻子舉辦一場超猛的40歲生日趴。受邀賓客坐飛機到薩丁尼亞島享受一場「羅馬式縱慾趴」，蛋糕上有寫實的裸女造型，男服務生清一色穿著羅馬傳統服飾，還有米開朗基羅畫作中的〈大衛〉造型冰雕，下體流洩出源源不絕的蘇聯紅牌伏特加。科洛斯基對外聲稱這是股東大會，向公司申報了200萬美元的花費（總共斥資400萬美元）。不出幾個禮拜，這起事件和其他接連被踢爆的醜聞，讓他成了過街老鼠，科洛斯基只好請辭。諷刺的是，科洛斯基常被拿來跟傑克・威爾許相提並論——這是當時拿來讚譽執行長的最高恭維。凡是留意報紙財經版的人就知道，那些從商場上捲舖蓋走人的執行長之中，就只有威爾許毫髮無傷。沒人懷疑他的真誠和直言不諱的坦率。

珍有能力改變這一切。她知道傑克收到美國奇異公司（GE）一堆額外津貼，這是股東和記者所不知道的祕辛。舉例來說，奇異同意威爾許在公司任職期間，替他負擔位於川普大樓，月租8萬美元的高級公寓，連同退休後也不例外。珍的委任律師告訴她，她有權使用該公寓，因為這算是傑克的資產。傑克還有很多類似的額外津貼，珍的委任律師詢問她這些細節，並用彩色圖表做成一份供詞。

這成了關鍵的談判籌碼。在這執行長醜聞層出不窮的一年，

釋出這些祕辛，（至少）會擊垮傑克在業界的地位，也可能迫使他不得不捨棄這些優沃的額外津貼。珍提出的條件是：把這些額外津貼公平地分給我一份，否則你也別想得到。

傑克‧威爾許是美國奇異公司最後通牒談判傳統的傳奇人物。他在商場上有個響亮的綽號：中子傑克，因為他一貫地大刀闊斧開除10％工作表現最糟的經理。傑克向來不吝祭出殺雞儆猴的鐵腕。可是，珍也不只是在虛張聲勢而已。

珍的委任律師在9月5日向法院提出供詞。隔天一早供詞內容就占了《紐約時報》整個頭版。這已不再只是名人的離婚官司而已，而是赤裸裸地展示傑克‧威爾許在奇異的薪資方案。奇異付給傑克的退休金是每年800萬美元，大概是他最高薪水時的兩倍，關鍵是這是他什麼事都不用做就能享有的。傑克也是奇異的顧問，這個職位又讓他可以永遠領一筆每年8萬6000美元的顧問薪水。

與那些終生享有的待遇相較之下，他的薪水簡直微不足道。他可以隨意使用公司的波音737飛機，機師和燃料都免費。奇異還送他紅襪、洋基以及尼克隊視野最棒的座位；他在餐廳吃飯，幫他買單；車子、手機、鮮花、衣物乾洗、紅酒，甚至連維他命都是公司付錢。只有一件事讓人想不通，就是傑克怎麼花用那筆每年800萬美元的退休金。《紐約時報》記者諾塞拉（Joseph Nocera）寫道：「他應該是跟公司協商了一套退休方案，讓他一輩子不愁吃穿。」

消息曝光後傑克‧威爾許十分震怒，很快地人們就把他拿來跟科洛斯基相提並論——這可不是什麼恭維。就在珍的爆料占

據新聞版面不到十天的時間，傑克再也受不了這些鋪天蓋地的批判。他宣布放棄所有奇異公司提供給他的特殊待遇。初步估計，珍的最後通牒代價可真不小，讓這對怨偶餘生每年損失250萬美元。

一件T恤，點燃索爾尼克（Sara Solnick）對兩性與談判的興趣。身為一名年輕的經濟學學生，她參加由康納曼和塞勒主辦的暑期學院。在學院裡，她偶然看見一件印著「經濟人是否存在？」的T恤。索爾尼克回憶當時情形：「他們質疑『經濟人』是否存在就罷了，但他們仍認為經濟人是個男人。我說，這個人的身分也會有所不同。」

索爾尼克專攻勞動經濟學，也知道性別歧視是該領域的一大難題。長期以來，大家都認為女性賺得比同等工作能力的男性少，甚至在排除了所有可能影響結果的明顯因素後，也是如此。當索爾尼克了解了最後通牒賽局之後，她認為可以從全新的角度來詮釋性別角色。她想知道在以探討價格設定為主的模擬賽局中，是否也存在性別歧視。索爾尼克的指導教授告訴她，這會是個很棒的研究主題，因為不論得到的結果如何，都會是個很有趣的研究。她申請5000美元經費，開始著手研究。

在索爾尼克精心設計的最後通牒賽局裡，提案者和回應者分別坐在隔板的兩面，看不見彼此。對照組只知道夥伴的代號，另一組則知道夥伴的名字。第二組裡的每個人必然會意識到夥伴的性別，但沒有人知道其實實驗的內容就是關於「性別」（某些受試

者有很中性的名字，像是「凱西」或「喬丹」。這類名字的結果不會列入計算）。

不知道夥伴性別的提議者，平均從 10 美元裡分給夥伴 4.68 美元。但是那些知道夥伴是男性的提案者，平均分給夥伴的金額是 4.89 美元；當他們知道對方是女性時，平均提議金額就只有 4.37 美元。

一個容易的解釋是，大家預期男性是報復心強的混蛋，女性則是逆來順受。不過奇怪的是，性別歧視在女性扮演提案者角色時，會更為明顯。女性提案者給予男性回應者的平均金額是 5.13 美元——比公平的五五分帳還多——若回應者是女性，平均金額則只有 4.31 美元。要嘛是女性對男性比較慷慨，要嘛就是比較怕惹他們生氣。一名女性受試者，把 10 美元全數分給自己的男性夥伴，這幾乎是在實驗裡從未發生過的事。這名女性受試者解釋：「我希望我們兩其中一人能得到好處。」

索爾尼克要求回應者表明自己能夠接受的最低提案金額。當回應者得知提案者是女性時，這個最低可接受的金額就會偏高。女性不論扮演哪一個角色，都是弱勢的一方。

像「性別偏見」這種專業術語，在這個實驗裡或有誤導之嫌。索爾尼克實驗裡的受試者皆為賓州大學學生，他們還太年輕，不了解早先女權主義的歷史過往。儘管他們可能會有意識地拒絕雙重標準（就跟「錨定效應」的受試者否認自己受到隨機數字影響），但性別的確帶來了差異。光是使用名字，就能觸發潛意識的性別行為模式，這點可從金錢分配的方式看出。

總體來看，在索爾尼克實驗裡的男性提案者，大概比女性提案者拿到多14％的錢。這個數值，跟真實世界裡的薪資性別差距調查報告很接近，索爾尼克指出，「女性說不定只能得到較小的份額。」

　　對我們這個講究男女平等的社會來說，這些發現著實令人不安。當個人與雇主協商薪水方案時，「同工同酬」會變成是個啼笑皆非的概念。如果雇主（不論本身性別為何）總是無意識地對女性求職者提出較低薪資，女性就該接受嗎？索爾尼克發現，很多雇主根本不在乎他們接不接受。她從研究裡得到雇主的普遍反應是：「如果女性求職者就這麼默默地接受我們一開始提出的薪水條件，那真是遺憾。男性一定會討價還價，結果總是得到更高的起薪。」

　　機會平等和結果平等之間，完全是兩個不同的概念。人人都贊成機會平等。基本上，我們喜歡把機會平等，想當然耳地認為是結果平等。索爾尼克的研究對這種想法提出挑戰。「如果真的要公平，」索爾尼克說，「就不能只假定自己是公平的，必須在適當時機採取適當程序。」

　　重要的是女性要知道自己不但能夠，而且也應該透過談判，來爭取更高的薪水待遇。應該先設定一個「錨點」，然後謹慎地思考雇主的提議，而且得有心理準備接受一段談判的難熬過程。讓所有人都感覺良好，不是身為女性的責任。

　　爭論不休的離婚過程，就是一種有關性別問題而複雜化的最後通牒賽局案例。威爾許夫婦的離婚官司便是典型。比較會賺錢的一方扮演提案者角色，想自己留下50％以上的資產。而回應者

的優勢在於可以否決任何提案。珍的做法是可以理解的，揭露祕辛是她所能採取的最有效行動。犧牲雙方每年好幾百萬美元的待遇，珍蛻變成如同傑克一般強勢犀利的「中子彈」。她證明自己情願拒絕不公平提案的決心，大出傑克和律師團的意料。這招可能真的有用。就在 2002 年 10 月舉行聽證會前夕，傑克跟珍說，「我們談談。」珍和傑克不到一小時就達成協議。根據《華爾街日報》報導：「雙方都說，威爾許太太最後得到的金額，比一開始給予的每月 3 萬 5000 美元的贍養費還要多上許多。」

45
美貌的福利

外表出色的人確實會得到比較多的錢。

💰

　　只要是面貌姣好的男女，生活都可以過得比較輕鬆。經濟學家慢慢接受這些大眾早就知道的事。近幾年，勞動經濟學家斷定面貌姣好的員工，薪水較高。這似乎是個不爭的事實——各行各業都不例外，不論是伸展台上的模特兒，或是在電腦前埋頭苦幹的工程師。天生長得好看，就享有「美貌福利」。對其他相貌不出眾的人來說，這情形就像是種「相貌平庸罰款」。

　　索爾尼克認為最後通牒賽局，說不定能一探外貌對價格與薪水的影響。一般來說，這是一件複雜的事，因為有許多因素能讓雇主提供外貌姣好的人更高的薪水。銷售人員和接待服務人員，外表是必要條件。雇主可以解釋因為大眾喜歡迷人的臉孔。最後通牒賽局至少不會把這種因素列入考量。「沒有生產力的問題，沒有期望的事物，受試者之間也沒有任何聯繫。」索爾尼克與共同研究者莫里斯・許維哲（Maurice Schweitzer）寫道。如果外表在最後通牒賽局中也能發揮作用的話，那麼大概在訂價或協商薪

水時，也會是重要因素。

在索爾尼克和許維哲的實驗裡，70位男女學生志願者同意拍照。為了不讓學生感受不好，這些照片被送至另一所大學，由完全素昧平生的受試者，以總分11分評量，從-5（非常不迷人）到5（非常迷人）評比每張照片。索爾尼克和許維哲將男性和女性，排名前六名和最後六名的照片挑出來，把共計24張照片裝在相本裡。

之後兩人在第二所大學，再招募受試者，並進行最後通牒賽局。每位受試者會從相本裡看到一張照片，並告知照片裡的人就是他們在這場實驗裡的夥伴。這些外表出色或不出色的人實際表現如何，並不重要。重點在其他人對他們各自有何反應。

提案者願意給外表出色的回應者的金額，比外表不迷人的略多一點（分別為4.72美元與4.61美元）。然而，回應者也會向外表迷人的提案者要求分到更多錢。當夥伴屬於最迷人的那一種時，回應者的平均要求金額為3.35美元；屬於最不迷人的那一種時，平均要求金額為3.32美元。由於大部分的提案都會被接受，後者的劣勢與前者的優勢相比，便顯得不那麼重要。然而總體而言，外表出色的人確實會得到比較多的錢。

這項實驗也許適度地支持外表在職場上的價值，意味著姣好外貌能誘發大眾接受開出的價格（如房地產經紀人、車商、拍賣員、銷售員）。但是索爾尼克和許維哲也著眼於性別，發現性別是比外表更重要的因素。以這項實驗的目的來看，身為男性會比長得好看重要。兩種性別都會給男性回應者較多金額，但是會預期從身為提案者的男性身上分到較少金額。因此，男性得到的金

額比女性多15％。

總體看來，外表最出色的一組，得到的金額比最不出色的多10％。雖然這10％的差距有些誇大外表的影響力，因為實驗裡只有最出色與最不出色的外表之間的對比，並沒有將長相普通的人也納入其中。

46
誰是冤大頭？

有時候好像愈買不起的人，反而得付最多。

💰

女性是差勁的談判者，其實有時是一種自我實現的預言。在汽車經銷商當中，這種看法似乎頗為普遍。前汽車銷售員德瑞爾·派瑞許（Darrell Parrish）回憶道：

> 銷售員把客戶分成各種「典型」。在我還是銷售員時，會把最常見的那種稱為「典型的無知買家」。他們優柔寡斷、小心翼翼、容易衝動做決定，所以也很好騙。現在，請猜猜看，什麼樣的人會排在這種「典型」客戶的首位？你猜對了，女性。

有關性別、種族和車價的最著名實驗，大概就屬1991到1995年，由耶魯大學法學院的伊恩·艾瑞斯（Ian Ayres）以及美國律師基金會的彼得·席格曼（Peter Siegelman）所做的極具爭議性的研究。

他們將一支由38名志願者組成的小隊派往芝加哥地區153間

隨機選取的車商。志願者的平均年齡介於28到32歲，皆已受過三至四年的大學教育。他們依照指示著裝：男性，可穿polo衫或排扣襯衫，下半身是寬鬆長褲以及平底鞋；女性，畫淡妝、上衣加直筒裙，以及平底鞋。所有人都開租來的車到車商那邊，靜待車商與他們交涉，再開始進行購買新車的議價。

就像候選人準備大型辯論會一樣，所有人皆已事先接受兩天的「談判推演」。每人要先等待5分鐘，讓車商先開價；如果車商遲遲未開口，那就要暗示車商先給個價。志願者要提出一個接近車商邊際成本的還價（包括選配的配件）。

再來，他們要遵從一套事先準備的談判策略。其中一項是「差距的一半」，無論車商開價多少，志願者皆把車商的新開價，與自己上一個出價之間的差距對半分，再抬高這麼多。一直重複這個方式，直到車商接受或拒絕再協商。如果車商接受，那志願者可以向車商表示需要點時間考慮；或者不管車商接受或拒絕，志願者可以藉故不買逕自離開。

在此實驗中發現明顯的種族偏見。車商提供給黑人男性的報價，比白人男性平均高出1100美元。這是以相同模型、相同協商方式以及幾乎同時間實驗的結果。事實上，在將近44%的案例中，車商提供給白人男性的最初報價，比女性或黑人所得的最終談判價還低。

對於被人叫做「寶貝兒」、「美女」，女性需保持高度容忍。「你是美女，所以我賣你特別便宜。」一個車商嘴巴這麼說，實際卻沒這麼做。儘管如此，這對性別歧視來說並不是造成決定性結果的證據。白人女性付的錢是比男性略高，但是統計上的差距並

不大。而黑人女性砍價的成果又比黑人男性佳。

　　要設計像這樣的現場實驗，困難的部分是細節。有太多難以捉摸的因素可能導致結果偏差（即使這是一個關於「偏見」的實驗）。艾瑞斯和席格曼的實驗引人注目，是因為實驗裡有許多周詳的防護措施。這確實是一個真正的雙盲實驗，車商和志願者都不清楚實驗目的。艾瑞斯和席格曼並未告知志願者性別和種族方面的內容，只告訴他們：「要研究賣方為了賣車會如何談判。」每位受試者都是二人一組配對（雖然他們並不知情），配對裡其中一位是白人男性，另一位則是黑人或女性（或是黑人女性）。經過安排，配對裡的兩名成員都會在幾天內分別拜訪同一家車商，對同一款車進行議價。

　　艾瑞斯和席格曼的研究結果在媒體上引起軒然大波。儘管價格歧視是一件非常複雜的事，也很難降低眾人對此的討論熱度。艾瑞斯表示，他的研究結果不一定像許多人認為的那樣──車商不但懷有偏見，也想剝削黑人和女性。車商通常安排跟買家同性別和種族的銷售員接洽，「可這些銷售員就是給了他們最糟糕價格的人。」實際上，若黑人跟白人銷售員議價，得到的價格更好，女性若是跟男性銷售員議價，也會得到較好的價格。

　　美國經濟評論家戈柏（Pinelopi Koujianou Goldberg）在1996年發表另一篇有關價格歧視的研究，似乎徹底推翻艾瑞斯與席格曼的推論。戈柏不以實驗方式，他以《消費者支出調查》（*Consumer Expenditure Survey*）檢驗美國人民從1983至1987

年實際購買新車的花費。戈柏並未發現黑人和白人、男性和女性的購買價格有統計上的顯著差異。這讓自由派人士援引艾瑞斯和席格曼的研究，並以此證明歧視仍舊存在，而保守派人士則引用戈柏的研究，說事情沒那麼糟，而更主要的是，很多人對於為何兩項科學研究成果如此針鋒相對大感不解。

戈柏認為這種矛盾是可以化解的。首先，必須先了解為什麼車商要議價。車子是可替換的，大量生產的商品，而且也同樣都有出廠保固。一模一樣的新車沒理由要賣不同價格。多數想買車的美國人都說自己討厭議價。結果後來豐田北美的汽車品牌Scion，就採用全國統一售價以迎合這種普遍厭惡議價的心理。

艾瑞斯引用一位實驗裡的車商的話，其實會議價的原因很單純，賣車就是「尋找冤大頭」。有些顧客會依標價全額購車，因為他們對議價的無知或只是神經質地厭惡議價。像這樣的顧客並不多，但是這些人的存在，說明了車商利潤的不均衡。艾瑞斯指出，有些車商光是10％銷售量，就占總利潤的一半。

今年年初，我問某車商是否大部分利潤僅來自少數幾件銷售。他說自己經銷的車款，賣給「冤大頭」和「非冤大頭」都有。他補充說，「不過我堂哥在一個黑人社區開了一家代理經銷店，他沒有賣掉很多（車子），但全以標價成交。你知道嗎，有時候好像愈買不起的人，反而得付最多的錢。」

戈柏在黑人跟女性所付的價格中找出了更多差別。在這些族群裡，會有更多的極端客人購買價比白人男性高，僅管平均銷售

價在每個族群中幾乎相同。這說明這兩種研究的差異。在艾瑞斯和席格曼的實驗裡，每位受試者都必須使用相同的議價策略。目的是揭露車商是否有差別待遇，事實也的確如此。但是實驗並非設計成測試黑人和女性，跟白人男性買家的議價方式是否不同。

有人合理地猜測，很多車商相信「冤大頭理論」。因此，他們對少數族群的初始開價很高（在艾瑞斯和席格曼的實驗裡）。買家會加倍努力、花更多時間議價，想達到自己心裡預設的好價錢。這消除了大部分種族和性別偏見的證據（在戈柏的實驗調查裡）。

這足以表示價格歧視的複雜程度。當然也可能有還沒意識到「冤大頭理論」的車商。這些車商的報價，可能存有統計上種族和性別的偏見，但他們基本上並無這個意圖。

艾瑞斯發現，不管性別和種族為何，一點小資訊對買家來說就值319美元。聲稱已經試乘過新車的志願者，平均購買價比還沒試乘過的買家少319美元，這是統計資料上極為重要的現象。不難理解為何車商總會急於完成交易。

47
性別訂價

性別是很大的因素,而不是種族。

💰

2003年秋,一組成員包括經濟學家穆萊納桑(Sendhil Mullainathan)和心理學家沙菲爾的研究團隊,主導一次極為大膽的實驗。他們獲得南非某大型消費信貸機構業者的同意,試圖在垃圾貸款推銷信件裡,測試一連串的心理學技倆。該信貸機構提供的服務,是為窮苦的勞工提供高利率的短期現金貸款。

該信貸機構給自家的53194位舊客戶寄送信件,註明將提供特別貸款利率。穆萊納桑和沙菲爾的研究團隊測試在信件中附加照片的效果。他們從圖庫裡找出愉悦、笑意盎然的照片,放在信件的右下角,就在簽名欄附近。這無疑在暗示照片裡的人就是貸款機構員工,而且極可能就是寫這封信的人。

笑臉照片的男女比例各半。有些人會與照片人物同性別,有些人則收到異性照片。由於在南非社會裡,種族影響每件事的結果,所以研究團隊也針對這點測試。使用的照片中包括黑人、白

人、印度人以及混血兒。

經濟學家會說，照片應該跟理性的人決定是否申辦貸款無關。但廣告商或金光黨可不這麼認為，他們認為美貌或種族都有當成誘餌的價值。穆萊納桑和沙菲爾想知道照片對精確價格評斷的影響會有多大。為了做到這點，每封信會隨機指定貸款利率。依照南非的消費貸款業者慣例，一般是以簡單的每月單一利率計息（不是複利）。用來測驗的利率範圍，在月息3.25％到11.75％之間。對這些客戶來說，利率3.25％是個不折不扣的好利率，比平常提供的最低利率還少了一半以上。11.75％通常是提供給信用最差借款人的最高利率。

一般來說，客戶比較可能申請低利息而不是高利息的貸款方案。藉由追蹤特定信件得到的回應，研究人員就能知道哪些才是促使客戶申請貸款的因素。他們發現，性別是很大的因素，而不是種族。更精確地說，受性別影響的完全是男性客戶。在提供特定利率時，男性客戶收到女性照片時，申請貸款的機率大增。對女性客戶來說，照片上是男是女並不重要。

當然以性誘惑來影響消費的做法已行之多年，但可別誤會這項實驗，信件裡附上的照片可不是什麼比基尼模特兒的清涼照，全是樸素的黑白照片，就像職場女性的簡單大頭照。與收到附上男性照片或沒有照片的男性客戶相較，收到信件中附上女性照片的男性，提出貸款申請的機率更大。而在附上男性照片或沒有照片的信件之間，回應的程度並無有意義的差別。這表示重要的是照片裡的性別，而不是「隨便放張大頭照就有效」。

還有一件真正令人感到難以置信的事。穆萊納桑和沙菲爾的研究團隊算出，在寄給男性客戶的信件中附上女性照片，由此帶來的貸款申請量跟降低利率至4.5％的申請量是相等的。這可是每月4.5％的差別阿！一年利息就超過54％。

　　「為什麼？」是心理學界最常問，也最難回答的問題。南非人能看到煽情的Calvin Klein廣告、動畫《蓋酷家庭》（*The family Guy*），赤裸的情色片也並不罕見。所以可以推斷客戶不會多加思索地認定：「我會跟這張照片裡的美女見面，付這種利率很值得。」他們不可能是有意識地根據照片而做下財務決定。

　　不管是把推銷信件刪除或是看一看，一般來說不過是剎那間的決定。這也許是種可能的解釋，男人就是愛看女性照片，所以讓信件審閱率增加，而不是直接丟棄。但男性照片在女性顧客身上就沒有相同的效用，實驗結果看來大致是這樣。

　　另一種說法（與前一種說法並不互斥）是說照片啟動了行為因性別而異的自動模式。男性認為女性天生不擅長議價（或者是表現得如此——這也許都是無意識的表現）。將女性照片跟特定利率放在一起，讓男性定義成這是一樁有利的交易。這就好比女性是一種人型參考價，仿佛在傳達一個訊息：「男性可不會給你這麼低的貸款利率。」

　　在許多社會環境與實驗中，男性之間總會互相較勁。因此看到女性照片，也許會讓需要竭盡所能爭取最有利貸款利率的焦慮感，獲得一點舒緩。

　　一張小照片＝利潤大增值。其中一定有什麼隱藏版的因素。沙菲爾的研究團隊梳理了所有數據，試圖找出些什麼，總之別像

表象上呈現的那樣就行。舉例來說，他們想知道那些「掉入」照片陷阱的客戶，會不會也是信貸風險更大的人。他們對照片的反應，說不定也是他們總是做出糟糕的財務決策的癥結。如此一來，業者指望靠照片來獲得額外利潤的念頭也可以打消了。

不過研究人員發現並無統計上的證據，足以證明容易受女性照片影響的客戶，在收入水準、教育程度，或是貸款償還率上有什麼與眾不同之處。相反地，用照片增加利潤，比只是單純提高利率還來得更有效。畢竟利率較高的貸款公司，客戶也會比較少，而且那些願意付較高利率的客戶，通常也比較可能違約倒帳。

因此隨信附上照片，能替公司吸引更多願意付較高利率的客戶，而且又不會增加違約風險。這就是性別的力量。

48
睪固酮作祟

一個支付過高價錢的男性是個「無腦水母」，不是沒有原因。

哈佛大學「演化動力學計畫」（Program for Evolutionary Dymanics）的特倫斯·柏翰（Terence Burnham），做了一次有關睪固酮與談判的實驗，並引起熱烈討論。

這是一場最後通牒賽局實驗，每位提案者有40美元可供分配。提案者要在兩種選項中擇一，一是自己留15美元（給回應者25美元），或是自己留35美元（給回應者5美元）。這讓提案者要嘛表現得比自己認為的還要慷慨，不然就是極度的吝嗇，以致遭到對方否決。還有個新奇的現象，就是受試者清一色是男性，他們必須提交唾液樣本以檢測體內睪固酮含量。如此一來，柏翰便能以睪固酮來分析他們在實驗裡的行為。

7名屬於高睪固酮的回應者裡，就有5人拒絕接受提案者分給他們那侮辱人的5美元。另外19名屬一般或低睪固酮的回應者中，只有1人否決5美元的提議。屬於少數提出否決的人當中，高

睪固酮回應者就占80%。

這樣的結果極具煽動性，因為否決權，是最後通牒賽局的情緒核心。其他的一切不過是靠邏輯推動。提案者表現「慷慨」，只是確保自己的提案不會被否決。而性別差異在賽局裡的表現，或許反映出一種常見看法：女性較不會行使否決權。每當人們設定價格，就會產生類似行為。以下都是常見的用否決回應的回應者們：氣沖沖離開談判桌掉頭走人的人；對街那個憤怒的傢伙跟有線電視解約，因為費用調漲；抗議稅金過高的人，很快就被龐大的律師費搞到破產，倒不如誠實納稅就好。他們都是對價格極為敏感的消費者，寧願付出高昂的成本，也要拒絕過高的價格。這些人，通常是男性。

柏翰認為回應者否決的原因，是為了避免讓自己顯得太過順從。金錢、邏輯跟公平，都是在人類進化後期才出現的概念。在最後通牒賽局裡，以及現實生活中在價格設定上看到的情緒化行為，根據推測有可能是建立在更基本，以及更生物性的動機上。在市場社會中，金錢是展現社會地位的工具，一個讓男性擊敗競爭對手，得到女性崇拜與青睞的方式。說一個支付過高價錢的男性是個「無腦水母」，也不是沒有原因。

光是威脅要否決，就能起到一定的嚇阻作用，因此也影響了實際行使否決權的頻率。大家都不想發出不公平的提案，也不想設定不公平的價格，因為大概知道自己也許不會得逞。從這層意義上來說，體內有高睪固酮的少數人，有助我們的世界創造較公平的價格。

睪固酮掌管男性的性發育與兩性的情慾。它在社會上扮演支配行為的重要角色。「睪固酮中毒」一詞，說明大眾普遍認為如雄性荷爾蒙太旺盛，會導致衝動與不當的侵害。然而對這個概念投以懷疑態度，也是古已有之的。大多數實驗都是在動物身上完成的，而對人類的研究則不時會捲入剪不斷理還亂的性別政治議題。有人擔心把睪固酮和侵略性連結，會讓男性有「正當理由」替自己不可寬恕的罪過辯解（另一個看法是，這是證明男人是頭豬的科學證據）。

　　光是要把荷爾蒙的影響從人類行為中孤立出來，都是一項艱難的挑戰。睪固酮的程度會影響人類行為已為世人所知，反之亦然。一項研究指出，當1994年世界盃足球賽，巴西足球迷在目睹巴西隊打敗義大利隊之後，巴西隊球迷體內睪固酮程度上升，而義大利隊球迷則是下降。在倫敦證券交易員身上，也發現類似結果。

　　在動物和人體實驗裡，睪固酮主要跟面對他人挑釁所做的進攻反應有所關連，與主動挑起事端的聯繫並不明確。1980年代，一項瑞典研究指出，該研究找不到高睪固酮程度的青少年，比較容易與同儕男孩爭執的證據。不過該研究發現他們比較容易跟老師頂嘴。

　　曾有人做過一項實驗，給最後通牒賽局的參與者注射高劑量的睪固酮。「基本上，我們在研究裡打造了強勢男性。」克萊蒙大學研究所的神經經濟學家保羅‧札克（Paul Zak）表示。注射睪固酮的效用，大概跟天生體內自然產生的睪固酮影響相當，都會讓回應者否決對方提案的可能性大增。

哈佛大學心理學家伊蓮娜・科里（Elena Kouri）與同事們設計一種賽局。

每位參與者獨自坐在一個按鈕前面。研究人員告訴他們只要每按一次按鈕，就會減少分給看不見的夥伴的金額。每人的夥伴前方，也有個類似的按鈕可以施以報復，減少對方的收益。所以這個賽局就如同維持核武僵局一樣，誰也不該先發動攻擊。

為讓事情變得更有趣，科里的研究小組告訴參與者，他們的夥伴按下了按鈕。事先注射了睪固酮的參與者，更傾向於採取大規模的報復行動，反覆不停地按下按鈕。不過，較之對照組，注射睪固酮組不見得更容易率先按下按鈕。

這跟社會的支配權力息息相關。強勢男性擁有的東西就是比其他男性多（女人、金錢、權力）。當兩頭雄鹿在爭奪一頭雌鹿時，目標絕對不是營造雙贏局面，而是要拼個高下。把這個概念放到最後通牒賽局裡：當對手拿到95美分，你只拿到5美分不是一個好結果，所以最好的結果就是大家一毛都得不到。這就是睪固酮希望造成的結果。

有個笑話是這樣的：

有個在美國北方森林打獵的獵人，穿上一雙高價跑鞋。
「嘿！穿那麼貴的鞋來打獵幹嘛？」同伴問。
「以防我們遇到灰棕熊呀，」獵人回答。
「你覺得這樣就能跑得比熊快？」

「我不用跑得比熊快，」獵人說，「我只要跑得比你快就好了。」

　　所以，現在你正要前往與人談判，你想知道自己能多有侵略性。如果能知道對方的睪固酮程度，勢必有很大幫助，對吧？給你個建議，看看他的無名指就能略知一二。

1. 看對方有無婚戒。研究顯示，已婚男性體內睪固酮程度低於單身男性。
2. 注意無名指與食指長度差距。無名指與食指長度比例，取決於胎兒期暴露在決定胎兒性別的雄性荷爾蒙程度。許多近期研究指出，無名指比食指長的男性，在運動賽事與交易方面的表現優於常人，也比較可能在最後通牒賽局裡行使否決權。由約翰·科茨（John Coates）領導的劍橋大學研究團隊，詳細檢視了金融交易員的手指長度與工作表現，結果發現無名指和食指長度比例與交易成功之間存在關聯性，所以我們也可以推論，睪固酮程度與交易成功之間存在關聯性。

　　大體上可以這麼說，在棘手的談判中，要是對方的無名指比食指短、又是戴著婚戒的男性，那你真是夠幸運的。

49
神奇的信任噴霧

銷售商品時，儘管做自己就好，你會發現大家都渴望跟你買東西。

　　很多荷爾蒙是以陰陽成對的形式出現的。對價格決策來說，睪固酮似乎是跟催產素配對的。1953年，美國生物化學家文森・迪維尼奧（Vincent du Vigneaud）離析出催產素，這是一種在生產和哺乳期間體內自然分泌的荷爾蒙。男女兩性皆會分泌催產素，而且就跟睪固酮一樣，它也會影響行為。催產素程度在從事性行為以及其他親密活動時會上升。在實驗中為受試者注射催產素，將提高金錢決策中的信任行為。

　　札克以創立「神經經濟學」一詞而備受讚揚。他發現施予最後通牒賽局參與者大量催產素，會大大增加受試者的慷慨程度。2007年，一項由安吉拉・斯丹頓（Angela Stanton）和席拉・阿馬迪（Sheila Ahmadi）主導的實驗裡，注射催產素的提案者開價增加21%（對照組的平均開價是4.03美元，施以催產素組是4.86美元）。

　　催產素不影響回應者可接受的最低提案（睪固酮會）。札克的研究團隊也嘗試用獨裁者賽局做實驗，結果發現催產素並未造成

顯著影響。他們推論，催產素影響戰略性的金錢決策，也就是顧慮自己的作為會帶給別人什麼感受。催產素程度高時，提案者會比較有移情作用，造成慷慨的行為。

　　札克對價格決策的興趣要回溯至高中時期。他當時在聖芭芭拉市外的加油站工作，一位客人向他表示在廁所地板撿到一串珍珠項鍊。不久，加油站的電話響了，電話裡的人緊張地表示自己遺失要買給太太的珍珠項鍊。札克告訴他加油站拾獲這項物品。太棒了，電話那頭的男人開心地說要以200美元表達他的感激之情，三十分鐘就會到加油站。同時，拾獲珍珠項鍊的人正要趕去一場很重要的面試，所以必須馬上離開。他同意跟札克平分酬金，一人100美元。札克欣然接受這項提議，所以就先從收銀機裡拿100美元給他。接下來事情的發展不用多說也知道，「遺失」珍珠項鍊的人沒有出現。那串「假珍珠」大約只值2美元。這個「最後通牒賽局」也是一種詐騙手法，是史上最古老的騙術之一。

　　當你評估一些受札克研究而啟發靈感的商品時，這則小故事值得記在心裡。網路零售商現在正兜售催產素噴霧，賣給那些希望談成更划算交易的銷售員（札克本身當然跟這些產品無關）。在這類噴霧產品中，有一款名稱取得十分有說服力，叫「信任噴霧」（Liquid Trust），一瓶可用2個月，售價49.95美元（「如達不到效果，保證全額退款！」）。該網站羅列了五花八門的使用見證，其中一則是宣稱該噴霧讓他小費暴增5倍的酒保。網站上的「信任噴霧」使用建議如下：

- 每天早上沖澡後噴「信任噴霧」。

- 跟你喜歡的古龍水或香水合併使用。

- 一整天身上都會散發出無氣味的催產素。

- 銷售商品時，儘管做自己就好，你會發現大家都渴望跟你買東西。一開始對你保持懷疑態度的人，現在莫名奇妙被你，以及你所使用的產品吸引住。

- 你有寄感謝卡給主顧的習慣嗎？噴一些「信任噴霧」在信封上，等著見證奇蹟。即使人們聞不到，「信任噴霧」卻無形中增加你散發出來的信任感。

　　依我的猜想，催產素在最後通牒賽局實驗裡的效用如此巨大，想必沒有幾位研究者，會對它能影響商業決策這部分存疑。主張催產劑的效用並不會顯得太瘋狂，瘋狂的是把它做成噴霧。在札克的實驗裡，是以40國際單位[12]的催產素直接噴到受試者鼻孔裡。想想看，要是你這麼做，該怎麼向客戶解釋？「信任噴霧」的行銷方式，暗示你能把它當成一種可以召喚金錢的香水使用。事情可不是如此。因為催產素不易揮發，無論是噴在自己身上或是感謝函上，都不會對任何人造成太大影響。該產品大部分的使用建議，會讓使用者暴露在比「受害者」更高濃度的催產素中。就算噴霧真的有效，願意慷慨大方贈與一切的人，也會是使用者自己。

---

12. 有些藥物如維生素、抗生素等製品，它們的化學成分不恆定或至今還不能用理化方法檢定其質量規格，往往採用生物實驗方法並與標準品加以比較來檢定其效價。通過這種生物檢定，具有一定生物效能的最小效價單元就叫「單位」（u）；經由國際協商規定出的標準單位，稱為「國際單位」（IU）。

50
年薪百萬俱樂部

「明星」的才華很難證明。為此訂價就更難上加難。

$

1997年，美國奇異公司的子公司一反常態，給了一筆極慷慨的薪資待遇。美國國家廣播公司的一線喜劇演員傑瑞·塞恩菲爾德（Jerry Seinfeld）表態想請辭。他每季影集的演出酬勞是史無前例的100萬美元。美國國家廣播公司開出一季500萬美元慰留塞恩菲爾德，只要他再多拍一季。

新合約都白紙黑字寫好了。美國國家廣播公司一年光從《歡樂單身派對》影集的廣告和異業結盟，就大約賺得2億美元。那表示每季22集，每集就能獲利900萬美元。為了不失去這棵搖錢樹，電視台決定給他超乎公平的水準——給身為該影集靈魂人物的塞恩菲爾德一半以上的收益。

塞恩菲爾德婉拒了。他仍堅持要在自己的作品還能博君一笑時，光榮地退出螢光幕。沒有不透風的牆，美國國家廣播公司開出的留人價碼走露了風聲，很快成為娛樂界的新聞頭條。該公司的長官們一定會希望大眾認為塞恩菲爾德的例子是特殊個案，一

季500萬美元的酬勞不會成為一種先例。

可在電視圈食物鏈的各階層演員則不這麼想。在接下來的幾年裡，無論是主角或配角，開口要求的酬勞均直線攀升至前所未見的價碼。2002年，熱門影集《六人行》（*Friends*）裡的六個主角集體開價，爭取到一季100萬美元的酬勞。而且是每個人一季100萬美元。主演《大家都愛雷蒙》（*Everybody Loves Raymond*）的主角雷・羅曼諾（Ray Romano），要求每季酬勞是80萬美元，主演《歡樂一家親》（*Frasier*）的凱爾西・葛萊默（Kelsey Grammer）則是每季的酬勞高達160萬美元。當詹姆斯・甘多菲尼（James Gandolfini）發現自己演出《黑道家族》（*The Sopranos*）的酬勞，與《歡樂一家親》裡飾演管家的演員相當之後，就馬上辭演。

一個電視明星的酬勞該是多少？就此基礎而言，建築工地的工頭、球星、美國總統，這些人的酬勞又該是多少？勞動經濟學將薪水，視為人才的供給和需求之間理性權衡之下的結果，或是人們在渴望安逸與渴望以金錢滿足物慾之間，深思熟慮下的選擇。不過最近，行為經濟學家彙集了一批案例，說明薪水也可能跟價格一樣並無一個制定基準。「我們懷疑，賺死薪水的人，當生活需兼顧消費與閒暇，他們對於自己的時間值多少錢並無概念，甚至也不知道自己在別家公司能掙得多少。」丹・艾瑞利、洛溫斯坦以及普雷萊克寫道。「換句話說，勞工在乎薪水變動，但是對於工資的絕對水準或相較於其他公司的薪資水準為何，他們是比較遲鈍的。」他們指出，有句老話心照不宣地說明了工資的「任意連貫性」：所謂富人，就是總能賺得比連襟（老婆的姐妹

的另一半）多100美元的人。

經過通貨膨脹調整後，高收入群體的所得相差極大。以執行長的待遇為例，美國經濟政策研究所（Economy Policy Institute）算出一個廣泛採用的比率。根據該機構的資料顯示，2005年美國最高薪執行長的薪資收入，與英國的執行長薪資相較之下高出1.8倍，比起日本更是高出4倍。另一個比較指標是美國執行長與一般勞工的薪資比率（見下圖）。2007年，這個數字是275。1960年代是25，到了雷根總統執政時期是50。這些年來，變化可真是夠大的。

1990年代早期，參議員泰德・甘迺迪（Ted Kennedy）極力反

美國執行長與一般勞工的薪資比率

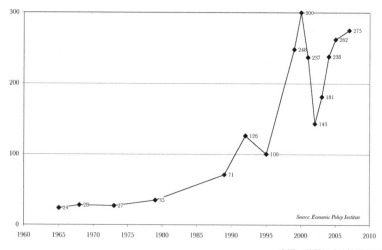

來源：美國經濟政策研究所

對這種現象。上一代的勞工平均薪資只能勉強跟得上通貨膨脹的腳步，反觀執行長的薪資則是翻倍調漲。美國國會在1993年回應這個亂象，立法限制年薪達百萬美元門檻的人，不得享免稅扣除額。

但此舉非但沒有達到限制執行長薪資的作用，反而讓這100萬美元門檻，發揮類似「錨點」的作用。這條法律，反而傳遞給企業界一條訊息：如果有人的年薪可達七位數美元，為什麼我不能？1989年，也就是該法頒布的前四年，美國執行長與一般勞工的薪資比率是71。到了2000年就一路攀升至300。「要是評選始料未及的排行榜，」企業管理分析公司企業圖書館的顧問米諾（Nell Minow）說，「這部法律一定名列前茅。」

勞工和管理階層之間的戰爭，已另闢新戰線，成了管理階層與股東之間的戰爭。為回應股東對執行長薪水的不滿，美國證券交易委員會（SEC）頒布新規，要求管理階層薪資公開。「我衷心認為執行長薪資會因此下降，因為公開薪資是很難為情的一件事，」負責訂定新規的薪酬專家葛瑞夫‧克里斯塔（Graef Crystal）回憶，「但結果卻變成要是有人一年薪資2億美元以上，他是一點也不會覺得難為情的。」

蘋果前執行長賈伯斯年薪只有1美元。他真正的薪資主要是公司給他的股票選擇權。他持有的股票，在2006年的市值達到6億4700萬美元，約占蘋果56億美元利潤的11.6％。等於蘋果每上市一款新產品，賈伯斯都能從中抽取10％的金額。

「獨行俠理論」（Long Ranger theory），主張執行長是首要負責公司股票市值的人。以賈伯斯和蘋果的模式來看，這點不難相

信。在大眾心裡，這兩個名字幾乎已成等號。2008年，一連串流言蜚語說賈伯斯健康狀況大不如前，重創蘋果股價。一些統計學研究聲稱首席執行長和股價之間有強烈相關性，甚至不如賈伯斯般有名的平凡執行長，也跟公司股價有極大關聯。

如果認同「獨行俠理論」，那麼執行長的薪資膨脹就變得不難想像。有個經典中的經典例子，就是傑克·威爾許。他在奇異擔任執行長的二十年期間，公司市值從140億美元，一路扶搖直上至5000億美元。「擁有這般成就的執行長值多少錢？」喬治梅森大學的經濟學家沃特·威廉斯（Walter E. Williams）提出這個問題。「就算威爾許只取一瓢飲，拿相當於奇異市價增值1%的一半，他的報酬總額也會高達近25億美元，而他實際上只拿了幾億美元而已。」

「獨行俠理論」的問題在於，很難說明公司市值增值，威爾許的功勞占了多少，又有多少純粹是好運。據推測，威爾許大概沒那麼大的功勞。他任職奇異執行長期間，公司在標準普爾股市的表現翻漲9倍，可他似乎說不上有什麼功勞。威爾許還在恰當的時間點退休，正好在911恐怖攻擊前5天，他得到大筆財富，光榮退場。奇異旗下的事業包括商業保險公司，在世貿大樓被撞毀後，奇異付出高達6億美元的保險理賠，且事發後幾年申請的理賠金共計好幾十億。但這可不關威爾許的事了，2000年後慘澹的股市自然也跟他毫無關係。

威爾許退休後，傑夫·伊梅特（Jeff Immelt）繼任執行長一職，奇異市值縮水成960億美元。你可能會說伊梅特和威爾許的命運截然不同。伊梅特一上任，奇異80%的股東財富就這麼蒸

發。以「獨行俠理論」來看，這全是伊梅特的錯。

這當然十分荒唐。伊梅特是位有才幹又認真的管理者，有人說他跟威爾許一樣優秀。伊梅特恐怕接受不了這樣的提議：先別領薪水了，趕緊償還股東們的損失吧。他大可堅持奇異股價下跌是大環境的問題。那麼威爾許的成功純屬幸運嗎？有什麼辦法可以判別呢？

2006年，威爾許在美國MSNBC電視台的《硬球》節目裡，援引了企業界最愛的帶有庶民風格的比喻。「執行長們就像職棒選手，」威爾許說，「為何要談什麼薪資比率？你看球探總是支票本和錢包不離身，看能挖到哪個大咖球星，而經紀人會決定是否接受提議。他們有三個星期的斡旋時間。」

《硬球》節目主持人克里斯・馬修斯（Chris Matthews）也幫腔，他想起職棒明星貝比・魯斯（Babe Ruth）的經典名言。有人問他為什麼賺得比總統多，他回答：「我去年的成績比他好。」

事實上，職棒球員的薪資就跟執行長的一樣令人不解。1922年，貝比・魯斯成了首位年薪5萬美元的球員，大約等同於現在的64萬美元。2000年，艾力士・羅德里奎茲（Alex Rodriguez）簽定了一份年薪2500萬美元的合約，效期10年。倘若按通貨膨脹調整的話，羅德里奎茲也比魯斯的收入多49倍。為什麼呢？不可能只是因為肌肉比較多吧。羅德里奎茲和棒球比賽在流行文化上的地位，都沒有魯斯所處的時代輝煌。自1920年代以來，美國人口增加約3倍，電視普及也讓觀看棒球比賽的觀眾大增，廣告收益也跟著增加。然而，如今要打發閒暇時間的方式實在太多了。

假設我們將棒球球員薪水，在經過通貨膨脹調整後，再除以

貝比‧魯斯1922年按通貨膨脹調整後的薪水。我們將所得的結果稱為「貝比‧魯斯比」好了。下表顯示儘管棒球在主流體育賽事和娛樂方式裡所占比例愈來愈小，而職棒球員薪水卻急速成長。

職棒球員薪水急速成長

年分	球員	薪水（美元）	貝比‧魯斯比
1922	貝比‧魯斯	5萬	1.00
1947	漢克‧格林伯格	10萬	1.49
1979	諾蘭‧萊恩	100萬	4.63
1991	羅傑‧克萊門斯	538萬	13.27
2000	艾力士‧羅德里奎茲	2520萬	49.17

薪資結構存在很大的一致性。大聯盟球員賺得比小聯盟球員多，伊梅特的薪水比他手下的副總裁高，副總裁賺得比在生產線上裝燈泡的傢伙多。薪水的任意性到底有多大，我們並不知道。我們都喜歡這麼想：勇氣勝過運氣，「明星」的才華可以改造球隊或一家跨國大企業。但是這點很難證明，還得為此訂個價格就更難上加難了。

實際上，最高薪是留給少數人評判的。一般人只是聳聳肩，認為那樣的報酬不太真實。這不只是供給與需求，而是「錨定效應」和「調整」。

51
淘氣的市場先生

有一件事再清楚不過：沒有什麼絕對正確的價格。

$

夜深了，你不停切換電視頻道，然後停在正介紹新產品的購物頻道。一個黑色小盒子，每年定期吐出一張1美元新鈔。在購物台賣這個盒子的人再三保證完全合法，想怎麼花這張鈔票隨你。這個小黑盒在往後的每一年，都會定期吐出一張全新美鈔——永遠！你願意付多少錢買這項產品呢？

你可以試想自己每年能拿1美元做什麼，來評估盒子的價值。你可以在聖誕節那天慷慨一點，給1美元小費；明年夏季點一份加大的速食餐點。你估計這個盒子至少值1美元，而你第一年便可以回本，接下來就都是額外賺到的。

你可能也會認為，這盒子的價值應該低於你自己預期的壽命年限，因為這年限決定了你往後還能得到多少錢（附帶一提，此盒子在原持有人去世後仍保持正常運作，你可以在遺囑裡指定想留給誰）。

你對這個盒子的估價，應該跟你延遲享受的能力有些關係。

也就是說，你現在得放棄一些辛苦掙來的錢，以購買的形式，來享受往後涓涓不息的收入。只在乎眼前——常常刷爆信用卡的人——可能對這盒子一點興趣也沒有。重視長期的人，或許會願意以相對較高的價格購買這個盒子。

有一件事再清楚不過：沒有什麼絕對正確的價格。如果你做過「錨定效應」實驗，那你恐怕會發現你可以操控價格。如果購物頻道裡的現場觀眾，喧嚷著要以2美元買下盒子，那麼多數觀眾可能會認為這樣的價格合理。如果現場觀眾覺得盒子值60美元，那應該也是合理價格。

班傑明‧葛拉漢（Benjamin Graham）是有名的價值投資法始祖，他對這個小黑盒報出了一個簡單的估價：8.5美元。葛拉漢其實是以股票的觀點來估價。持有一些股票，未來就能產生固定進帳。把股價除以每股盈利，就得到本益比（P／E）。它能說明買家為將來的1美元收入，付出多少錢。因為小黑盒每年產生1美元收入，所以你的報價，以美元計算，會等同本身的本益比。以葛拉漢的分析，一家沒有盈利成長的公司的股票，應該以本益比8.5的情況下賣出。

葛拉漢以「市場先生」來嘲諷投資者的價格心理學。

市場先生是個憨直的人，每個工作天他都會登門拜訪，要遊說你買賣股票。每天「市場先生」的出價都不同。雖然「市場先生」堅持不懈的態度令人動容，但是你可別擔心會冒犯到他。無論你接受他的出價與否，反正他明天一定會帶著新價格再度登門拜訪。

根據葛拉漢的敘述，「市場先生」其實不懂股票值多少錢。聰敏的投資者能因此受惠。有時「市場先生」會以高於市值的價格買你手上的股票。你應該賣！有時「市場先生」以低於市值的價錢賣股票。你應該買！

　　這招對葛拉漢十分管用，對他的少數弟子，如股神巴菲特，也管用。可要遵循葛拉漢的建議，說的比做的簡單。在行情看漲的市場裡，講難聽一點就是泡沫化市場，「市場先生」每天都給出天價，好像股票永遠也不會跌似的。多數投資者發現很難忽視這種可聽不可信的理論。可「市場先生」怎麼會日復一日地犯下這麼離譜的錯誤？

　　早在1982年，史丹佛大學經濟學家肯尼斯·阿羅（Kenneth Arrow）就指出，特沃斯基和康納曼的研究或許可以解釋股市泡沫。現任美國國家經濟會議主席勞倫斯·桑默斯（Lawrence Summers），在1986年選擇這個題目，作為他論文的主題：〈股市是否合理地反映了基本價值？〉（Does the Stock Market Rationally Reflect Fundamental Values?）

　　桑默斯是首位對現在所謂「股價的任意連貫性」加以擴充說明的。市場日復一日隨最新經濟消息敏捷地做出反應。由此產生的「隨機漫步」的股價結果，已被引用為市場了解實際價值的證明。因為股價已經反映了公司未來的盈利，所以只有突如其來的財經消息（無論好壞），才能讓股價變動。

　　桑默斯敏銳地指出，這種證據是站不住腳的。「隨機漫步」是效率市場模型的一種預測，就好像「黑色星期五是不幸運日」，所

以你預測自己會趕不上火車一樣。你無從證明，因為也可能是別的原因產生相同影響。桑默斯勾勒其中一種：股票價格包含了強大的任意成分，不過會經由當天的財經新聞進行前後一致的調整。

桑默斯的觀點讓人心神不寧。這表示股價可能是種集體幻覺。一但投資者不再盲信，股價就會跟著一路跌落谷底。「誰知道美國道瓊工業指數的價值應該是多少？」1998年，耶魯大學的經濟學家羅勃·席勒（Robert Shiller）提出這個問題。「今天真的『值』6000點嗎？或是5000點、7000點？還是2000點、10000點？如今沒有什麼意見一致的經濟理論能回答這些問題。」

下圖顯示標準普爾指數的股價本益比的歷年記錄。標準普爾指數是統計在美國上市的500家大型股，目前占美國國內總投資

標準普爾指數的本益比

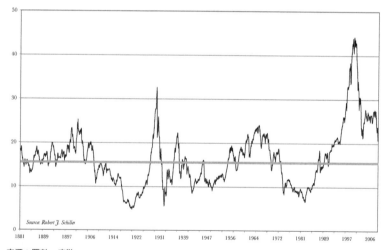

來源：羅勃·席勒

的3/4。就如小黑盒的價值一樣，本益比代表了延遲享樂的能力。你大概認為這是種人性常態，或是美國消費文化慢慢在改變。但此圖卻告訴我們另一個故事。曲折波動的線就是本益比（席勒是以前十年的平均盈利測量）。粗的灰色直線是參考線，表示本益比的歷史平均值約16。過去一個世紀以來，標準普爾指數的本益比已從1920年的低於5，一路增加至1999年的44。

其中有一些變化是合理的。市場試著預測未來盈利。當未來展望看好時，本益比應當會變高；反之，就應該會變低。利率和稅率應該也會影響本益比。但是，葛拉漢和席勒這兩位市場觀察家主張本益比之所以多變，大多是因為投資者心情起伏造成的。藉由檢視本益比和銷售量，價格顧問們會得出結論：企業盈利的「消費者們」，其需求明顯缺乏彈性。這大略是葛拉漢的評估。他認為多數投資者，在股市的進場與退場都是情緒化的決策，而且不在乎股價為何。

很多人都對市場價格心理學做了實驗研究。卡默勒便在加州理工學院的政治經濟學研究室，設計出一個超簡化的股票市場。該研究室是由經濟學家查爾斯・普洛特（Charles Plot）所創。該研究室由若干小隔間組成，每間都配備一部電腦。每一次敲擊鍵盤或點選滑鼠，電腦軟體皆會加以記錄並存檔。實驗結束後，研究者能重複播放整個實驗經過，就像在家裡先設定節目預錄一樣。

卡默勒做過一項實驗：

受試者得到虛擬股票，和真正的金錢。受試者可以在75分鐘內，買賣自己分到的股分。他們只需在電腦前輸入買或賣的交易需求。電腦軟體負責配對買賣雙方，執行交易。受試學生知道自己可以帶走在實驗中保留或賺到的任何一毛錢。

　　由於股票是虛擬的，所以受試者無法查到價格。他們只能自己出價和問價。卡默勒把這一切盡可能簡單化。在實驗期間，每份持股每五分鐘發放24美分的股息。因此，整個實驗期間都保留持股的人，會得到15次的股息分紅，總計3.6美元。對於精明的價值型投資者來說，這表示股票一開始就是值3.6美元，而每發放一次股息，股票的價值就減損24美分。隨著時間的推移，股市價值圖看起來會像下降的台階一樣。

　　實驗開始後，股票馬上以3美元的價格交易。十分鐘後，已經上升至3.5美元。整個實驗期間幾乎就在3.5美元上下徘徊。一直到最後十分鐘，終於回歸現實。隨著實驗結束時間步步逼近，股價崩盤。

　　卡默勒向受試者詢問情況。「他們會說，我當然知道價格太高，但我看到其他人在高點買進和賣出。我認為可以買進，然後留著賺得一兩次股息之後，再以相同股價賣給某個傻蛋。當然，有些人的說法是對的。只要他們能在崩盤前抽身，他們就能賺到很多錢，因為另外有些來不及脫手的可憐人被迫買了單。」

　　這就是所謂的「比傻理論」（greater fool theory）。人們在1990年代晚期大量買入科技類股，2000年開始買房地產，這些投資者不是因為覺得價格合理，而是他們相信自己能把手裡的東西賣給

更傻的傻瓜，並從中撈一筆。

那麼，價值型投資者又怎麼想呢（少有的幾個不受愚弄的人）？在卡默勒的實驗裡，他們是局外人。價值型投資者會在股票的「實際」價值跌至低於3.5美元時，迅速出脫手中持股。之後，他們手上再也沒有可賣的股票，也沒有意願買。因此，價值型投資者對市場價格沒有影響。

這項實驗重複多次之後，卡默勒弄懂如何營造或終止股市泡沫化。營造泡沫化最好的方法，就是利用通貨膨脹。卡默勒在實驗裡不斷把錢灌入虛擬經濟體裡，就跟政府印鈔的做法差不多。當錢愈來愈多，而股票數量不變，股價便上漲。卡默勒發現，他可以再讓同一批受試者再做一次實驗，這次排除通貨膨脹因素。「如果他們經歷過通貨膨脹，」卡默勒說，「那麼，我們就已經在他們的腦海裡植入價格會上升的信念，就像看到烏雲密布就認為會下雨一樣。」結果，「價格真的上漲了，因為這是個建立在他們共同經驗之上的『自我實現的預言』。」

共同經驗也是終止泡沫化的關鍵。再讓同一批受試者回來重複做第三次實驗。這一次，投資者會記得先前實驗裡出現的崩盤，所以會比較審慎。他們不會把價格哄抬得太高，很快就開始準備退場。股價下跌比較溫和，開始下跌時間也比較早。第三次實驗結果是沒有崩盤。價格也幾乎沒有偏離價值型投資者的底線。

遺憾的是，對真實市場來說，人的記憶太短暫，而且每次泡沫化出現的間隔期太長。作為一個整體，投資大眾從來沒有機會做出決策，然後再看看決策所帶來的結果，也沒有機會相應地改變自己的行為。因此，投資者注定要重蹈黑色星期一的覆轍。

52
獻給上帝之愛

只有它的價格標籤，才是藝術。

2007年6月，英國藝術家達米恩‧赫斯特（Damien Hirst）在倫敦向世人推出全世界最貴的藝術作品：〈獻給上帝之愛〉，一顆鑲有8601顆鑽石的白金骷髏頭，每一顆鑽石的來源都清清白白。這件作品要價5000萬英鎊——相當於1億美元，比位於赤道附近的小國吉里巴斯共和國一年的國內生產總額還多。「這顆骷髏頭太驚人了，」流行藝術家彼得‧布雷克（Peter Blake）說，還加了一句讓人噴飯的評語，「價格似乎很合理。」

赫斯特靠著創造性的訂價闖出一番事業。早先，名收藏家查爾斯‧薩奇（Charles Saatchi）委託赫斯特製作一件泡在福馬林，總長18英尺的虎鯊標本作品時[13]，赫斯特一開口就是誇張的5萬英鎊。但這種獅子大開口的要價，能幫沒沒無名的藝術家打響知名度。這招果然奏效。英國《太陽報》頭條：〈5萬英鎊只買得到魚，沒附薯條〉[14]。2004年，薩奇以800萬美元把這隻鯊魚賣給

---

13. 這件作品也就是著名的後現代藝術作品：〈生者對死者無動於衷〉（1991年）。

對沖基金經理人史蒂夫·科恩（Steve Cohen），若是鯊魚保存得更好，價格無疑可以更高。到2007年，赫斯特其他放在玻璃櫃的家畜標本作品，以及放在藥水裡的作品，隨便都能賣到七位數英鎊。2007年的骷髏頭價格，整整比1991年的鯊魚高出1000倍。赫斯特說，光是骷髏頭上鑲的鑽石，就花了他2400萬美元。「我們想在骷髏頭上鑲滿鑽石，」他解釋，「鑽石布滿整顆頭骨，就連鼻子的內側都有。只要是能鑲鑽石的地方，我們一處也不放過。」

「這是件美麗的作品嗎？」《紐約時報》記者萊丁（Alan Riding）寫道。「跟什麼做比較？」評論家對赫斯特有種又愛又恨的情感，而骷髏頭則把恨他的那批人引了出來。「若是為了彰顯人類的愚蠢和貪婪，這顆閃閃發亮的死人頭，可真是勞心勞力。」《時代雜誌》評論家理查·拉卡尤（Richard Lacayo）批評道。倫敦的評論家尼克·科恩（Nick Cohen）說：「只有它的價格標籤，才是藝術。」

赫斯特的支持者認為價格標籤確實是這部作品的重點。該作品是反映藝術品市場的瘋狂與荒唐。赫斯特選用鑽石並非一時興起的靈感，畢竟這種礦物的價格因人為因素而居高不下。同時，憎恨赫斯特的人則看衰這顆頭骨作品，因為他們認為鑽石比赫斯特的名氣更值錢。不論誰持有這件作品，總有一天都會把鑽石一顆顆挖出來變賣。

價格，這個令人難以捉摸的魅影，此件頭骨作品的短暫歷史描述了一個精彩的傳說。該作品在倫敦白立方畫廊展出幾天之後，赫斯特宣布該作品「幾乎確定賣出了……有人對這件作品十

14. 英國傳統美食為炸魚加薯條（fish and chips）。

分感興趣。」英國媒體分析，曾經紅透半邊天的流行偶像喬治‧麥可（George Michael）是可能的買家。不過之後卻久久沒有下文。看來，畫廊似乎很難促成這筆交易。到了8月底，畫廊宣布此作品以最高價5000萬英鎊賣給某投資集團。畫廊發言人拒絕透露買家身分，也不願說明任何細節，只說買家計畫十年後再轉手賣出這件作品。

轉手賣更高的價格？無論如何，這些金融怪傑願意以最高價買入作品，實在是太詭異了。畫廊照慣例會提供收藏大戶折扣的，而買下全世界最貴藝術品的人，應當也夠格享有這個待遇。

買家的身分洩漏了，無非是赫斯特本人、白立方畫廊老闆傑‧賈普林（Jay Jopling），以及赫斯特的會計師法蘭克‧鄧菲（Frank Dunphy）。其實不難理解這到底是怎麼一回事。這顆頭骨的價格是「錨點」，是用來提高赫斯特其他作品價格的幌子。不管1億美元的頭骨是否賣得出去，都不比保持這個價格來得重要。如以宣傳噱頭來看，這件頭骨作品太成功了。因為報章雜誌開始報導頭骨有價無市，所以赫斯特和合作夥伴才上演這齣瘋狂戲碼，宣布此作品以最高價售出。

這步棋或許下得非常高明。2008年9月15日，蘇富比拍賣公司開始對赫斯特的223件新作品（與工作室）進行空前大拍賣。這一天，也是雷曼兄弟向法院申請破產的日子，但是最後仍售出98％的作品。最貴的一件作品是放在玻璃櫃的小牛標本，牛角和牛蹄皆貼滿18k金箔的〈黃金小牛〉。這件作品以1130萬英鎊賣出，創下赫斯特作品的拍賣記錄。為期兩天的拍賣會，總成交金額約為1億1150萬英鎊，大約2億美元。

至於骷髏頭，會計師鄧菲鬆口表示它仍處於待售狀態：「不過，現在價格應當是倍增囉。」

53
錨定效應的解藥

「老天爺啊，我懇求你們，想想自己有沒有可能錯了！」

💰

　　德國維爾茨堡大學的心理學家湯瑪斯・穆斯魏勒、弗利茲・施卓克，以及提姆・菲佛（Tim Pfeiffer）共同做了一個實驗：

　　把一輛開了十年的歐寶汽車（Opel），給德國60家修車廠的汽車技師評估。研究者之一說，他的女朋友開車技術不好而把車撞凹，他正思索這車不知道值不值得花錢修理。他提到他認為這輛車值2800馬克。「依您的專業意見，這個估價太高還太低？」接著他請這些專家們幫他評估車子的現值，與維修成本。專家們估計的平均車價為2520馬克。

　　研究者之後又把車拉去另一組汽車技師面前，也以同一套說詞說明這輛車的故事，但這次他們說自己認為這輛車值5000馬克。結果，這些專家估計的平均車價為3563馬克。足足高了40％。

到目前為止，實驗只不過再次示範現實世界中錨定效應對專業人士的影響。縱使這些專家們親眼看到實體車子現況，但仍會被一個不經意提起的價格而左右。

　　「維爾茨堡實驗」的目的，是要測試一種「錨定效應的解藥」。這是一種稱作「反向思考」的技巧。當聽聞車子的高價值，會引起專家思考足以證明高價的原因。那些原因儲存在記憶裡，易於取用，受此影響，而把估測值偏向「錨點」。

　　這表示如果能讓專家思考「錨點」數值可能有誤的理由（「反向思考」），就能輕易削弱「錨定效應」的影響。為了對這假設進行測試，研究人員又找來兩組汽車技師，做進一步的研究。

　　首先，研究人員說自己認為車子值5000馬克（或2800馬克），之後又接著繼續說，「昨天我的一位朋友說他覺得這車不值那麼多錢（怎麼可能只有這個價錢）。你對這個價格有什麼看法？」

　　這給了汽車技師很多提示。再來，跟之前一樣，研究人員要求技師對車子估價。

　　聽到「高錨點」的技師，平均估價是3130馬克（對照前述沒有解藥的平均估價是3563馬克）。聽到「低錨點」的平均估價是2783馬克（相較前述的2520馬克）。

　　上述兩種情況中，「反向思考」都降低「錨點」的影響力，讓估價變得比較持平。此外，思考車子價值的技師，也比較不受

「錨點」影響。

「反向思考」不是個新觀念。1650年，英國資產階級領袖奧利佛‧克倫威爾（Oliver Cromwell），向蘇格蘭長老教會做了一個著名的懇求：「老天爺啊，我懇求你們，想想自己有沒有可能錯了！」克倫威爾試圖說服長老教會：以支持查理二世（CharlesII）為王來威脅大英是錯誤的決定。他的話當時沒被當一回事，但是卻流傳了幾世紀。三百年後，美國歷史上最偉大法官勒尼德‧漢德（Learned Hand）說，克倫威爾的懇求應該要「白紙黑字寫在每個教會、學校、法院大樓的門口，還有，我會說，也該寫在美國每一個立法機構的門口。」

漢德法官要表達的重點是，在得出結論之前，先三思。事先想想自己的判斷也許有錯誤，或許會讓你想到之前忽略的某種因素，然後改變看法。克倫威爾和漢德談的都是決策前有意識的那一面。穆斯魏勒的研究團隊認為，「反向思考」也能影響決策的直觀和本能的一面。它可以降低「錨點」對價格的影響。這點在談判當中很有用，因為你不可能永遠是第一個提出「錨點」數字的人。

這些實驗結果還有另一種解釋。在實驗期間，研究者所找的技師，有一半都對汽車價值抱持極端樂觀看法。技師們或許不想戳破顧客的美夢泡泡（畢竟「顧客至上」）。研究者曾表示，要是車子還值那麼多錢，研究者會傾向花錢修理。因此，凡是想要接下這份差事的技師，都有理由把車價估高一點。這會產生跟「錨定效應」相同的效果，難以得知修車廠是以無意識的狀態下估

價，或是有意識的用銷售本領做估價。

同樣地，當研究者提到自己的朋友對車價持懷疑態度，技師可以將這點當做是一種暗示：這個人聽到不同的意見，也不會覺得被冒犯。因此，這個實驗的結果也可以看見對於「坦率以對」，起了一種鼓舞效果。

為了證實這個結果，穆斯魏勒的研究團隊做了第二種實驗。

維爾茨堡大學的受試學生要預測德國政治人物贏得下次大選的機會。舉例來說，他們被問到總理科爾（Kohl）贏得大選的機率大於或小於80％。然後再問他們認為科爾獲勝的機率是多少。這顯示一般常見的「錨定效應」。之後，當另一組受試學生必須先說出三個科爾會敗選的原因時，「錨定效應」的影響大幅降低，就跟在汽車技師身上看到的一樣。

「反向思考」其實很容易做到。當業者、賣家、經銷商或是雇主向你報價時，先深呼吸，在有機會思考這個價格也許不合理之前，不要做出任何承諾。就當做是一種遊戲：試著盡可能想出愈多理由愈好。

很多頑固的生意人對這種正面或負面思考的練習不屑一顧。但是「錨定效應」確實存在，而只要是任何用得到的幫助，我們都應該加以利用。

54
三人成虎

我不否認曾那麼想過：「老子不管了，就跟大家選一樣的吧。」

💰

　　新世代的汽車買家，會拿著一疊列印出來的資料前來買車，這可真叫汽車經銷商抓狂。如今，凡是會上網的人，都能破解車商利潤的奧妙。只要花上幾美元，就能買到一套經銷商的財務報告，當中包括最新車型以及可選配件的成本，包括送抵目的地的費用、預付訂金以及其他沒特別說明的促銷贈品。販賣這些訊息的組織，一般給買家的建議是，經銷商在真實成本上加價5％，算是「公平」的利潤。因此，帶著一疊查價資料的買家，要付多少錢早已心裡有數。這種人不會是「冤大頭」，因此商家需要採用不同的應對策略。

　　對付這種顧客，議價就不再是談價錢這回事，而是在挑戰事實。經銷商成了否認大師。他們堅稱《消費者報導》是錯的，網路上的訊息也是錯的，買家的數學計算也不正確。列印出來的資料早已過期（情況可是瞬息變化萬千呀！）；該車款目前本地已經沒有現貨；不管你印出來的那一大疊資料上說什麼，也會有其他

買家願意乖乖照開價付錢。有做功課的買家一定不相信經銷商的任何一句鬼話，但也不可能完全置之不理。總會有某個時間點，買家會為自己每每提出的事實與合理推測，卻換來一堆鬼話敷衍搪塞，感到厭煩。結果，還是付了比資料上多5%的價錢買車。也許是被車商的鬼話連篇洗腦，也可能只是不想再糾纏下去罷了。

常有人建議要買車的人使用「搭檔系統」：帶上配偶或朋友一同前往買車，不用單打獨鬥，也能聽取意見。「搭檔系統」是「反向思考」的社交型式。朋友能在必要時向經銷商提出相反意見。不過，我懷疑掌握訊息最徹底的人，利用「搭檔系統」的可能性恐怕是最小的。當一個人已有了事實當做武器，情感上的支持看來像是多餘又不必要的事。

一項經典的社會心理學實驗，與「搭檔系統」有關。1951年，當時在斯沃斯莫爾學院服務的美國社會心理學家所羅門・阿希（Solomon Asch），發表了一篇探討「決策的群體壓力」的研究。

實驗對象全是大學在學男學生，桌邊還有其他8個人，他們以為這些人跟他們一樣也是受試者。這8個人，其實是阿希刻意安排的「內應」。實驗者以一系列共18張圖構成的「視覺測試」進行實驗。下頁圖示，跟阿希在實驗裡用的線圖完全相同。仔細看一下最左邊的線圖。現在，請問右邊三條線圖，哪一條跟最左邊的一樣長？

阿希安排「內應組」的人在前兩題要給出正確答案，之後的圖則交替回答正確與錯誤的答案。由於真正的受試者的座位是安排好的，所以他會是最後一位作答。在某些關鍵測試題裡，受試

者會在聽到多名內應回答相同的錯誤答案之後才換他發言。

　　總體來看，受試者有32％的時間是回答錯誤的答案。74％的受試者至少回答一次錯誤的答案，而且相當大比例的受試者，有四分之三的時間都陷於趨同心理的壓力中。想想這個實驗是那麼簡單，結果卻是令人為之驚嘆。在另一個控制組裡沒有內應組的參與，事實上，每位受試者在整個實驗過程都選了正確答案。

哪一條線跟最左邊的一樣長？

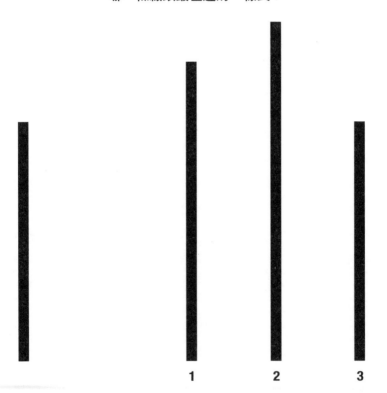

阿希試圖揭露受試者會聽從群體意見。他聽到三種類型的解釋。有些人說群體報出的答案看起來的確是錯的，但是，他們推論後，認為也許群體的答案才是正確的。

另一組受試者告訴阿希，他們明知自己的答案才是對的，但就是不想引人注目，惹起風波。

最後，有少數真的被洗腦的人，甚至在實驗後阿希向受試者解釋，他們仍堅稱自己看到的線圖就跟內應組的答案一致。

給予正確答案的受試者，承認他們心裡存著不確定性。其中一名受試者在實驗裡對內應組說，「你們可能是對的，但也可能錯得離譜！」後來，在聽到真相之後，這位受試者感到「歡欣與欣慰」，他對阿希說，「我不否認我曾那麼想過：『老子不管了，就跟大家選一樣的吧。』」

阿希又嘗試在實驗裡加入了「搭檔」。

在一次實驗裡，只有兩名受試者不是阿希的內應。這對線圖測驗題有極大的影響。答錯的比例從32％降至10.4％。

頭一個回答的受試者，得不到聽到其他人給出正確答案的機會。他有時會屈服，陷入趨同心理壓力中。這讓第二名受試者更難提出異議。因此，阿希試了另一種安排，讓那位「搭檔」也是內應，只不過他說的是正確答案。這個安排讓錯誤比例又再減半。真正受試者給出錯誤答案的比例只剩5.5％。

阿希試圖弄清楚要多大的群體，才能左右單一個體。答案

是，三個人就可以。

　　當受試者為單一個體時，基本上每個人都能給予正確答案。當跟內應一對一一同受試時，就算內應總是給出錯誤答案，結果也不會有什麼不同（頂多心想：「這個人八成是瘋子！」）。可當比例來到二比一時，答錯的機率便會上升。當比例到三比一時，大概就是影響的最大化了，此時就算人數再多，差異也不大。所以「三人成虎」，所言不假。

　　在車子的買賣過程中，「事實」是可以協商的。帶個「搭檔」是個好主意；帶兩個「搭檔」，就能達到產生神奇效果的「三人成虎」門檻，必有助益。

55
為正義訂個價

如何把義憤轉換成金錢，人們並沒有一致標準。

💰

　　「瓊」，並不是個真實存在的孩子，她是由康納曼、加利福尼亞大學聖地牙哥分校管理學教授大衛・許凱德（David Schkade），以及哈佛法學院教授卡斯・桑斯坦（Cass Sunstein）在一次有趣實驗中虛構出來的人物。他們想知道自己是否能誘導陪審團，像「里貝克女士控告麥當勞」一案（見第1章）一樣，就沒那麼嚴重的損傷裁決一筆近乎瘋狂的金額。他們還想測試一種簡單、實際的糾正措施，一種能把理智和正義帶回民事訴訟制度的辦法。

　　瓊是個好奇心十足的6歲女孩，她硬是撬開一瓶過敏藥的蓋子。她吞下的藥量，足足讓她在醫院躺了好幾天。瓊的父母親在盛怒之下向藥商提告。審判時，證據中提交的文件顯示，製藥商知道這種「安全瓶蓋」雖然「通常有效」，但其失敗率卻「比其他同業的比例還高」。可憐的瓊對所有藥丸都產生巨大的心靈恐懼。每當她的父母試著讓她吃對她有益的藥品，像是維他命、阿

斯匹靈或感冒藥等藥物，她都會失控大哭，叫喊著自己會害怕。

　　猜猜看德州奧斯汀市的陪審團，認為瓊的案件值多少錢？2200萬美元。

　　康納曼、許凱德和桑斯坦在1998年發表的文章，〈公憤與乖離的賠償判決：懲罰性損害賠償心理學〉中他們描述了陪審團裁決的「義憤理論」（outrage theory）。在實際情況裡，他們說陪審團其實就是一場心理物理學實驗，陪審團成員評價自己對被告的行為有多大的義憤。問題是，陪審團被迫把義憤換算成金錢，而這沒有一個對照標準。「單純的金錢賠償具有不可預測性，」他們寫道：「這主要是從不同個體使用金錢的標準的差異所造成（而且可能是毫無意義的差異）。」

　　他們引用了心理學家史帝文斯的研究（先前法律學者們對他有眼不識泰山），表示陪審團裁定的賠償金具有規模量表的許多特徵。在心理預估值上的誤差或「雜音」，將會等比例地上升至與預估值本身相稱的比例。無論你仔細檢視同一位受試者的預估值幾次，或是不同人的預估值相互比較，情況都是如此。以陪審團來看，這表示最巨額的賠償金，很可能會是最離譜的。此外，陪審團只能算是小樣本。只有12個人的樣本數太少，不足以精確代表公眾意見。這會導致產生不尋常的高額賠償金，以及荒謬至極的低額賠償金（雖然新聞版面不會報導）。

　　該實驗找來了899名德州奧斯汀市的當地居民。受試者都是從選舉名冊上徵募的，跟履行陪審團義務的是同一批人。他們在

市中心的某家飯店碰面，詳讀有關這起假設性的法律訴訟案件：一個平白無故受害的小市民控告大公司。案件中的企業被判有罪，而且有義務支付損害賠償。受試者們的任務，便是訂定懲罰性損害賠償的數額。

他們要求其中一組受試者以指定金額的方式表達，另一組則以對被告行為的「義憤量表」比例來表達。「義憤量表」的比例範圍從0（完全可以接受），到6（完全氣炸了）。

還有另一組受試者要以懲罰的程度量表評定等級，範圍從0（沒有懲罰）到6（極度嚴峻的懲罰）。

這些陪審團員們皆須獨自完成答題，不能與任何人商量。人們對義憤量表和懲罰量表之間的反應，有著強大的相關性。但是金錢賠償這一量表卻完全不同。在心理物理學上，這樣的結果是可以預料的。

可憐的「瓊」，結果在金錢裁定部分獲得最高的賠償金。有幾個原因說明這個裁定簡直荒謬到極點。首先，這並不代表共識。雖然2200萬美元是個平均值，但是中位數值只有100萬美元。半數受試者認為損傷應該值100萬美元上下。甚至有少數幾個陪審員（2.8%）認為賠償金應該是0元。

這些不同金額認定是表示陪審團意見不同嗎？不。仔細看從兩種量表得到的結果，你會發現還蠻一致的。陪審團評定藥商的行為在義憤量表上的平均得分為4.19（總分為6）。在懲罰量表上的平均得分為4.65（總分為6）。回答的分布大約呈集中在中間值的鐘型曲線。

但等到裁定賠償金額時，陪審團員們的共識便分崩離析了。

每個人都不一樣。你可能會碰到這樣兩個人：他們皆認同對被告「嚴厲懲罰」，但一個人認定的最嚴厲懲罰是10萬美元；另一個人的認定卻是1億美元。瓊的案件裁定的賠償金平均值高，是因為少數幾名受試者，判了天文數字的賠償金。在計算平均值時，他們的評估會造成極大的影響。

當然，真正的陪審團不會把每個陪審員判定的金額以平均值裁定。他們內部會先激辯金額，並試著彼此溝通。不過，有研究顯示深思熟慮的群體，尤其是陪審團，在做判斷時不見得比單一成員來得好。當人人都獨立做出判斷時，「群眾的智慧」（wisdom of crowds）效果最好。陪審團甚至會放大成員的偏見，倘若最先發言的陪審員提出一個高得驚人的金額時，這個現象便可能發生。「陪審團裁定賠償金的不可預測性和典型失真性，在實驗室裡可以很容易地複製出來，」研究團隊寫道，「在這類情況下，我們認為判決是極不穩定的，因此易受在審判過程或陪審團審議期間出現的任何『錨點』所影響。」

瓊一案中2200萬美元的平均賠償金，這個金額在其他情節裡就會不一樣。最好的證明，就是以瓊的另一版本故事來測試。

一些陪審團成員讀到的案情簡介是，瓊因用藥過量，造成呼吸系統永久性的損傷，「這會讓她一輩子都比別人更容易罹患與呼吸系統相關的疾病，像是氣喘跟肺氣腫。」這些陪審員裁定的平均賠償金為1790萬美元——比她只是害怕藥丸的情節還少（前述介紹的那個版本）。這不代表有誰真的以為永久性的呼吸損傷

比較不嚴重。沒有任何一位受試者看過兩種版本的故事。每次實驗，陪審員完全是從奧斯汀市選民中隨機抽選的（就跟真正的陪審團挑選方式一樣）。顯然，在瓊只是害怕藥丸版本的那一組，正好有少數幾個裁定極端高價的陪審員。

再次地，量表的評價結果更為一致。「永久性的呼吸系統損傷」版本，在義憤量表和懲罰量表得到的結果，都比「害怕藥丸」版本得到較高評價，這合乎邏輯的思考方式。這些判決幾乎沒有因收入、年齡、種族而變化（在懲罰量表中，女性不知怎麼的就是比男性嚴厲）。研究人員推論：「懲罰量表評價的基礎，是社會普遍共有的道德直覺。」

金錢則不是這麼回事。陪審團裁定出超高額的賠償金，這個問題的根本，在於如何把義憤轉換成金錢，人們並沒有一致標準。

康納曼、許凱德和桑斯坦利用這些研究發現，來解決一些哲學問題。他們寫道，正義需要一致性。相同的罪行，就應得到相同的懲罰。然而實際上，每個犯罪情況都不會完全一致。那正是我們需要陪審團的原因，以確保懲罰是依照社會的意見裁定。

這篇文章粗略地描繪出幾種可行的改良方案。其中大多數都涉及讓陪審團在評定傷害時使用等級量表，而不是金錢量表。他們可以評價懲罰的等級，而不是金額。然後，用「轉換功能」把懲罰評價換算成金錢。舉例來說，這個轉換功能可以由法官或立法機關來制定。還有一個更民主的想法是，讓人民決定。地方法院，或是以全國為一體來看，都能做出類似在奧斯汀市進行的實

驗，確定公眾的懲罰意圖應該被換算成多少錢。之後，這類通過經驗得出的轉換功能，就可以用來設定傷害賠償金上。每隔幾年可以重複實驗，確保該功能與大眾的想法是與時俱進的。如康納曼、許凱德和桑斯坦寫道：「『我們該如何獲得最準確的社會意見估計呢？』一旦提出這個問題，許多新的可能性就會展現在我們面前了。」問題在於，當前的制度根本連問都不會問。

56
如何操控買家

消費者想要的，常常是在滑鼠一次次點擊之間建構出來的。

💰

艾瑞克‧強生是哥倫比亞商學院的教授，熱情又帶點孩子氣，年紀不算小，他在著名的經濟與政治學者赫伯特‧西蒙的指導下取得博士學位，也與特沃斯基合作過。強生的一位研究所學生，娜歐米‧曼德爾（Naomi Mandel）在書上讀到了有關心理學上的「促發」概念，她想知道這樣的現象是否也適用於網頁。「我說那是很聰明的想法，」強生回憶道，並補上一句，「但永遠不會奏效。」結果，曼德爾還是想做一些嘗試性研究。「我們不停地做，它一直保持有效運作，」強生說，「我從沒預期這個研究得到的資料會那麼勻稱，效用如此顯著。」

曼德爾和強生的實驗在《消費者研究期刊》發表，在行銷界和網頁設計界掀起騷動。長久以來，宣傳都說網路為購物者提供了公平的環境，消費者再也不必屈就鄰近商店的頑固售價。網路購物者能對全世界的商店做比價，不必受高壓銷售手法的操控……嗯，好像不是如此。曼德爾和強森發現，操控買家極為簡

單，就跟打一行超文件標示語言[15]一樣簡單。

76名大學生，參與了這場所謂的線上購物實驗。每位受試者需瀏覽兩個網站（其實是假造的），一個網站是賣沙發，另一個是賣車。運用網站上的資訊，他們要在每一種產品的兩種款式中擇一。每個人都得進行價格與價值間的權衡，並自行決定哪一個因素比較重要。

實驗的一個變項是，每個網站首頁的背景圖片。一些至沙發購物網站的人，會看見以美金硬幣當做主設計的綠色背景；其他人看見的背景是鬆軟雲朵（暗示舒適）。賣車網站的是綠色金錢符號背景，以及紅橘色火焰背景兩種。

曼德爾和強生寫道：「請務必注意，我們的『促發效應』操控，並不是潛意識上的，因為所有受試者都能清楚地看到首頁背景，而且很多人在我們問到關於背景時，都還能回想起來。」但是當問到網頁背景是否影響決定時，86％受試者給予否定的答案。「這種自覺的匱乏，表示電子化的環境，帶給消費者的也許是更大的挑戰。」

第二次的擴大實驗，找來了385名同意參與問卷調查的網路使用者。參與者是來自全美各地的成年人，平均年齡和收入都接近經常使用網路的人。一份問卷調查了每位參與者有多少透過網路買車和沙發的經驗。這次，網站追蹤參與者瀏覽網頁的時間。

15. HyperText Markup Language，HTML，廣泛應用於網頁和網絡應用程序的一種文字編碼。

「促發效應」清楚地出現在新手的瀏覽歷史記錄裡。在以金錢圖片「促發」時，他們會花更長時間比價。

已對網路購物駕輕就熟的人，瀏覽網頁時不太會受背景圖片影響。可他們的選擇，卻照樣受到左右。

曼德爾和強生猜想，經驗豐富的消費者，會覺得自己可輕易判斷哪一組沙發比較軟，或哪一台車賣得比較便宜。「促發效應」影響了購買老手從記憶裡擷取的事實。新手必須從網頁來建構相似程度的能力。最後結果大致相同。背景圖片會把購物者的思維從「價格至上」推動至「品質至上」。

商人已經著手運用這個科學。強生目前是德國某家汽車大廠的幫手——他不能透露是哪一間——幫他們重新設計網站。這些科學的運用，引起的道德倫理問題已超越由來已久的廣告。在決策研究面前，我們的道德倫理，我們的經濟，全都成為過時標準。很大程度上，我們仍支持以下觀點：人有著固定的價值觀。任何迫使價值觀轉變的事（「隱藏的強制手段」），都被看成是侵犯人身自由。現實情況是，消費者想要的，常常是在滑鼠一次次點擊之間建構出來的。所有類型的背景細節，發揮了可測得的統計效應。沒有哪個消費者願意覺得自己被「操控」。但是某些程度上，這無異在說魚不想感覺到濕一樣。

曼德爾和強生的研究還找了一個對照組，這些受試者看見的是沒有任何繽紛色彩背景的網頁。他們的選擇跟那些看見金錢符號背景網頁的受試者，差異不大。這提出了一個可能性：美國消費者只專注在商品價格。需要「操控」，來讓他們注意其他細節。

我們這個急功好利的熙攘社會，幾乎沒有空閒時間可以靜下來細想：「錢究竟有多重要？」但這也不會讓問題就此消失，只會將之歸類為潛意識的領域。2004年一項在史丹佛大學的實驗，克莉絲汀・惠勒（Christian Wheeler）與同事要受試者在進行最後通牒賽局之前，先做「視力測試」。視力測試項目包括按大小將照片排序。這只是一個不讓他們起疑心的藉口，純粹是想讓受試者看一些照片而已。一組受試著看見的照片與商業有關（會議室大桌、正式西裝、公事包），另一組看見的影像與商業或金錢無關（風箏、鯨魚、電源插座）。這讓他們在隨後進行的最後通牒賽局的表現大不同。看見商業照片的提案者，提案分給回應者的金額比對照組的提案者少14％。看見風箏或鯨魚影像的受試者，比較有提案五五分的傾向，而不是自己多留一些。

　　「對於相對輕微的操控而言，這已經是很大的影響了。」惠勒說。「人們總是試圖找出在每種情勢下該如何表現，所以會尋找外部線索，來引導自己的行為，尤其是在不確定會得到什麼結果的情況下。當沒有太多明確提示來幫忙釐清情勢時，人們就更可能根據隨手找到的固有線索行事。」

　　多年來，英國紐卡索大學的師生休息室，一直使用「誠實箱」，也就是自行投入茶和咖啡的費用。每位使用者皆可自由取用熱飲，並按標價把錢投入誠實箱裡。如此一來也省下雇用人力的支出，說不定總收入也負擔不起雇員的薪水。誠實箱說白了就是一種「獨裁者賽局」。照理說，每個人都應該投入該付的錢。但他們也可以不付全額費用，或是根本不付。根據對「獨裁者賽局」

進行的研究，人們是否往誠實箱裡如實投錢，與周圍是否有人看有很大關係。一項2006年的研究發現更驚人的內情。

　　紐卡索大學的心理學家梅麗莎・貝特森（Melissa Bateson）、丹尼爾・奈托（Daniel Nettle）、吉爾伯特・羅伯茨（Gilbert Roberts），以自製的飲品價格標籤取代原先誠實箱上的標籤，標籤上的價格完全一樣，只有最上方多了一張圖片。有些標籤上印的是一雙直直看著的眼睛，其他則印上花朵。貝特森的研究團隊每週更換一次標籤，並結算誠實箱裡的錢，以查出付款行為有無任何差別（他們也以牛奶消耗量，作為檢查咖啡和茶的實際使用量）。平均來看，他們發現如果標籤上有一雙大眼直視，誠實箱裡的錢比花朵標籤多出2.76倍。「我太驚訝了，這是多麼大的影響，原本我們預測變化應該是微不足道，」貝特森說。在工作場所的誠實，人前人後大不同。

　　獨裁者賽局裡的參與者，顯然有意識地不想顯得太自私。「我們的大腦設定要對眼睛和臉孔做出反應，無論我們是否有意識地察覺到，」貝特森提出這個觀點。另一項實驗發現鏡子也有類似的效果。雖然鏡子能改變行為早已不是件新鮮事（想想蜜月套房天花板上的大鏡子吧），可影響的程度可能超乎你的想像。心理學家尼爾・馬克瑞（C. Neil Macrae）、蓋倫・伯登豪森（Galen V. Bodenhausen）、艾倫・米爾恩（Alan B.Milne）發現人在有鏡子的房間內，比較不會謊騙，或是展現出性別與種族歧視，也更願意助人，認真工作。「當人被迫要有自我察覺意識時，」貝特森

說，「就更可能停下來思考自己正在做什麼。」這反過來導致他們
「展現出更令人滿意的行為。」

57
金錢、巧克力、幸福

金錢是存在於現代的苦甜摻半巧克力。

　　查爾斯・戴洛（Charles Darrow）在1935年取得「大富翁」遊戲專利權。他其實不是真正的遊戲創始人，只是盜用別人的想法。這遊戲是對自由市場資本主義的一種諷諭，但它究竟是支持或反對這種制度，從來沒人說得清。儘管這遊戲讚美利潤，可「壟斷」（Monopoly，大富翁遊戲的英文原名）這個詞從來都是個貶義詞。

　　「大富翁」遊戲的成功，是因為該遊戲有效創造出一個讓玩家身歷其境又和諧統一的世界。玩家把皮包裡的錢擺一邊，改用「遊戲幣」。「大富翁」裡的價格完全不合理（100美元可買一間房子），但是價格比率讓玩家對該知道的都充分了解。「大富翁」的世界以自成一格的方式讓事情合理化——就跟我們所處的星球一樣。

　　2006年，由心理學家凱瑟琳・佛斯（Kathleen Vohs）、妮可・米德（Nicole Mead）以及米蘭達・古迪（Miranda Goode）主

導的一項實驗裡使用了「大富翁」遊戲。他們以它來「促發」受試者聯想到金錢的操控因素（不過這只是諸多的操控途徑之一）。一組受試者玩「大富翁」；另一組則坐在電腦螢幕保護程式是不停飄動著的美鈔的電腦旁；一組人則被告知觀看一幅貼滿外國貨幣的海報；還有一組要想像自己貧窮或富裕的樣子。佛斯的研究團隊發現，所有這些金錢「促發」都有類似效果。它們能讓人變得不好社交，也比較不願合作。那些受到金錢「促發」的受試者：

- **想要更多「私人空間」。**

  研究人員告訴每位受試者，他要跟其他受試者進行談話，互相了解。研究人員要受試者到房間角落拉把椅子，給稍後進來的人坐。然後研究人員離開房間去找另一個人。這個步驟的目的，是要看受試者會把椅子拉到與自己距離多近的位置。那些受了金錢「促發」的人，會把椅子放得比較遠。

- **想要單獨工作。**

  受試者被指派從事一件輕鬆的日常雜務，並讓他們選擇要跟別人一起完成或是獨自完成。絕大多數看了電腦螢幕保護程式是鈔票的人，都選擇獨自工作。而看到電腦螢幕保護程式是魚，或是空白畫面的人，比較想要跟其他人一起工作。不選擇團隊合作其實毫無道理。畢竟工作量相同，無論一個人或兩個人做都一樣。

- **想一個人消磨時間。**

  受試者填寫一份調查問卷，從兩種活動中選擇自己最喜歡

的。選項包含單獨的消遣（閱讀小說），或是跟家人朋友共同進行的消遣（跟朋友去咖啡廳）。看到金錢的受試者，選擇單獨活動的可能性更大。

● 較不會對陌生人伸出援手。

當受試者從一個房間走至另一個房間，恰巧目睹一件「人為製造」的事故：有人（當然是事先安排好的）掉了27枝鉛筆。受了金錢「促發」的受試者，比較不會幫忙把鉛筆撿起，而且就算有幫忙，撿起的鉛筆平均數量也較少。

● 不願開口請別人幫忙。

受試者得到一件「不可能的任務」。目的是要看他們會撐多久才去尋求他人援助。受到金錢「促發」的受試者，苦撐的時間比其他人多出48％。

● 捐獻較少。

研究人員給受試者一個私人機會，捐款給大學學生基金會（University Student Fund）。受試者沒理由察覺這也是實驗的一部分。受到金錢「促發」的受試者其捐獻金額只相當於對照組的58％。

「其他人把我們的發現詮釋成是金錢讓人自私的論證，」佛斯和同事寫道。「金錢導致貪婪或自私，似乎是現代西方文化必不可少的一部分。」但他們進而指出，實驗的結果並不適於採用這種過度簡化的詮釋。

他們要求所有受試者描述自己的情感狀態。接受或未接受金錢的「促發」，在受試者間並不存在任何有意義的差異。想到金

錢，並不會讓人「不相信他人、焦慮或是高傲」，這些狀態都可用來解釋研究的部分發現。

面對艱難的任務，一個自私的人也許會馬上找人幫忙，或是跟夥伴分擔工作而不用孤軍奮戰。相對地，「金錢促發」迫使人表現得跟利己主義者一樣。就像常見的男性駕駛，迷路了也打死不願問路。

佛斯的研究團隊認為，受金錢「促發」而引起的行為，稱做「自給自足」（self-efficiency）更為合適。就如「大富翁」遊戲一樣，「自給自足」是個鬆散地從市場經濟特徵衍生出來的「遊戲」。遊戲規則是，你應該一個人玩，金錢是你的計分方式。與其他玩家的互動要遵循公平和互惠的規則（你不能偷別人的「遊戲幣」，雖然大家都知道那是假錢）。要玩這個遊戲，不是要相信錢就是一切，也別認為人際關係不重要，而是以金錢作為臨時性的交流道具。

「自給自足」只是人類能玩的諸多遊戲之一。它在美國文化與全球強大的市場經濟中扮演一個重要角色。「『促發效應』也許提供了一種文化可以運作的機制，」康納曼提出建議，「有些文化裡包含了一些相當於持續不變的金錢提醒器的東西。其他文化提醒你有人緊盯著你看。有些文化會讓你想到『我們』，有些則讓你只想到『我』。」

在行為決策實驗裡，作為誘發因素的受歡迎程度，巧克力恐怕是第二受歡迎的。人們對巧克力的反應跟對金錢很相似。他們試著理性地追求巧克力的最大化，建立巧克力的強度量表。有時

人對巧克力的貪婪，會讓人做出奇怪的事。讓我們來看看這些「巧克力經濟學」實驗。有一種怪誕的辨識感浮現出來，就像觀察黑猩猩模仿那些讓人再熟悉不過的人類弱點。

華裔美國心理學家奚凱元、張嬌，讓中國的大學生從以下兩種選項擇一：

(a) 回想並寫下自己人生中一件失敗的事，同時吃一大塊德芙巧克力（15公克）。

(b) 回想並寫下自己人生中一件成功的事，同時吃一小塊德芙巧克力（5公克）。

受試學生必須在寫下答案的同時也吃著巧克力，並規定不能把吃不完的巧克力帶回家。你大概猜到了，多數人（65%）選擇較大塊的巧克力。心理上的命令似乎表現出，巧克力當然是能吃多少就吃多少。

奚凱元和張嬌並沒有讓所有受試者都有所選擇。對另一組受試者，他們只是簡單地說要寫下一件人生中失敗的事，同時吃下15公克的巧克力。之後，他們得為這次經歷（嘴裡吃著巧克力時寫的）做個評價，量表總計9分，級數從極度不快樂到極度快樂。還有一組被指示進行選項（b），並在同樣的總分9量表寫下評價。分配到選項（b）的人，全都比那些分配到（a）的人快樂。進行（b）選項的人得到了一個令人愉快的任務，而且還可以一邊吃著巧克力，他們根本不知道自己吃的巧克力比較小。

一旦知道內情——有更多的巧克力可吃——事情就糟了。人

們不會讓自己接受小一點的巧克力。奚凱元和張嬌覺得他們的實驗像是「生活的一種縮影」。現實中，金錢是存在於現代的苦甜摻半巧克力。我們終其一生追求最低的價格、最高的薪水、最多的金錢——用這些數字來確認自己的幸福。套用大家熟知的一個觀點，金錢買不到快樂，你也無法幫人際關係訂個價。奚凱元和張嬌幫這些老套說教加上一些光彩。他們認為以金錢作為比較量表並非一切罪惡的根源。因為金錢只是個數字，而數字易於比較，在與其他事物相較之下，它得到較多的權重。較之一個沒有價格的世界，價格讓我們多了一點節儉，多了分貪婪、多了些物質主義傾向。

在行為決策理論裡，最無從回答的問題是：人真正想要的是什麼？你不能以為價格或是選擇，反映出真實的價值。問題似乎就出在問題本身。它假定人在心理上擁有一個虛構的精密尺度，有著定義嚴格且各自獨立的「真實價值」。已有眾多的證據證實，事情並非如此。「偏好逆轉」（從最廣義上來說）正是人類的狀態。

多年來，行為決策理論家已經非常擅長設計出巧妙的偏好逆轉實驗。就以奚凱元設計的一個例子來做結。你可以自由選擇兩款一樣好的巧克力。一個是心形，但是較小；另一個是蟑螂造型，但是較大。你會選哪一個？

奚凱元向友人與學生提出這個令人兩難的難題，結果發現多數人選擇蟑螂造型巧克力。可令人哭笑不得的是，當奚凱元問他們更喜歡哪一個，多數人坦承是那塊心形巧克力。

洞悉價格背後的心理戰

如何讓消費者心動買單？掌握訂價、決策及談判的 57 項技術

Priceless: The Myth of Fair Value

作　　者　威廉・龐士東（William Poundstone）
譯　　者　連緯晏
主　　編　郭峰吾

總 編 輯　李映慧
執 行 長　陳旭華（steve@bookrep.com.tw）

出　　版　大牌出版／遠足文化事業股份有限公司
發　　行　遠足文化事業股份有限公司（讀書共和國出版集團）
地　　址　23141 新北市新店區民權路 108-2 號 9 樓
電　　話　+886-2-2218-1417
郵撥帳號　19504465 遠足文化事業股份有限公司

封面設計　陳文德
印　　製　成陽印刷股份有限公司
法律顧問　華洋法律事務所　蘇文生律師

定　　價　480 元
初　　版　2014 年 9 月
四　　版　2024 年 7 月

電子書 EISBN
978-626-7491-40-9（EPUB）
978-626-7491-39-3（PDF）

國家圖書館出版品預行編目（CIP）資料

洞悉價格背後的心理戰：如何讓消費者心動買單？掌握訂價、決策
及談判的 57 項技術 / 威廉・龐士東 (William Poundstone) 著；連緯
晏 譯 . – 四版 . -- 新北市：大牌出版，遠足文化事業股份有限公司，
2024.7
376 面；14.8×21 公分
譯自：Priceless: The Myth of Fair Value
ISBN 978-626-7491-41-6（平裝）
1. 價格策略

496.6

113009090